"101 计划"核心教材

数学领域

基础复分析

崔贵珍　高延　编著

中国教育出版传媒集团

高等教育出版社·北京

内容提要

本书是为高校数学类专业基础复分析课程编写的教材。全书共十一章，内容包括复数、点集拓扑基础、复函数、初等函数的几何性质、复积分、留数计算、调和函数、级数与乘积展开、共形映射与 Dirichlet 问题、解析延拓、椭圆函数。本书在选材上注重几何直观，在内容上力求全面。各章配有适量习题。

本书也可作为高校数学相关专业的教材或教学参考书。

总　序

　　自数学出现以来，世界上不同国家、地区的人们在生产实践中、在思考探索中以不同的节奏推动着数学的不断突破和飞跃，并使之成为一门系统的学科。尤其是进入 21 世纪之后，数学发展的速度、规模、抽象程度及其应用的广泛和深入都远远超过了以往任何时期。数学的发展不仅是在理论知识方面的增加和扩大，更是思维能力的转变和升级，数学深刻地改变了人类认识和改造世界的方式。对于新时代的数学研究和教育工作者而言，有责任将这些知识和能力的发展与革新及时体现到课程和教材改革等工作当中。

　　数学 "101 计划" 核心教材是我国高等教育领域数学教材的大型编写工程。作为教育部基础学科系列 "101 计划" 的一部分，数学 "101 计划" 旨在通过深化课程、教材改革，探索培养具有国际视野的数学拔尖创新人才，教材的编写是其中一项重要工作。教材是学生理解和掌握数学的主要载体，教材质量的高低对数学教育的变革与发展意义重大。优秀的数学教材可以为青年学生打下坚实的数学基础，培养他们的逻辑思维能力和解决问题的能力，激发他们进一步探索数学的兴趣和热情。为此，数学 "101 计划" 工作组统筹协调来自国内 16 所一流高校的师资力量，全面梳理知识点，强化协同创新，陆续编写完成符合数学学科 "教与学"特点，体现学术前沿，具备中国特色的高质量核心教材。此次核心教材的编写者均为具有丰富教学成果和教材编写经验的数学家，他们当中很多人不仅有国际视野，还在各自的研究领域作出杰出的工作成果。在教材的内容方面，几乎是包括了分析学、代数学、几何学、微分方程、概率论、现代分析、数论基础、代数几何基础、拓扑学、微分几何、应用数学基础、统计学基础等现代数学的全部分支方向。考虑到不同层次的学生需要，编写组对个别教材设置了不同难度的版本。同时，还及时结合现代科技的最新动向，特别组织编写《人工智能的数学基础》等相关教材。

　　数学 "101 计划" 核心教材得以顺利完成离不开所有参与教材编写和审订的专家、学者及编辑人员的辛勤付出，在此深表感谢。希望读者们能通过数学 "101计划" 核心教材更好地构建扎实的数学知识基础，锻炼数学思维能力，深化对数学的理解，进一步生发出自主学习探究的能力。期盼广大青年学生受益于这套核心教材，有更多的拔尖创新人才脱颖而出！

田 刚

数学 "101 计划" 工作组组长

中国科学院院士

北京大学讲席教授

序

复分析（复变函数）是大学数学的最重要的基础课程之一。作为其基础的积分理论、映射理论和级数理论在 19 世纪分别由柯西、黎曼、魏尔斯特拉斯创立。此后，阿尔福斯、奈旺林纳等进一步丰富了复分析的研究。现代数学中泰希米勒空间论、三维双曲几何、代数几何、复动力系统等的发展给复分析方向赋予了新的生命力。另一方面，复变函数在物理学、工程学、计算机科学等领域中有着广泛的应用。例如，在电磁学、量子力学中，复变函数的理论和方法被用于分析和解决复杂问题。

正因为复分析课程的显著重要性，各种教科书层出不穷，各有特点。其中阿尔福斯的教科书是最经典的教材之一。但不得不承认，阿尔福斯的经典教材站位偏高，作为大学本科教材不太适合。另一方面，复分析方向在这本教科书成书之后得到的发展未能体现。由于单复变函数的分析和几何特性，复分析课程中的定理简洁优美，极其吸引人。但与此同时，也容易让初学者忽略其深刻内涵。

崔贵珍教授和高延博士在复分析和复动力系统领域的研究中有卓越贡献。他们编写的教材结合我国高等教育的现状和特点，在阿尔福斯的教科书的基础上作了一系列改进。特别地，由于本课程一般在大学二年级开设，学生的拓扑知识尚有欠缺，本教材非常仔细地处理了平面拓扑的相关问题，例如平面区域的连通性、多边形若当曲线定理的证明、多项式的映射性质。这些处理对逐步提高学生的综合分析能力大有裨益。

沈维孝

2024 年 6 月

前　言

　　本教材参考了 Ahlfors（阿尔福斯）的 *Complex Analysis*，对部分内容进行了调整。首先我们仍然强调对概念的理解，补充了一些内容以阐明与其他相关内容的联系，增强学生对数学的整体认识。而在计算，特别是定积分计算方面则费时较少。其次我们更加强调几何直观，增加了一些共形映射的内容。同时在拓扑基础方面有所加强，以培养学生的逻辑推理能力。基于这些调整我们编写了本书。考虑到复分析还有其他后续内容，取名《基础复分析》。

　　课程教学是一个过程，应兼顾学生的认知规律和知识点的逻辑结构。本教材的内容力求全面。学生在初学时可以着重基本内容，经过反复练习再不断提高。教师在授课时可以根据学生的具体情况适当调整。以下是一些调整建议，供授课教师参考：

　　（1）2.3 节可以不讲，只讲度量空间。这并不影响后面内容的讲授。

　　（2）3.1.6 小节关于有理函数的临界点等内容可以放到解析函数的局部性质之后再讲。3.2.2 小节可以不讲。

　　（3）4.1.4 小节、4.1.5 小节以及 4.3 节可以不讲。

　　（4）5.4 节 Cauchy 定理的一般形式可以不讲。相应地，第七章关于调和函数只讲单连通区域而不讲多连通区域，9.3 节和 9.4 节也可以不讲。

　　（5）特殊函数以及椭圆函数的内容仅供参考。

　　本书难免有不足之处，欢迎大家多提宝贵意见。

崔贵珍　高　延

2024 年 4 月

目　录

第一章

复　数

我们将介绍复数的基本运算及其几何表示.

1.1　算术运算

记 $\mathbb{R}$ 为实数域. 定义

$$\mathbb{C} = \{a = \alpha + \mathrm{i}\beta : \alpha, \beta \in \mathbb{R}\}.$$

其中元素 $a = \alpha + \mathrm{i}\beta$ 称为**复数**, α 称为 a 的**实部**, 记为 $\operatorname{Re} a$, 而 β 称为 a 的**虚部**, 记为 $\operatorname{Im} a$. 当 $\alpha = 0$ 时, $a = \mathrm{i}\beta$ 称为**纯虚数**. 当 $\beta = 0$ 时, $a = \alpha$ 当然就是实数. $a = 0$ 是唯一的既是实数又是纯虚数的复数. 在 $\mathbb{C}$ 上定义加法和乘法运算

$$(\alpha + \mathrm{i}\beta) + (\gamma + \mathrm{i}\delta) = (\alpha + \gamma) + \mathrm{i}(\beta + \delta),$$
$$(\alpha + \mathrm{i}\beta)(\gamma + \mathrm{i}\delta) = (\alpha\gamma - \beta\delta) + \mathrm{i}(\alpha\delta + \beta\gamma).$$

由乘法定义得到 $\mathrm{i}^2 = -1$. 下面我们证明 $\mathbb{C}$ 是一个域.

显然复数空间 $\mathbb{C}$ 关于加法和乘法运算是封闭的, 加法和乘法都是可交换运算, 且每一个元素都有加法逆元. 我们只需验证每一个非零元素在 $\mathbb{C}$ 中都有乘法逆元.

任给 $\alpha + \mathrm{i}\beta \neq 0$, 我们要找 $x + \mathrm{i}y \in \mathbb{C}$, 使得 $(\alpha + \mathrm{i}\beta)(x + \mathrm{i}y) = 1$. 整理这个式子得到

$$\begin{cases} \alpha x - \beta y = 1, \\ \beta x + \alpha y = 0. \end{cases}$$

其解为

$$x = \frac{\alpha}{\alpha^2 + \beta^2}, \quad y = \frac{-\beta}{\alpha^2 + \beta^2}.$$

因此每个非零元在 $\mathbb{C}$ 中都有乘法逆元.

1.2　平方根

我们知道在实数域上负数没有平方根. 定义复数域的动机之一就是为了使得每个数都有平方根.

任给 $a = \alpha + \mathrm{i}\beta \in \mathbb{C}$, 我们求它的平方根, 即解方程 $(x + \mathrm{i}y)^2 = \alpha + \mathrm{i}\beta$. 计算得到

$$\begin{cases} x^2 - y^2 = \alpha, \\ 2xy = \beta. \end{cases}$$

于是

$$(x^2 + y^2)^2 = (x^2 - y^2)^2 + 4x^2y^2 = \alpha^2 + \beta^2.$$

因此

$$x^2 + y^2 = \sqrt{\alpha^2 + \beta^2},$$

其中平方根取正数或者零. 联立上面方程组的第一个方程得到

$$\begin{cases} x^2 = (\sqrt{\alpha^2 + \beta^2} + \alpha)/2, \\ y^2 = (\sqrt{\alpha^2 + \beta^2} - \alpha)/2. \end{cases}$$

因此当 $a = 0$ 时, 方程有唯一解 $x + iy = 0$. 当 $a \neq 0, \alpha \geqslant 0$ 时, x 有且仅有两个符号相反的解; 当 $\alpha < 0$ 时, y 有且仅有两个符号相反的解, $x = \beta/(2y)$. 这样我们得到, 除零以外, 每个复数都有且仅有两个平方根.

1.3 合理性

复数域包含实数域, 且使得代数方程 $x^2 + 1 = 0$ 有解. 事实上复数域是满足如上性质的最小的域, 即任意满足如上性质的一个域都包含一个子域与复数域同构. 这让复数域的定义有其合理性. 下面我们来证明复数域的上述性质.

假设 F 是包含实数域 $\mathbb{R}$ 且使得 $x^2 + 1 = 0$ 有解的一个域. 记 $i' \in F$ 是方程 $x^2 + 1 = 0$ 的一个解, 即 $(i')^2 = -1$. 令

$$\mathbb{C}' = \{\alpha + i'\beta : \alpha, \beta \in \mathbb{R}\},$$

则 $\mathbb{C}'$ 是 F 的一个子域. 对应 $\alpha + i\beta \mapsto \alpha + i'\beta$ 是 $\mathbb{C}$ 到 $\mathbb{C}'$ 的一个域同构.

复数域与多项式 $x^2 + 1$ 的上述关系也可以通过剩余类刻画. 考虑实系数多项式环 $\mathbb{R}[x]$. 如果 $P(x) - Q(x)$ 可以整除不可约多项式 $x^2 + 1$, 那么定义等价关系 $P(x) \equiv Q(x)$. 任给 $P(x) \in \mathbb{R}[x]$, 存在唯一的 (α, β), 使得 $P(x) \equiv \alpha + \beta x$. 令 $Q(x) \equiv \delta + \gamma x$, 则

$$P(x)Q(x) \equiv (\alpha + \beta x)(\delta + \gamma x) \equiv (\alpha\delta - \beta\gamma) + (\alpha\gamma + \beta\delta)x.$$

将 $P(x)$ 对应于复数 $\alpha + i\beta$, 上述公式表明这个对应实现了从 $\mathbb{R}[x]$ 模 $x^2 + 1$ 的剩余类域到 $\mathbb{C}$ 的一个同构.

1.4 共轭和绝对值

在复数域 $\mathbb{C}$ 的定义中我们只用到了等式 $i^2 = -1$. 由于 $-i$ 也具有相同性质, 因此把 i 换成 $-i$ 同样可以得到复数域. 这样我们就得到了 $\mathbb{C}$ 上的一个自同构

$$\alpha + i\beta \mapsto \alpha - i\beta.$$

这个同构限制在 $\mathbb{R}$ 上不变. 这也是 $\mathbb{C}$ 上唯一的限制在 $\mathbb{R}$ 上不变的非平凡域自同构.

复数 $\alpha - i\beta$ 称为复数 $a = \alpha + i\beta$ 的**共轭**, 记为 $\bar{a}$. 由定义

$$\overline{a + b} = \bar{a} + \bar{b}, \quad \overline{ab} = \bar{a}\bar{b},$$

即共轭与加法和乘法都可交换. 复数的实部和虚部也可以通过共轭来表示:

$$\operatorname{Re} a = \frac{a + \bar{a}}{2}, \quad \operatorname{Im} a = \frac{a - \bar{a}}{2i}.$$

复数 a 与其共轭相乘为

$$a\bar{a} = (\alpha + i\beta)(\alpha - i\beta) = \alpha^2 + \beta^2 \geqslant 0.$$

我们称 $|a| \overset{\text{def}}{=\!=} \sqrt{\alpha^2 + \beta^2}$ 为复数 a 的**模**或**绝对值**. 由定义

$$|a| = |\bar{a}|, \quad |ab| = |a||b|.$$

根据加法的定义, 计算得到

$$|a + b|^2 = |a|^2 + |b|^2 + 2\operatorname{Re}(a\bar{b}), \tag{1.1}$$

$$|a - b|^2 = |a|^2 + |b|^2 - 2\operatorname{Re}(a\bar{b}). \tag{1.2}$$

两个式子相加, 得到恒等式

$$|a + b|^2 + |a - b|^2 = 2(|a|^2 + |b|^2).$$

例 1.1 证明 **Lagrange (拉格朗日) 恒等式**

$$\left|\sum_{i=1}^n a_i b_i\right|^2 = \sum_{i=1}^n |a_i|^2 \sum_{i=1}^n |b_i|^2 - \sum_{1 \leqslant i < j \leqslant n} |a_i\bar{b}_j - a_j\bar{b}_i|^2.$$

证明 当 $n = 1$ 时恒等式显然成立. 假设恒等式对 $n - 1$ 成立, 则

$$\left|\sum_{i=1}^{n-1} a_i b_i\right|^2 + \sum_{1 \leqslant i < j < n} |a_i\bar{b}_j - a_j\bar{b}_i|^2 = \sum_{i=1}^{n-1} |a_i|^2 \sum_{i=1}^{n-1} |b_i|^2. \tag{1.3}$$

由公式 (1.2) 得到

$$\sum_{1\leqslant i<j\leqslant n}|a_i\bar{b}_j-a_j\bar{b}_i|^2-\sum_{1\leqslant i<j<n}|a_i\bar{b}_j-a_j\bar{b}_i|^2$$

$$=\sum_{i=1}^{n-1}|a_i\bar{b}_n-a_n\bar{b}_i|^2 \tag{1.4}$$

$$=|a_n|^2\sum_{i=1}^{n-1}|b_i|^2+|b_n|^2\sum_{i=1}^{n-1}|a_i|^2-2\mathrm{Re}\left(\sum_{i=1}^{n-1}a_i\bar{b}_n\bar{a}_nb_i\right).$$

由公式 (1.1) 得到

$$\left|\sum_{i=1}^{n}a_ib_i\right|^2-\left|\sum_{i=1}^{n-1}a_ib_i\right|^2=|a_nb_n|^2+2\mathrm{Re}\left(\sum_{i=1}^{n-1}a_i\bar{b}_n\bar{a}_nb_i\right). \tag{1.5}$$

将等式 (1.4) 与等式 (1.5) 相加, 并将 (1.3) 代入, 得到

$$\left|\sum_{i=1}^{n}a_ib_i\right|^2+\sum_{1\leqslant i<j\leqslant n}|a_i\bar{b}_j-a_j\bar{b}_i|^2$$

$$=\sum_{i=1}^{n-1}|a_i|^2\sum_{i=1}^{n-1}|b_i|^2+|a_n|^2\sum_{i=1}^{n-1}|b_i|^2+|b_n|^2\sum_{i=1}^{n-1}|a_i|^2+|a_n|^2|b_n|^2$$

$$=\sum_{i=1}^{n}|a_i|^2\sum_{i=1}^{n}|b_i|^2.$$

这样我们就证明了 Lagrange 恒等式. □

1.5 不等式

我们介绍一些常用的不等式关系. 首先根据绝对值的定义可以得到

$$-|a|\leqslant \mathrm{Re}\,a\leqslant|a|,\quad -|a|\leqslant\mathrm{Im}\,a\leqslant|a|.$$

结合 (1.1) 得到

$$|a+b|^2=|a|^2+|b|^2+2\mathrm{Re}\,(a\bar{b})\leqslant|a|^2+|b|^2+2|a||b|=(|a|+|b|)^2.$$

由此得到**三角不等式**

$$|a+b|\leqslant|a|+|b|.$$

运用数学归纳法可以将这个不等式推广到任意项求和:

$$|a_1 + a_2 + \cdots + a_n| \leqslant |a_1| + |a_2| + \cdots + |a_n|.$$

从 Lagrange 恒等式可以直接推出 **Cauchy (柯西) 不等式**

$$\left| \sum_{i=1}^{n} a_i b_i \right|^2 \leqslant \sum_{i=1}^{n} |a_i|^2 \sum_{i=1}^{n} |b_i|^2.$$

这里我们给出另一个证明: 先引入一个参数, 证明一个对任意参数都成立的不等式. 然后赋予参数一个恰当的值即得到需要的不等式.

证明 不妨假设 $\sum_{i=1}^{n} |b_i|^2 = 1$, 否则在等式两边都除以这个和式即可. 这时 Cauchy 不等式就等价于一个更简单的形式

$$\left| \sum_{i=1}^{n} a_i b_i \right|^2 \leqslant \sum_{i=1}^{n} |a_i|^2.$$

考虑 $|a_i - \lambda \bar{b}_i|^2$, 其中 $\lambda \in \mathbb{C}$ 为参数. 其和为

$$\sum_{i=1}^{n} |a_i - \lambda \bar{b}_i|^2 = \sum_{i=1}^{n} |a_i|^2 + |\lambda|^2 - 2\mathrm{Re}\left(\bar{\lambda} \sum_{i=1}^{n} a_i b_i \right).$$

取 $\lambda = \sum_{i=1}^{n} a_i b_i$, 得到

$$0 \leqslant \sum_{i=1}^{n} |a_i - \lambda \bar{b}_i|^2 = \sum_{i=1}^{n} |a_i|^2 - \left| \sum_{i=1}^{n} a_i b_i \right|^2.$$

这样我们就证明了 Cauchy 不等式. 左边的不等式说明 Cauchy 不等式中的等号成立, 当且仅当存在复数 λ, 使得 $a_i = \lambda \bar{b}_i (i = 1, 2, \cdots, n)$. □

1.6 复数的几何表示

对于平面上一个给定的直角坐标系, 复数 $a = \alpha + \mathrm{i}\beta$ 可以用坐标为 (α, β) 的点来表示. 其中 x 轴称为**实轴**, y 轴称为**虚轴**. 平面本身称为**复平面**.

几何表示的有用之处在于它用几何语言把复数表达成生动的图形. 不过我们接受这样的观点: 分析中的所有结论都应从实数性质而不是从几何公理推导出来. 因此我们只用几何进行描述, 而不用来进行有效的证明.

复数不仅可以表示为复平面中的点, 也可以表示为从原点指向这个点的向量. 这个复数、点以及这个向量都可以用同一个字母 a 表示. 像通常一样, 一个向量平行移动后得到的向量和原向量相等.

考虑两个非零复数 a 和 b. 它们可以表示为从原点出发指向 a 和 b 的向量. 则由 a 的终点指向 b 的终点的向量就表示 $b - a$. 为了表示它们的和, 将向量 b 平移, 使其起点与向量 a 的终点重合. 则由原点指向 b 的平移后的向量的终点表示 $a + b$ (图 1.1).

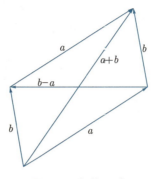

图 1.1 复数加法

通过几何表示, 三角不等式 $|a+b| \leqslant |a| + |b|$ 及恒等式 $|a+b|^2 + |a-b|^2 = 2(|a|^2 + |b|^2)$ 就成为熟悉的几何定理了.

复数乘法在极坐标表示下更简单. 设点 $a = \alpha + \mathrm{i}\beta \neq 0$ 的极坐标为 (r, θ) $(r > 0, 0 \leqslant \theta < 2\pi)$, 则

$$\alpha = r\cos\theta, \quad \beta = r\sin\theta.$$

因此 $a = r(\cos\theta + \mathrm{i}\sin\theta)$, 其中 $r = |a|$ 为复数 a 的模. 角度 θ 称为复数 a 的**辐角**, 记为 $\arg a$.

设 $a_k = r_k(\cos\theta_k + \mathrm{i}\sin\theta_k)$ $(k = 1, 2)$ 为两个非零复数. 由正弦和余弦的加法公式,

$$a_1 a_2 = r_1 r_2 [\cos(\theta_1 + \theta_2) + \mathrm{i}\sin(\theta_1 + \theta_2)].$$

因此复数乘法就是把模相乘, 辐角相加. 从几何上看, 以 $0, 1, a_1$ 为顶点的三角形和以 $0, a_2, a_1 a_2$ 为顶点的三角形相似 (图 1.2).

复数加法和乘法也可以通过 $\mathbb{R}^2$ 上的线性变换或者矩阵表示. 由伸缩和旋转的复合所生成的线性变换所对应的矩阵可以表示为

$$\begin{pmatrix} \alpha & -\beta \\ \beta & \alpha \end{pmatrix} = \begin{pmatrix} \sqrt{\alpha^2 + \beta^2} & 0 \\ 0 & \sqrt{\alpha^2 + \beta^2} \end{pmatrix} \begin{pmatrix} \dfrac{\alpha}{\sqrt{\alpha^2 + \beta^2}} & -\dfrac{\beta}{\sqrt{\alpha^2 + \beta^2}} \\ \dfrac{\beta}{\sqrt{\alpha^2 + \beta^2}} & \dfrac{\alpha}{\sqrt{\alpha^2 + \beta^2}} \end{pmatrix},$$

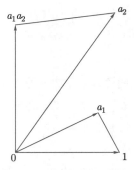

图 1.2 复数乘法

其中等式右边的第一个矩阵表示伸缩, 第二个矩阵表示旋转. 由矩阵的加法和乘法定义,

$$\begin{pmatrix} \alpha & -\beta \\ \beta & \alpha \end{pmatrix} + \begin{pmatrix} \gamma & -\delta \\ \delta & \gamma \end{pmatrix} = \begin{pmatrix} \alpha+\gamma & -\beta-\delta \\ \beta+\delta & \alpha+\gamma \end{pmatrix},$$

$$\begin{pmatrix} \alpha & -\beta \\ \beta & \alpha \end{pmatrix} \begin{pmatrix} \gamma & -\delta \\ \delta & \gamma \end{pmatrix} = \begin{pmatrix} \alpha\gamma-\beta\delta & -\alpha\delta-\beta\gamma \\ \alpha\delta+\beta\gamma & \alpha\gamma-\beta\delta \end{pmatrix}.$$

将这两个矩阵对应于复数 $\alpha+\mathrm{i}\beta$ 与 $\gamma+\mathrm{i}\delta$. 上述等式说明矩阵加法和乘法分别对应于复数加法和乘法. 因此对应实现了如上矩阵到复数域的一个同构.

1.7 高次单位根

对整数 $n \geqslant 2$, 非零复数 $a = r(\cos\theta + \mathrm{i}\sin\theta)$ 的 n 次幂为

$$a^n = r^n(\cos\theta + \mathrm{i}\sin\theta)^n = r^n(\cos n\theta + \mathrm{i}\sin n\theta).$$

当 $r = 1$ 时即为 **de Moivre (棣莫弗) 公式**

$$(\cos\theta + \mathrm{i}\sin\theta)^n = \cos n\theta + \mathrm{i}\sin n\theta.$$

这个公式可以将 $\cos n\theta$ 和 $\sin n\theta$ 表示为 $\cos\theta$ 与 $\sin\theta$ 的和以及乘积的形式.

当 $n \geqslant 2$ 时, 我们可以利用 de Moivre 公式得到复数的 n 次根. 零的 n 次根只能是零. 非零复数 $a = r(\cos\theta + \mathrm{i}\sin\theta)$ 的所有 n 次根可以表示为

$$\sqrt[n]{r}\left(\cos\frac{\theta + 2k\pi}{n} + \mathrm{i}\sin\frac{\theta + 2k\pi}{n}\right), \quad k = 0, 1, \cdots, n-1.$$

方程 $z^n = 1$ 的根称为 n **次单位根**. 令

$$\omega = \cos\frac{2\pi}{n} + \mathrm{i}\sin\frac{2\pi}{n},$$

所有 n 次单位根可以表示为 $1, \omega, \omega^2, \cdots, \omega^{n-1}$.

1.8　解析几何

我们将用复变量来表示一些基本的平面图形.

平面上直线方程的实数形式为 $\alpha x + \beta y = \gamma$, 其中 α, β 不全为零. 将 $x = (z + \bar{z})/2$ 与 $y = (z - \bar{z})/(2\mathrm{i})$ 代入, 得到

$$(\alpha - \mathrm{i}\beta)z + (\alpha + \mathrm{i}\beta)\bar{z} = 2\gamma.$$

令 $a = \alpha - \mathrm{i}\beta$. 我们就得到直线方程的表达式 $az + \bar{a}\bar{z} = 2\gamma$ 或者

$$\mathrm{Re}\,(az) = \gamma \quad (a \neq 0, \gamma \in \mathbb{R}).$$

反过来, 考虑复数形式的一次方程 $z + b\bar{z} + c = 0\ (b, c \neq 0)$. 令 $b = \alpha + \mathrm{i}\beta$, $c = \delta + \mathrm{i}\gamma$. 我们就得到了方程的实数形式

$$\begin{cases} (1 + \alpha)x + \beta y = -\delta, \\ \beta x + (1 - \alpha)y = -\gamma. \end{cases}$$

当 $1 - |b|^2 = 1 - \alpha^2 - \beta^2 \neq 0$ 时, 方程有唯一解. 这时方程表示复平面中的一个点.

当 $|b| = 1$ 时, 令 a 为 $1/b$ 的一个平方根. 则 $a^2 b = a\bar{a} = 1$. 因此 $ab = \bar{a}$. 将方程两边都乘 a, 得到 $az + \bar{a}\bar{z} + ac = 0$. 所以方程 $z + b\bar{z} + c = 0$ 表示一条直线, 当且仅当 $|b| = 1$ 且 $c^2/b = (ac)^2$ 为正实数.

平面上的直线也可以用参数表示. 设 $a, b \in \mathbb{C}$, $a \neq 0$, 则 $z = at + b\,(t \in \mathbb{R})$ 表示过 b 点且方向为 a 的直线.

圆的几何描述为到定点的距离为定长的点的轨迹. 因此圆周的方程为

$$|z - a| = r,$$

其中 $a \in \mathbb{C}$ 为圆心, $r > 0$ 为半径. 而 $|z - a| < r$ 则表示圆的内部 (即圆盘).

与定点 $a, b\,(a \neq b)$ 的距离之和为常数 $r\,(r > |a - b|)$ 的点的轨迹为椭圆, 方程为

$$|z - a| + |z - b| = r.$$

为了比较这个方程与椭圆的标准方程, 作仿射变换 $w = (2z-a-b)/(a-b)$, 变换将 a, b 分别映为 $1, -1$. 令 $R = r/|a-b|$, 则方程变为

$$|w-1| + |w+1| = 2R \quad (R > 1).$$

记 $w = u + \mathrm{i}v$, 两边平方然后整理得到

$$|w-1| \cdot |w+1| = 2R^2 - (u^2 + v^2 + 1).$$

再次平方然后整理即得到椭圆的标准方程

$$\frac{u^2}{R^2} + \frac{v^2}{R^2 - 1} = 1 \quad (R > 1).$$

与定点 $a, b(a \neq b)$ 的距离之差为常数 $r(0 < r < |a-b|)$ 的点的轨迹为双曲线, 方程为

$$||z-a| - |z-b|| = r.$$

作如上相同的变换就得到双曲线的标准方程

$$\frac{u^2}{R^2} - \frac{v^2}{1 - R^2} = 1 \quad (0 < R < 1).$$

与直线 $\mathrm{Re}\,(az) = k \; (|a| = 1, k \in \mathbb{R})$ 和点 $b \in \mathbb{C}$ 的距离相等的点的轨迹为抛物线. 点 z 到直线的距离为 $|\mathrm{Re}\,(az) - k|$, 因此抛物线方程为

$$|z-b| = |\mathrm{Re}\,(az) - k|.$$

取 $b = \mathrm{i}/4, a = \mathrm{i}, k = 1/4$ 代入方程, 并记 $z = x + \mathrm{i}y$. 整理后即得到抛物线的标准方程 $y = x^2$.

一般情形经过仿射变换就得到如上标准形式. 变换应将 b 点映为 $\mathrm{i}/4$, 将直线映为水平直线 $\mathrm{Re}\,(\mathrm{i}w) = 1/4$. 经计算变换为

$$w = \frac{\mathrm{i}a}{2[\mathrm{Re}\,(ab) - k]}(z-b) + \frac{\mathrm{i}}{4}.$$

1.9　球面表示

在数学分析中无穷 ∞ 通常被认为是一个变化过程. 而在复分析中我们却把无穷 ∞ 看成一个点加入复平面 $\mathbb{C}$ 中, 记为 $\overline{\mathbb{C}} = \mathbb{C} \cup \{\infty\}$ 或者 $\widehat{\mathbb{C}}$, 称为**扩充复平面**. 我们将在后面的学习中逐渐体会到这样处理的方便之处.

首先我们建立从 $\overline{\mathbb{C}}$ 到三维空间的单位球面的一个一一对应. 记 $\mathbb{R}^3 = \{(x_1, x_2, x_3) : x_i \in \mathbb{R}\}$ 为三维欧氏空间, 其中的单位球面 S^2 可以表示为方程 $x_1^2 + x_2^2 + x_3^2 = 1$. 当 $(x_1, x_2, x_3) \neq (0, 0, 1)$ 时, 定义

$$z = p(x_1, x_2, x_3) = \frac{x_1 + \mathrm{i}x_2}{1 - x_3}.$$

由上式和球面方程, 得到

$$|z|^2 = \frac{x_1^2 + x_2^2}{(1 - x_3)^2} = \frac{1 + x_3}{1 - x_3}.$$

记 $z = x + \mathrm{i}y$. 得到

$$x_3 = \frac{|z|^2 - 1}{|z|^2 + 1}, \quad x_1 = \frac{2x}{|z|^2 + 1}, \quad x_2 = \frac{2y}{|z|^2 + 1}. \tag{1.6}$$

记 $N = (0, 0, 1)$ 为北极点, 补充定义 $p(N) = \infty$, 则 $p : S^2 \to \overline{\mathbb{C}}$ 为一一对应.

上述对应有明显的几何意义. 由 (1.6) 得到

$$x : y : (-1) = x_1 : x_2 : (x_3 - 1).$$

这说明点 $(x, y, 0)$ 是过球面上的点 (x_1, x_2, x_3) 和 N 的直线与平面 $\mathbb{C} = \mathbb{R}^2$ 的唯一交点 (图 1.3). 因此映射 p 是以 N 为中心的中心投影, 称为**球极投影**. 为此 $\overline{\mathbb{C}}$ 也称为 **Riemann (黎曼) 球面**.

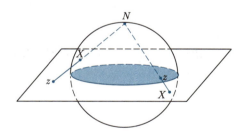

图 1.3 球极投影

定理 1.1 球极投影将球面上的任意一个圆周映为平面上的一个圆周或者一条直线. 反之亦然.

证明 设球面上的圆周所在的平面方程为 $a_1 x_1 + a_2 x_2 + a_3 x_3 = a_0$, 其中 $a_1^2 + a_2^2 + a_3^2 = 1, a_0 \geqslant 0$. 当 (x_1, x_2, x_3) 在圆周上时,

$$a_0 = a_1 x_1 + a_2 x_2 + a_3 x_3 \leqslant \frac{1}{2}[(a_1^2 + x_1^2) + (a_2^2 + x_2^2) + (a_3^2 + x_3^2)] = 1.$$

不等式中的等号成立当且仅当 $(x_1, x_2, x_3) = (a_1, a_2, a_3)$. 这说明平面与单位球面只有一个交点, 这是不可能的, 因此 $a_0 < 1$. 将公式 (1.6) 代入平面方程得到

$$2a_1 x + 2a_2 y + a_3(|z|^2 - 1) = a_0(|z|^2 + 1),$$

展开得到

$$(a_0 - a_3)(x^2 + y^2) - 2a_1 x - 2a_2 y + a_0 + a_3 = 0.$$

当 $a_0 = a_3$ 时, a_1, a_2 不全为零. 上述方程化为

$$a_1 x + a_2 y = a_3,$$

它表示平面上的一条直线. 反过来, 平面上的任意一条直线都可以表示为这个方程. 当 $a_0 \neq a_3$ 时, 方程可以化为

$$\left(x - \frac{a_1}{a_0 - a_3}\right)^2 + \left(y - \frac{a_2}{a_0 - a_3}\right)^2 = \frac{1 - a_0^2}{(a_0 - a_3)^2}. \tag{1.7}$$

由于 $a_0 < 1$, 上述方程表示以 z_0 为圆心, 半径为 r 的圆周, 其中

$$z_0 = \frac{a_1 + \mathrm{i}a_2}{a_0 - a_3}, \quad r = \frac{\sqrt{1 - a_0^2}}{|a_0 - a_3|}.$$

由上述等式以及关系式 $a_1^2 + a_2^2 + a_3^2 = 1$, $a_0 \geqslant 0$, 可以反解出: 当 $s = |z_0|^2 - r^2 + 1 \geqslant 0$ 时,

$$a_0 = \frac{s}{\sqrt{4r^2 + s^2}}, \quad a_1 = \frac{2\mathrm{Re}\, z_0}{\sqrt{4r^2 + s^2}},$$

$$a_2 = \frac{2\mathrm{Im}\, z_0}{\sqrt{4r^2 + s^2}}, \quad a_3 = \frac{s - 2}{\sqrt{4r^2 + s^2}}.$$

当 $s = |z_0|^2 - r^2 + 1 < 0$ 时, 每个等式的右边乘 -1. 这说明任一圆周都可以表示为方程 (1.7). 因此对应是一一的. □

给定两个点 $z, z' \in \overline{\mathbb{C}}$. 记 $d(z, z')$ 为这两个点在球极投影下的原像 (x_1, x_2, x_3), (x_1', x_2', x_3') 在三维欧氏空间中的距离. 即

$$\begin{aligned} d(z, z')^2 &= (x_1 - x_1')^2 + (x_2 - x_2')^2 + (x_3 - x_3')^2 \\ &= 2 - 2(x_1 x_1' + x_2 x_2' + x_3 x_3'). \end{aligned}$$

当 $z, z' \in \mathbb{C}$ 时, 由 (1.6) 经过计算得到

$$x_1 x_1' + x_2 x_2' + x_3 x_3' = \frac{(1 + |z|^2)(1 + |z'|^2) - 2|z - z'|^2}{(1 + |z|^2)(1 + |z'|^2)}.$$

最后得到

$$d(z, z') = \frac{2|z - z'|}{\sqrt{(1 + |z|^2)(1 + |z'|^2)}}.$$

当 $z' = \infty$ 时, 上式变为

$$d(z, \infty) = \frac{2}{\sqrt{1 + |z|^2}}.$$

我们称 $d(z, z')$ 为这两个点的**球面度量**.

习题一

1. 计算下列各数:

(1) $\sqrt{i}$;　　　　　(2) $\sqrt{-i}$;　　　　　(3) $\sqrt{1+i}$;

(4) $\sqrt[4]{-1}$;　　　　(5) $\sqrt[4]{i}$;　　　　　(6) $\sqrt[4]{-i}$;

(7) $\sqrt{\dfrac{1-i\sqrt{3}}{2}}$.

2. 解二次方程 $z^2 + (\alpha + i\beta)z + \gamma + i\delta = 0$.

3. 计算 $\dfrac{z}{z^2+1}$, 其中 $z = x + iy$ 或者 $z = x - iy$, 并验证两个结果共轭.

4. 求下列复数的模:

(1) $-2i(3+i)(2+4i)(1+i)$;　　　　(2) $\dfrac{(3+4i)(-1+2i)}{(-1-i)(3-i)}$.

5. 当 $|a| = 1$ 或者 $|b| = 1$, 且 $\bar{a}b \neq 1$ 时, 证明

$$\left|\frac{a-b}{1-\bar{a}b}\right| = 1.$$

6. 当 $|a| < 1$ 且 $|b| < 1$ 时, 证明

$$\left|\frac{a-b}{1-\bar{a}b}\right| < 1.$$

7. 当 $|a_i| < 1$, $\lambda_i \geqslant 0\,(i = 1, 2, \cdots, n)$ 且 $\lambda_1 + \lambda_2 + \cdots + \lambda_n = 1$ 时, 证明

$$|\lambda_1 a_1 + \lambda_2 a_2 + \cdots + \lambda_n a_n| < 1.$$

8. 证明存在复数 z 满足 $|z-a| + |z+a| = 2|c|$ 当且仅当 $|a| \leqslant |c|$. 如果条件成立, 求 $|z|$ 的最大值和最小值.

9. 求点 $a \in \mathbb{C}$ 关于坐标轴分角线的对称点.

10. 证明点 a_1, a_2, a_3 为等边三角形的三个顶点当且仅当 $a_1^2 + a_2^2 + a_3^2 = a_1 a_2 + a_2 a_3 + a_3 a_1$.

11. 设 a 和 b 为正方形的两个顶点, 求另外两个顶点.

12. 设一个三角形的三个顶点分别为 a_1, a_2, a_3, 求外接圆的圆心和半径.

13. 证明三角形的内角和为 π.

14. 将 $\cos 3\theta, \cos 4\theta$ 与 $\sin 5\theta$ 用 $\cos \theta$ 和 $\sin \theta$ 表示.

15. 简化 $1 + \cos\theta + \cos 2\theta + \cdots + \cos n\theta$ 和 $1 + \sin\theta + \sin 2\theta + \cdots + \sin n\theta$, 其中 $n \geqslant 2$ 为正整数.

16. 用代数形式表示 5 次单位根和 10 次单位根.

17. 设 $\omega = \cos\dfrac{2\pi}{n} + i\sin\dfrac{2\pi}{n}$, $n \geqslant 2$ 为正整数.

(1) 证明对任意不是 n 的整数倍的整数 k, 有 $1 + \omega^k + \cdots + \omega^{(n-1)k} = 0$;

(2) 求 $1 - \omega^k + \omega^{2k} - \cdots + (-1)^{n-1}\omega^{(n-1)k}$ 的值.

18. 证明平行四边形的对角线相互平分而菱形的对角线相互正交.

19. 证明一个圆的平行弦的中点在垂直于这些弦的直径上.

20. 证明过 $a \in \mathbb{C}$ 与 $1/\bar{a}$ 的所有圆周都与单位圆周正交.

21. 分析方程 $az + b\bar{z} + c = 0$ 所表示的几何图形.

22. 证明点 z 和 z' 位于 Riemann 球面上一条直径的两个端点当且仅当 $z\bar{z}' = -1$.

23. 一个立方体的所有顶点都在单位球面上, 各棱平行于坐标轴, 求各顶点的球极投影的像.

24. 设 $z, z' \in \mathbb{C}$ 为不同的点, X, X' 为它们在球极投影下的原像, $N = (0, 0, 1)$. 证明 $\triangle NXX'$ 与 $\triangle Nzz'$ 相似.

25. 求圆心为 a、半径为 R 的圆周在球极投影下的原像的半径.

第二章

点集拓扑基础

拓扑学是数学的一个分支, 主要研究与连续性有关的问题. 当我们考察复平面的子集上的映射时, 需要对其定义域以及连续性进行刻画. 引入一些基本的拓扑概念将方便我们讨论.

2.1   集合与元素

集合论的逻辑基础属于另一个学科, 我们以后的讨论将是非常朴素的, 不会出现逻辑上的矛盾.

所谓**集合**, 是指一些可识别对象的一个集族, 这些对象称为集合的**元素**. 记号 $x \in X$ 表示 x 是集合 X 的一个元素. 两个集合相等当且仅当它们包含相同的元素. 如果集合 X 的每个元素也是集合 Y 的元素, 则称集合 X 是集合 Y 的一个**子集**, 记为 $X \subset Y$ 或者 $Y \supset X$. 空集记为 $\varnothing$.

两个集合 X 与 Y 的所有共同元素组成的集合称为它们的**交集**, 记为 $X \cap Y$. 如果 $X \cap Y \neq \varnothing$, 则称集合 X 与 Y **相交**. 由 X 与 Y 的所有元素组成的集合称为它们的**并集**, 记为 $X \cup Y$. 所有包含在 Y 中但不包含在 X 中的元素组成的集合称为 X 相对于 Y 的**余集**或**补集**, 记为 $Y \setminus X$. 当 Y 在上下文中明显指定时, 也简称为 X 的补集, 记为 X^c.

以下一些基本的逻辑恒等式在后面的讨论中会经常用到:

$$X \cup (Y \cap Z) = (X \cup Y) \cap (X \cup Z),$$
$$X \cap (Y \cup Z) = (X \cap Y) \cup (X \cap Z),$$
$$Z \setminus (X \cup Y) = (Z \setminus X) \cap (Z \setminus Y),$$
$$Z \setminus (X \cap Y) = (Z \setminus X) \cup (Z \setminus Y).$$

集合可以看成为一个空间, 此时它的一个元素就称为空间中的一个点. 给定两个空间 X 与 Y, 一个对应关系 $f : X \to Y$ 称为一个**映射**, 是指任给点 $x \in X$, 存在 Y 中的唯一的一点与之对应, 记为 $f(x)$. 空间 X 称为映射 的**定义域**, Y 称为**值域**. 任给集合 $E \subset Y$, 满足 $f(x) \in E$ 的点组成的集合称为 E 的**原像**, 记为 $f^{-1}(E)$. 如果 Y 是一个数域, 映射 f 也称为**函数**.

映射 f 称为**满射**, 是指满足 $f(X) = Y$; f 称为**单射**, 是指 $f(x_1) = f(x_2)$ 当且仅当 $x_1 = x_2$. 映射 f 称为**双射**或者**一一映射**, 是指它既是满射也是单射. 一个双射 f 的**逆映射**定义为 $f^{-1} : Y \to X$, $f^{-1}(f(x)) = x$.

2.2 度量空间

在极限和连续性的定义中, 本质上是要给出充分接近或者任意接近的概念. 在欧氏空间中任意接近可以通过距离刻画. 要在一个抽象空间中定义这样的概念, 引入距离是方便的. 记 $\mathbb{R}_+ = \{x \in \mathbb{R} : x \geqslant 0\}$.

定义 2.1   设 X 是一个集合. 函数 $d : X \times X \to \mathbb{R}_+$ 称为集合 X 上的一个**度量**, 是指它满足下面的性质:

(1) (自反性) $d(x,y) = 0$ 当且仅当 $x = y$;

(2) (反身性) $d(x,y) = d(y,x)$;

(3) (三角不等式) $d(x,y) + d(y,z) \geqslant d(x,z)$.

此时 (X, d) (或者简写为 X) 称为一个**度量空间**.

例 2.1   (1) 实数空间 $\mathbb{R}$ 和复数空间 $\mathbb{C}$ 在欧氏度量下都是度量空间.

(2) 扩充复平面 $\overline{\mathbb{C}}$ 在球面度量下是度量空间.

(3) 设 A 是度量空间 (X, d) 的一个子集. 则 (A, d) 是度量空间.

(4) 记 $C[a,b]$ 为闭区间 $[a,b]$ 上的连续实函数组成的空间, 则

$$d(f,g) = \max_{x \in [a,b]} |f(x) - g(x)|$$

是 $C[a,b]$ 上的一个度量.

设 (X, d) 为一个度量空间. 对任意给定的 $\delta > 0$ 和一点 $x \in X$, 称

$$B(x, \delta) = \{y \in X : d(x,y) < \delta\}$$

为以 x 为中心, 半径为 δ 的**球**. 集合 $N \subset X$ 称为点 $x \in X$ 的一个**邻域**, 是指存在 $\delta > 0$, 使得 $B(x, \delta) \subset N$.

度量空间 X 中的一个序列 $\{x_n\}$ **收敛**于点 $x \in X$, 是指任给 x 的一个邻域 D, 存在 $N > 0$, 使得当 $n > N$ 时, $x_n \in D$.

度量空间中的一个集合称为**开集**, 是指它是其中每个点的邻域. 开集的补集称为**闭集**.

由定义我们知道空集是开集, 度量空间本身也是开集, 由三角不等式可以证明每个球都是开集. 容易证明以下开集和闭集的一些基本性质:

(1) 空集和全空间是既开又闭的;

(2) 有限多个开集的交集是开的;

(3) 任意多个开集的并集是开的;

(4) 有限多个闭集的并集是闭的;

(5) 任意多个闭集的交集是闭的.

下面我们介绍和开集有关的经常使用的一些名词. 设 A 是度量空间 X 中的一个集合. A 的**内部**是包含于 A 的最大开集, 记为 Int A. 它是包含于 A 的所有开集的并、并由 A 中所有以 A 为邻域的点组成的集合. A 的**闭包**是包含 A 的最小闭集, 记为 $\overline{A}$. 它是包含 A 的所有闭集的交. 点 $x \in \overline{A}$ 当且仅当 x 的任意邻域都与 A 相交. A 的**边界**为 $\partial A = \overline{A} \setminus \text{Int } A$. 点 $x \in \partial A$ 当且仅当 x 的任意邻域都与 A 以及 $X \setminus A$ 相交. A 的**外部**为 $X \setminus A$ 的内部或者 $X \setminus \overline{A}$.

显然 Int $A \subset A \subset \overline{A}$. 集合 A 是开集当且仅当 Int $A = A$. A 是闭集当且仅当 $A = \overline{A}$.

点 $x \in A$ 称为 A 的**孤立点**, 是指存在 x 的一个邻域 D, 使得 $D \cap A = \{x\}$. 否则就称为**聚点**, 即 x 的任一邻域都包含 A 的无穷多个点.

2.3   拓扑空间

当我们考察度量空间的很多性质时发现距离是不必要的, 只要利用开集的性质就可以. 这说明开集可以看成基本对象. 只定义开集而不定义距离也可以考察这些性质. 当然这些开集应该满足一些必要的公理.

复分析的主要研究对象是复平面及其上的映射. 作为拓扑准备知识, 我们也可以只考察复平面, 或者更广泛一点的度量空间. 但是我们仍然选择引入抽象拓扑空间. 比较二者之间的差异, 我们发现这样的处理不仅没有增加证明的复杂性, 反而更加凸显定理内在的逻辑本质. 同时在后面研究函数族的时候, 可以直接应用本章有关紧致性的结果. 最后, 逐渐熟悉抽象的逻辑推导也是我们的目的之一.

定义 2.2   一个空间 X 连同它的称为**开集**的一个子集族称为**拓扑空间**, 是指它们满足如下性质:

(1) 空集与整个空间 X 都是开集;

(2) 任意两个开集的交集是开集;

(3) 任意多个开集的并集是开集.

开集的补集称为**闭集**. 集合 $D \subset X$ 称为点 $x \in X$ 的一个**邻域**, 是指存在一个开集 $U \subset X$, 使得 $x \in U$ 且 $U \subset D$. 容易看出上述定义与度量空间中的定义是相容的. 因此一个集合的内部、闭包、边界、外部、孤立点以及聚点都有定义.

设 $\{x_n\}$ 是拓扑空间 X 中的一个序列, 称序列 $\{x_n\}$ **收敛**于点 $x \in X$, 是指任给 x 的一个邻域 D, 存在 $N \geqslant 0$, 使得当 $n \geqslant N$ 时有 $x_n \in D$. 这样的定义与度量空间中的定义是相容的.

如同度量可以定义于度量空间的子集一样, 拓扑空间中的一个子集有自然的方式赋予拓扑结构. 设 Y 是拓扑空间 X 的一个子集. Y 上如下定义的拓扑称为**子拓扑**或者**诱**

导拓扑: Y 中的开集定义为 X 中的开集与 Y 的交集.

有例子表明收敛点是不唯一的. 这与度量空间中的情形不同. 为避免这种情况发生, 我们需要引入一条新的公理将拓扑空间的基本对象开集与空间中的点联系在一起. 拓扑空间称为 **Hausdorff (豪斯多夫) 空间**, 是指不同的点包含在不相交的开集中.

2.4　连通性

定义 2.3　拓扑空间 X 称为**连通**的, 是指 X 不能分解为两个不相交的非空开集的并.

由于开集的补集是闭集, 一个等价的定义为: X 不能分解为两个不相交的非空闭集的并. 拓扑空间 X 中的子集 E 称为连通的. 是指 E 在子拓扑下是连通的. 非空的连通开集也称为**区域**. 容易验证: 一个开集是连通的当且仅当它不能分解为两个不相交的非空开集的并; 一个闭集是连通的当且仅当它不能分解为两个不相交的非空闭集的并.

引理 2.1　连通集的闭包是连通的. 任意多个相交的连通集的并是连通的.

证明　设 E 为拓扑空间 X 中的连通集. 假设 $\overline{E}$ 不连通, 则存在 $\overline{E}$ 中不相交的非空闭集 A, B 使得 $\overline{E} = A \cup B$. 特别地, A 和 B 也是 X 中的闭集. 如果 $A \cap E$ 是空集, 则 $E \subset B$. 于是 $\overline{E} \subset B$. 这与 A 非空矛盾. 同理 $B \cap E$ 是非空的. 这与 E 的连通性矛盾.

设 E_α 是拓扑空间 X 中的连通集, 且存在一点 $x \in \cap E_\alpha$. 假设 $E = \cup E_\alpha$ 不连通, 即存在 E 中互不相交的非空开集 A, B, 恒得 $E = A \cup B$. 如果 $x \in A$, 则由 E_α 的连通性得到 $E_\alpha \subset A$. 从而 $B = \varnothing$. 这与前面的假设矛盾. 因此 E 是连通的. □

拓扑空间 X 中的一个非空连通集 E 称为 X 的一个**连通分支**, 是指对任何连通集 $E' \subset X, E \subset E'$ 蕴涵 $E = E'$.

定理 2.1　拓扑空间可以分解为连通分支的不相交的并.

证明　对拓扑空间 X 中的任意一点 x, 记 $C(x)$ 为包含点 x 的连通集的并. 由引理 2.1, $C(x)$ 是连通的. 再由定义 $C(x)$ 为连通分支. 同样由引理 2.1, 不同的连通分支是不相交的. 因此拓扑空间可以分解为连通分支的不相交的并. □

例 2.2　$X = \{1/n : n \in \mathbb{N}_+\} \cup \{0\}$ 作为 $\mathbb{R}$ 的子空间其连通分支都是单点. 单点 $1/n$ 是既开又闭的. 但是零点作为一个连通分支, 是闭的但不是开的.

由引理 2.1, 连通分支一定是闭的. 上面的例子表明连通分支不一定是开的. 为了使得每一个连通分支是开的, 我们需要局部连通的概念.

我们称拓扑空间 X 在 $x \in X$ **局部连通**, 是指对包含 x 的任意开集 E, 存在连通开集 $E_1 \subset E$, 使得 $x \in E_1$. 空间 X 称为**局部连通**的, 是指它在每一个点都是局部连通的.

注意局部连通空间不一定是连通的. 由引理 2.1 得到如下结果.

定理 2.2   局部连通空间的每个连通分支都是既开又闭的.

一个拓扑空间并不一定总是能分解为可数个连通分支的并. 为此我们需要以下定义. 我们称拓扑空间 X 中的一个集合 E 是**稠密**的, 是指满足 $\overline{E} = X$. 拓扑空间 X 称为**可分**的, 是指它包含一个可数的稠密子集.

如果拓扑空间 X 是局部连通的, 且包含一个稠密的可数集 E, 则它的每一个连通分支都是开的. 从而一定包含 E 中的点. 因此 X 中只有可数个连通分支. 这样我们就有如下结果.

定理 2.3   可分的局部连通拓扑空间可以分解为可数个连通分支的并.

下面我们考察实数空间和复数空间上的子集的性质.

定理 2.4   实数空间 $\mathbb{R}$ 的非空连通子集一定是区间.

证明   设 $E \subset \mathbb{R}$ 为非空连通集, 记 a, b 分别为 E 中点的下确界和上确界, 则 E 一定有如下形式: $(a, b), [a, b], (a, b]$ 或者 $[a, b)$. 端点的考量是平凡的, 我们只考虑中间点. 如果存在点 $c \in (a, b)$, 但是 $c \notin E$, 则 $(-\infty, c) \cap E$ 与 $(c, +\infty) \cap E$ 是 E 的两个非空不相交开子集. 这与 E 的连通性矛盾. 从而 $c \in E$.   □

定理 2.5   复数空间 $\mathbb{C}$ 中的区域 U 是连通的当且仅当它是折线连通的, 即对任意两点 $a, b \in U$, 存在 U 中的有限个点 $a = z_0, z_1, \cdots, z_n = b$, 使得线段 $[z_i, z_{i+1}]$ $(i = 0, 1, \cdots, n-1)$ 包含于 U 中. 特别地, 这样的线段可以取为水平或者竖直线段.

证明   假设 U 是折线连通的, 但不是连通的. 那么 U 可以分解成两个不相交非空开集的并, 记为 $U = A \cup B$. 在 A, B 中分别取点 a, b. 则 a, b 可以通过折线连接, 即存在 U 中的有限个点 $a = z_0, z_1, \cdots, z_n = b$, 使得线段 $[z_i, z_{i+1}]$ $(i = 0, 1, \cdots, n-1)$ 包含于 U 中. 这些线段中必然有一段的端点分别包含于 A 与 B 中. 不妨设 $z_i \in A, z_{i+1} \in B$, 这一线段可以表示为 $z = z_i + t(z_{i+1} - z_i)$, 其中参数 $t \in [0, 1]$. 令 $t_0 = \inf\{t \in [0, 1] : \gamma(t) \notin A\}$. 由于 A 是开集, $t_0 > 0$ 且 $\gamma(t_0) \notin A$. 同理 $t_0 < 1$ 且 $\gamma(t_0) \notin B$. 这与该线段包含于 U 中矛盾.

假设 U 是连通的. 选取一点 $a \in U$, 并记 U_1 是所有可以在 U 中与点 a 折线连通的点的集合, U_2 是所有不能在 U 中与点 a 折线连通的点的集合, 则 U_1 和 U_2 都是开集. 事实上, 因为 U 是开集, 如果 $a_1 \in U_1$, 则存在 a_1 的一个邻域 $B(a_1, \varepsilon) \subset U$. 而 $B(a_1, \varepsilon)$ 中的所有点都可以通过一条线段与 a_1 连接. 因此 $B(a_1, \varepsilon) \subset U_1$. 所以 U_1 是开集. 同理 U_2 也是开集.

连通开集 U 是不相交的开集 U_1 与 U_2 的并集. 由于 U_1 非空, U_2 必须是空集, 因此 U 是折线连通的.   □

2.5 紧致性

为了考虑序列的收敛性, 我们引入紧致性的概念. 一个开集族称为集合 X 的一个**开覆盖**, 是指 X 包含于这些开集的并集中. 一个开覆盖的**子覆盖**指开覆盖的一个子族, 其并集仍然包含 X. 一个**有限覆盖**指由有限个集合组成的覆盖.

定义 2.4 称拓扑空间 X 是**紧致**的, 是指 X 的任意开覆盖有有限子覆盖.

拓扑空间中的一个集合称为紧致的, 是指它在子拓扑下是紧致拓扑空间. 在适当的条件下, 紧致集与闭集是等价的.

引理 2.2 (1) Hausdorff 空间中的紧致集是闭集;

(2) 紧致拓扑空间中的闭集是紧致的.

证明 (1) 设 E 是 Hausdorff 空间 X 中的紧致集. 如果 E 不是闭的, 则存在点 $y \in \overline{E} \setminus E$. 由于 X 是 Hausdorff 空间, 所以对任一点 $x \in E$, 存在开集 $D(x)$ 与 $D(y)$, 分别包含点 x 和 y, 使得 $D(x) \cap D(y) = \varnothing$. 开集族 $\{D(x) : x \in E\}$ 构成 E 的一个开覆盖. 由于 E 是紧致的, 它存在有限子覆盖, 记为 $D(x_1), D(x_2), \cdots, D(x_n)$. 记包含 y 且与 $D(x_i)$ 不相交的开集为 D_i, 则 $D_1 \cap D_2 \cap \cdots \cap D_n$ 为包含 y 的开集, 并且不与 E 相交. 这与 $y \in \overline{E}$ 矛盾. 因此 E 必须是闭集.

(2) 设 E 是紧致拓扑空间 X 中的闭集. 任给 E 的一个开覆盖 $\{U_\alpha : \alpha \in \Lambda\}$, $X \setminus E$ 与 $\{U_\alpha : \alpha \in \Lambda\}$ 一起构成 X 的一个开覆盖. 由于 X 是紧致空间, 它存在一个有限子覆盖. 这个子覆盖去掉开集 $X \setminus E$ 构成开覆盖 $\{U_\alpha : \alpha \in \Lambda\}$ 的一个有限子覆盖. 因此 E 是紧致集. □

下面我们考虑度量空间. 度量空间 (X, d) 中的序列 $\{x_n\}$ 是 **Cauchy 序列**, 是指任给 $\varepsilon > 0$, 存在 $n_0 \geqslant 0$, 使得当 $n, m \geqslant n_0$ 时有 $d(x_n, x_m) < \varepsilon$. 显然收敛序列一定是 Cauchy 序列. 反过来则不然, 为此给出以下定义.

定义 2.5 一个度量空间称为是**完备**的, 是指其中的每个 Cauchy 序列都是收敛的.

显然度量空间的完备子空间是闭的. 完备度量空间中的闭集是完备的. 从完备性推出紧致性还需要附加条件.

度量空间中的一个集合 X 称为**全有界**的, 是指对任给的 $\varepsilon > 0$, 存在有限个半径为 ε 的球形成 X 的一个覆盖.

定理 2.6 度量空间中的一个集合是紧致的当且仅当它是完备和全有界的.

证明 设 X 是紧致度量空间. 由定义 X 是全有界的. 如果 X 不完备, 则 X 中存在 Cauchy 序列 $\{x_n\}$ 不收敛. 从而对任意点 $y \in X$, 存在包含 y 的开集 $D(y)$, 使得 $D(y)$ 中只包含序列 $\{x_n\}$ 的有限项. $\{D(y), y \in X\}$ 形成 X 的一个开覆盖. 由 X 的紧致性, 它有一个有限子覆盖. 因此这个有限子覆盖的并也只包含序列 $\{x_n\}$ 的有限项. 这与 $\{x_n\}$ 是无穷序列矛盾. 因此 X 是完备的.

反过来, 设 X 是一个全有界的完备度量空间. 如果 X 不是紧致的, 则存在 X 的一个开覆盖 $\{U_\alpha\}$, 使得它没有有限子覆盖.

令 $\varepsilon_n = 2^{-n}$, $n \in \mathbb{N}_+$. 由全有界性, X 可以被有限个球 $B(x, \varepsilon_1)$ 覆盖. 由于开覆盖 $\{U_\alpha\}$ 没有有限子覆盖, 这有限个球 $B(x, \varepsilon_1)$ 中至少有一个不能被有限个 U_α 所覆盖, 记这个球为 $B(x_1, \varepsilon_1)$. 由于 $B(x_1, \varepsilon_1)$ 也是全有界的, 存在 $x_2 \in B(x_1, \varepsilon_1)$ 使得 $B(x_2, \varepsilon_2)$ 不能被有限个 U_α 所覆盖. 如此构造下去, 我们得到序列 $\{x_n\}$, 使得 $x_{n+1} \in B(x_n, \varepsilon_n)$ 且 $B(x_{n+1}, \varepsilon_{n+1})$ 不能被有限个 U_α 所覆盖. 于是 $d(x_n, x_{n+1}) < \varepsilon_n$. 因此

$$d(x_n, x_{n+p}) < \varepsilon_n + \cdots + \varepsilon_{n+p-1} < 2^{-n+1}.$$

这说明 $\{x_n\}$ 是 Cauchy 序列. 令 y 为此序列的收敛点. 则存在开覆盖 $\{U_\alpha\}$ 中的一个开集, 记为 U, 使得 $y \in U$. 由于 U 是开集, 存在 $\delta > 0$ 使得 $B(y, \delta) \subset U$. 选取充分大的 $n \in \mathbb{N}_+$ 使得

$$d(x_n, y) < \delta/2, \quad \varepsilon_n < \delta/2.$$

于是 $B(x_n, \varepsilon_n) \subset B(y, \delta) \subset U$. 这与 $B(x_n, \varepsilon_n)$ 不能被有限个 U_α 所覆盖矛盾. □

将上述定理应用于实轴 $\mathbb{R}$ 或者复平面 $\mathbb{C}$, 我们有如下推论.

推论 2.1　$\mathbb{R}$ 或者 $\mathbb{C}$ 中的一个集合是紧致的当且仅当它是一个有界闭集.

推论 2.2　扩充复平面 $\overline{\mathbb{C}}$ 是紧致的.

因此扩充复平面也称为复平面的单点紧化.

定理 2.7　一个度量空间是紧致的当且仅当它具有 Bolzano-Weierstrass (波尔查诺–魏尔斯特拉斯) 性质 (也称序列紧性), 即任意无穷序列都有极限点, 或者任意序列都有子序列收敛.

证明　设 $\{x_n\}$ 是紧致度量空间 X 中的一个无穷序列. 如果该序列无极限点, 那么对任一点 $y \in X$, 存在 $\varepsilon > 0$, 使得球 $B(y, \varepsilon)$ 只包含序列 $\{x_n\}$ 的有限项. 由 X 的紧致性, 存在有限个球 $B(y, \varepsilon)$ 形成 X 的一个开覆盖, 其并集也只包含序列 $\{x_n\}$ 的有限项. 这与 $\{x_n\}$ 是无穷序列矛盾.

反过来, 如果度量空间 X 满足 Bolzano-Weierstrass 性质, 则它一定是完备的. 由定理 2.6, 只需证明 X 是全有界的. 假设 X 不是全有界的, 即存在 $\varepsilon > 0$, 使得 X 不能被有限个 $B(x, \varepsilon)$ 覆盖. 任取 $x_1 \in X$. 由于 X 不能被有限个 $B(x, \varepsilon)$ 所覆盖, 存在点 $x_2 \notin B(x_1, \varepsilon)$. 同理存在点 $x_3 \notin B(x_1, \varepsilon) \cup B(x_2, \varepsilon)$. 如此下去我们得到一个序列 $\{x_n\}$, 使得对于任意的 $n, m > 0$, 都有 $d(x_n, x_m) > \varepsilon$. 因此序列 $\{x_n\}$ 没有极限点. 这与 Bolzano-Weierstrass 性质是矛盾的. □

2.6 连续映射

定义 2.6 设 X, Y 是拓扑空间. 映射 $f : X \to Y$ 称为**连续**的, 是指 Y 中任意开集的原像是 X 中的开集. 如果 f 是一一对应, 且逆映射也是连续的, 则称 f 为**同胚**.

映射 $f : X \to Y$ 连续的一个等价的定义为 Y 中任意闭集的原像是 X 中的闭集. 在同胚映射下保持不变的性质通常称为拓扑性质, 下面的结果说明紧致性和连通性都是拓扑性质.

定理 2.8 连续映射把紧致集映为紧致集.

证明 设 f 是紧致拓扑空间 X 上的连续映射. 对 $f(X)$ 的任意开覆盖 $\{U_\alpha\}$, 其原像 $f^{-1}(U_\alpha)$ 构成 X 的一个开覆盖. 因此它有有限子覆盖. 这个子覆盖的像构成开覆盖 $\{U_\alpha\}$ 的一个有限子覆盖. 因此 $f(X)$ 是紧致的. □

定理 2.9 连续映射把连通集映为连通集.

证明 设 f 是连通拓扑空间 X 上的连续映射. 如果 $f(X)$ 不连通, 则 $f(X)$ 可以分解为两个不相交的非空开集, 记为 A 与 B. 于是 X 也分解为两个不相交的非空开集 $f^{-1}(A)$ 与 $f^{-1}(B)$. 与 X 的连通性矛盾. □

设 (X, d_X) 与 (Y, d_Y) 是度量空间. 容易验证映射 $f : X \to Y$ 连续, 当且仅当对任一点 $x \in X$ 和任给的 $\varepsilon > 0$, 存在 $\delta > 0$, 使得 $d_X(x, x') < \delta$ 蕴涵 $d_Y(f(x), f(x')) < \varepsilon$. 这说明上述定义与我们熟知的定义相容.

上述定义中 $\delta > 0$ 的选取通常依赖于点 x. 一般来说, 如果一个条件不依赖于参数而成立, 称这个条件一致成立. 于是我们有如下定义.

设 (X, d_X) 与 (Y, d_Y) 是度量空间. 映射 $f : X \to Y$ 称为**一致连续**的, 是指对任给的 $\varepsilon > 0$, 存在 $\delta > 0$, 使得 $d_X(x, x') < \delta$ 蕴涵 $d_Y(f(x), f(x')) < \varepsilon$.

定理 2.10 紧致度量空间到度量空间的连续映射是一致连续的.

证明 设 f 是从紧致度量空间 (X, d_X) 到度量空间 (Y, d_Y) 的一个连续映射. 任给 $\varepsilon > 0$, 对任一点 $x \in X$, 存在 $\delta(x) > 0$, 使得 $x' \in B(x, \delta(x))$ 蕴涵 $f(x') \in B(f(x), \varepsilon/2)$. 球 $B(x, \delta(x)/2)$ 构成 X 的一个开覆盖. 由 X 的紧致性, 它存在有限子覆盖, 记为 $B(x_i, \delta(x_i)/2)$, $i = 1, 2, \cdots, n$. 令 $\delta = \min\{\delta(x_1)/2, \delta(x_2)/2, \cdots, \delta(x_n)/2\}$. 于是只要 $d_X(x', x'') < \delta$, 存在 $1 \leqslant i \leqslant n$, 使得 x' 与 x'' 都包含于球 $B(x_i, \delta(x_i))$ 中. 因此 $d_Y(f(x'), f(x'')) < \varepsilon$, 即映射 f 是一致连续的. □

定理 2.11 紧致空间到 Hausdorff 空间的连续一一映射一定是同胚.

证明 设 $f : X \to Y$ 是从紧致空间到 Hausdorff 空间的连续一一映射. 我们需要证明 f^{-1} 是连续的, 即对 X 中的任意闭集 E, 要证 $f(E)$ 是 Y 中的闭集. 由引理 2.2(2), E 是紧致集. 再由定理 2.8, $f(E)$ 是紧致集. 根据引理 2.2(1), $f(E)$ 是闭集. 因此 f^{-1} 是连续的. □

2.7 一致收敛性

设 $\{f_n(x)\}$ 是从拓扑空间 X 到度量空间 (Y,d) 的一个映射序列. 称 $\{f_n(x)\}$ 是**逐点收敛**的, 是指对每一点 $x \in X$, 序列 $\{f_n(x)\}$ 在 Y 中收敛. 其极限 $f(x)$ 仍然是从 X 到 Y 的一个函数.

当序列中的每个映射都连续时, 我们希望极限映射也连续. 然而下面的例子表明并非如此.

例 2.3 $X = Y = [0,1]$, $f_n(x) = x^n$. 则函数序列 $\{f_n(x)\}$ 收敛于

$$f(x) = \begin{cases} 0, & x \in [0,1), \\ 1, & x = 1. \end{cases}$$

为了使得极限函数也连续, 我们需要更强的收敛性.

我们称映射序列 $\{f_n(x)\}$ **一致收敛**于映射 $f(x)$, 是指对任给的 $\varepsilon > 0$, 存在 $n_0 > 0$, 使得对所有的 $n > n_0$ 和 $x \in X$, 都有 $d(f_n(x), f(x)) < \varepsilon$.

定理 2.12   一致收敛的连续映射序列的极限映射是连续的.

证明   设 $\{f_n(x)\}$ 是从拓扑空间 X 到度量空间 (Y,d) 的一个连续映射序列, 且一致收敛于映射 $f(x)$. 对任给的 $\varepsilon > 0$, 存在 $N > 0$, 使得对所有的 $n \geqslant N$ 与 $x \in X$, 都有 $d(f_n(x), f(x)) < \varepsilon/3$.

任给 $x_0 \in X$. 由于 $f_N(x)$ 连续, 存在 x_0 的一个邻域 $D \subset X$, 使得当 $x \in D$ 时, $d(f_N(x), f_N(x_0)) < \varepsilon/3$. 于是

$$d(f(x), f(x_0)) \leqslant d(f(x), f_N(x)) + d(f_N(x), f_N(x_0)) + d(f_N(x_0), f(x_0)) < \varepsilon.$$

这样我们就证明了 $f(x)$ 是连续的.   □

当度量空间 Y 完备时, 有对应于一致收敛的 Cauchy 准则: 映射序列 $\{f_n(x)\}$ 一致收敛当且仅当对任给的 $\varepsilon > 0$, 存在 $n_0 > 0$, 使得对所有的 $n, m > n_0$ 和所有的 $x \in X$, 都有 $d(f_n(x), f_m(x)) < \varepsilon$.

2.8 平面区域的连通数

定义 2.7   区域 $\Omega \subsetneqq \overline{\mathbb{C}}$ 称为 n **连通**的, 是指 $\overline{\mathbb{C}} \setminus \Omega$ 恰有 n 个连通分支, 其中 n 为非负整数或者 ∞, 称为区域的连通数. 当 $n = 1$ 时也称为**单连通**的.

根据定义, 如果 $\phi: \overline{\mathbb{C}} \to \overline{\mathbb{C}}$ 是同胚, 则 $\phi(\Omega)$ 与 Ω 具有相同的连通数.

定理 2.13 设 $E \subset \overline{\mathbb{C}}$ 是连通闭集. 则 $\overline{\mathbb{C}} \setminus E$ 的每个连通分支都是单连通的.

证明 设 D 是 $\overline{\mathbb{C}} \setminus E$ 的一个连通分支. 如果 $\overline{\mathbb{C}} \setminus D$ 不是连通的, 则它可以表示为两个互不相交的非空闭集 E_1 与 E_2 的并. 由于 E 是连通的, 且 $E \subset E_1 \cup E_2$, $E_1 \cap E$ 与 $E_2 \cap E$ 必有一个是空集. 不妨设 $E \subset E_1$.

取一点 $a \in \partial E_2$. 它一定属于 E 的另一个余集分支 D_1 中. 于是存在以 a 为圆心的开圆盘 Δ, 使得 $\Delta \subset D_1$. 另一方面, 由于 $a \in \partial E_2$, Δ 一定与 D 相交. 这与 D, D_1 都是 E 的余集分支矛盾. □

定理 2.14 设 $D \subset \overline{\mathbb{C}}$ 是一个区域, E 是 $\overline{\mathbb{C}} \setminus D$ 的一个连通分支. 则 $\overline{\mathbb{C}} \setminus E$ 是单连通区域.

证明 不妨设 $\infty \in E$ 且 E 不是单点. 我们只需证明 $\overline{\mathbb{C}} \setminus E$ 是连通的. 对任意点 $a \in \overline{\mathbb{C}} \setminus E$, 我们需要证明在 $\overline{\mathbb{C}} \setminus E$ 中存在一条折线连接 a 与 D 中一点. 由定理 2.5, 当 $a \in D$ 时结论成立. 当 $a \notin D$ 时, 由于 E 是紧致集, 存在一点 $b \in E$, 使得

$$|a - b| = \inf_{z \in E} |a - z|.$$

因此线段 $[a, b]$ 与 E 只相交于一点 b. 这时线段 (a, b) 一定包含 D 中的一个点 c, 否则 $E \cup [a, b]$ 是与 D 不相交的一个连通集, 这与 E 是 $\overline{\mathbb{C}} \setminus D$ 的一个连通分支矛盾. 因此线段 $[a, c]$ 包含于 $\overline{\mathbb{C}} \setminus E$ 中, 且连接 a 与 $c \in D$. □

$\overline{\mathbb{C}}$ 中的一条**曲线**指一个区间 $[a, b] \subset \mathbb{R}$ 到扩充复平面的连续映射 $\gamma: [a, b] \to \overline{\mathbb{C}}$. 点 $\gamma(a)$ 与 $\gamma(b)$ 称为曲线的**端点**. 如果 γ 是单射, 则称 γ 为 **Jordan (若尔当) 弧**. 如果 $\gamma(a) = \gamma(b)$, 则称 γ 为**闭曲线**. 如果闭曲线 γ 限制在区间 $[a, b)$ 是单射, 则称 γ 为 **Jordan 曲线**.

由定理 2.13, 我们有如下推论.

推论 2.3 设 $\gamma \subset \mathbb{C}$ 为一条 Jordan 曲线. 则 $\overline{\mathbb{C}} \setminus \gamma$ 的每个连通分支都是单连通的.

定理 2.15 (Jordan 曲线定理) 设 $\gamma \subset \mathbb{C}$ 为一条 Jordan 曲线. 则 $\overline{\mathbb{C}} \setminus \gamma$ 恰有两个连通分支.

这个定理虽然直观上看起来显然, 但是证明却并不容易. 由于本书内容不涉及这个定理, 我们略去这个定理的证明. 在如下特殊情形下我们提供一个有趣的证明.

定理 2.16 设 $\gamma \subset \mathbb{C}$ 是由 $n(n < \infty)$ 条线段组成的 Jordan 曲线. 则 $\overline{\mathbb{C}} \setminus \gamma$ 恰有两个连通分支. 其中的有界连通分支称为 n **边形**, 其内角和为 $(n-2)\pi$.

证明 当 $n = 3$ 时结论显然成立. 下面我们证明当 $n = 4$ 时的情形.

记 a_1, a_2, a_3, a_4 为 γ 上按顺序排列的顶点. 不妨设没有 3 个顶点在一条直线上, 则 a_3 在三角形 (a_1, a_4, a_2) 的外部或者内部. 前一种情形三角形 (a_1, a_4, a_2) 与 (a_3, a_4, a_2) 的内部不相交, 它们的内部以及公共边的并是 $\overline{\mathbb{C}} \setminus \gamma$ 的唯一的有界连通分支. 后一种情形

三角形 (a_2, a_1, a_3) 与 (a_4, a_1, a_3) 的内部不相交, 它们的内部以及公共边的并是 $\overline{\mathbb{C}} \setminus \gamma$ 的唯一的有界连通分支. 在两种情形下 4 边形的内角和都是 2π.

对一般情形的证明我们用数学归纳法. 记 $a_1, a_2, \cdots, a_n$ 为 γ 上按顺序排列的顶点 (图 2.1). 不妨设相邻的 3 个顶点都不在一条直线上. 设 D 是包含 γ 的一个最小的闭圆盘. 则至少有 γ 上的两个顶点包含于 ∂D, 不妨设 a_1 是其中的一个顶点. 如果三角形 (a_n, a_1, a_2) 的闭包上没有 γ 的其他顶点, 则 $(a_2, a_3, \cdots, a_n)$ 为 $n-1$ 边形. 由归纳假设, 这个 $n-1$ 边形的内部、三角形 (a_n, a_1, a_2) 的内部以及它们的公共边 (a_n, a_2) 的并, 是 $\overline{\mathbb{C}} \setminus \gamma$ 的唯一的有界连通分支.

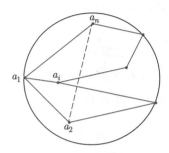

图 2.1 n 边形

假设三角形 (a_n, a_1, a_2) 的闭包上包含 γ 的其他顶点, 则存在其中的一个顶点 a_i, 使得 $|\mathrm{Im}\,(a_i - a_2)/(a_n - a_2)|$ 达到最大. 这个性质保证了 $(a_1, a_2, \cdots, a_i)$ 为 i 边形, 而 $(a_1, a_i, \cdots, a_n)$ 为 $n-i+2$ 边形. 由归纳假设, 这两个多边形的内部, 以及它们的公共边 (a_1, a_i) 的并, 是 $\overline{\mathbb{C}} \setminus \gamma$ 的唯一的有界连通分支.

由归纳假设, n 边形的内角和为 $(i-2)\pi + (n-i)\pi = (n-2)\pi$. □

区域的连通数也可以通过其边界刻画. 如下问题留作思考题.

问题　设 $\Omega \subsetneqq \mathbb{C}$ 为区域. 则 Ω 的连通数等于 $\partial\Omega$ 的连通分支的个数. 特别地, Ω 是单连通的当且仅当 $\partial\Omega$ 连通.

习题二

1. 设 (X, d) 为度量空间. 证明 (X, δ) 为有界的度量空间, 其中
$$\delta(x, y) = \frac{d(x, y)}{1 + d(x, y)}.$$

2. 设 $d_1(x, y)$ 与 $d_2(x, y)$ 为空间 X 上的两个度量. 证明由它们定义的拓扑相容, 当且仅当任给 $x \in X$ 以及 $\varepsilon > 0$, 存在 $\delta > 0$, 使得 $d_1(x, y) < \delta$ 蕴涵 $d_2(x, y) < \varepsilon$; 反之亦然.

3. 证明复平面在欧氏度量下定义的拓扑与在球面度量下诱导的拓扑相容.

4. 证明度量空间内任意子集的聚点组成一个闭集.

5. 令 $A = \{(x, y) \in \mathbb{R}^2 : x = 0, |y| \leqslant 1\}$, $B = \{(x, y) \in \mathbb{R}^2 : x > 0, y = \sin(1/x)\}$. 证明 $A \cup B$ 是连通的.

6. 设 $E \subsetneqq \overline{\mathbb{C}}$ 非空. 证明 ∂E 非空.

7. 证明可分度量空间中的一个集合是可数的, 如果集合中的所有点都是孤立的.

8. 设 $E_1 \supset E_2 \supset \cdots$ 是 Hausdorff 空间中的非空紧致集序列, 证明它们的交集非空. 并举例说明如果 E_i 只是闭的, 则结论不一定成立.

9. 设 X 是由所有实数序列 $\{x_n\}$ 组成的集合, 使得每个序列只有有限项不为零. 令 $d(\{x_n\}, \{y_n\}) = \max |x_n - y_n|$. 证明 (X, d) 为不完备的度量空间.

10. 证明扩充复平面在球面度量下是紧致的.

11. 设 X 与 Y 是一个完备度量空间中的紧致集. 证明存在 $x \in X$, $y \in Y$ 使得 $d(x, y)$ 达到最小值.

12. 证明由开集定义的连续映射与由度量定义的连续映射相容.

13. 试构造一个将单位圆盘 $|z| < 1$ 映为整个平面的同胚.

第三章

复函数

复函数是定义在复平面内的一个区域到复数域的函数. 复分析的主要研究对象是解析的复函数. 本章将给出解析函数的定义, 以及一些重要的解析函数的例子.

3.1 解析函数

3.1.1 解析函数的定义

定义 3.1   设 $f : \Omega \to \mathbb{C}$ 是区域 $\Omega \subset \mathbb{C}$ 上的连续函数. 称 f 在点 $z \in \Omega$ **可导**, 是指极限

$$f'(z) \stackrel{\text{def}}{=\!=} \lim_{a \to 0} \frac{f(z+a) - f(z)}{a}$$

在 $\mathbb{C}$ 中收敛. $f'(z)$ 称为 f 在 z 点的**导数**.

如果 f 在 Ω 中的每一点都可导, 我们就称 f 在 Ω 上**解析**或者**全纯**.

记 $z = x + \mathrm{i}y$. 则函数 $f(z)$ 可以表示为 $f(z) = u(x,y) + \mathrm{i}v(x,y)$, 其中 $u(x,y)$ 与 $v(x,y)$ 为二元实函数. 我们记

$$u_x = \frac{\partial u}{\partial x}, \quad u_y = \frac{\partial u}{\partial y}, \quad v_x = \frac{\partial v}{\partial x}, \quad v_y = \frac{\partial v}{\partial y}$$

为偏导数. 令

$$f_x = \frac{\partial f}{\partial x} \stackrel{\text{def}}{=\!=} u_x + \mathrm{i}v_x,$$

$$f_y = \frac{\partial f}{\partial y} \stackrel{\text{def}}{=\!=} u_y + \mathrm{i}v_y.$$

在上面的极限过程中, 当我们选取 a 为实数时, $z + a$ 的虚部为常数, 于是 $f'(z) = f_x = u_x + \mathrm{i}v_x$.

同理当我们选取 a 为虚数时, 有 $f'(z) = -\mathrm{i}f_y = -\mathrm{i}u_y + v_y$. 联立这两个公式得到

$$\begin{cases} u_x = v_y, \\ v_x = -u_y. \end{cases}$$

这个方程组称为 **Cauchy-Riemann** 方程组.

导数 $f'(z)$ 的模满足

$$|f'(z)|^2 = u_x v_y - u_y v_x.$$

等式右边表示 (u, v) 关于 (x, y) 的 Jacobi (雅可比) 行列式.

反过来, 设函数 $f(z) = u(x, y) + \mathrm{i}v(x, y)$ 具有连续的一阶偏导数, 且满足 Cauchy-Riemann 方程组. 则

$$u(x+\alpha, y+\beta) - u(x,y)$$

$$=[u(x+\alpha, y+\beta) - u(x, y+\beta)] + [u(x, y+\beta) - u(x,y)]$$

$$=\alpha u_x(x,y) + \beta u_y(x,y) + \varepsilon_1,$$

其中当 $\alpha + \mathrm{i}\beta \to 0$ 时, $\varepsilon_1/(\alpha + \mathrm{i}\beta) \to 0$. 同理

$$v(x+\alpha, y+\beta) - v(x,y) = \alpha v_x(x,y) + \beta v_y(x,y) + \varepsilon_2,$$

且当 $\alpha + \mathrm{i}\beta \to 0$ 时, $\varepsilon_2/(\alpha + \mathrm{i}\beta) \to 0$. 因此

$$\lim_{\alpha + \mathrm{i}\beta \to 0} \frac{f(z + \alpha + \mathrm{i}\beta) - f(z)}{\alpha + \mathrm{i}\beta} = u_x(x,y) + \mathrm{i}v_x(x,y).$$

这样我们就证明了: 如果函数 $f(z)$ 具有连续的一阶偏导数, 且满足 Cauchy-Riemann 方程组, 则 $f(z)$ 解析且具有连续导数. 反之亦然.

3.1.2 导数的几何意义

我们考察函数导数的几何意义. 设 f 是区域 $\Omega \subset \mathbb{C}$ 上的解析函数. 设连续函数 $\gamma(t) = \alpha(t) + \mathrm{i}\beta(t): [-1, 1] \to \Omega$ 的实部和虚部在零点都可导, 且 $\gamma(0) = z_0 \in \Omega$. 如果

$$\lim_{t \to 0} \frac{\gamma(t) - \gamma(0)}{t} = \gamma'(0) = \alpha'(0) + \mathrm{i}\beta'(0) \neq 0,$$

由切线的定义, 曲线 γ 在 z_0 点的切方向为 $\gamma'(0)$.

如果 $f'(z_0) \neq 0$, 则曲线 $f(\gamma(t))$ 在 $f(z_0)$ 点的切方向为

$$\lim_{t \to 0} \frac{f(\gamma(t)) - f(\gamma(0))}{t} = \lim_{t \to 0} \frac{f(\gamma(t)) - f(\gamma(0))}{\gamma(t) - \gamma(0)} \lim_{t \to 0} \frac{\gamma(t) - \gamma(0)}{t}$$

$$= f'(z_0)\gamma'(0).$$

由复数乘法的几何意义, 我们知道 $f(\gamma(t))$ 在 $f(z_0)$ 点的切方向与曲线 γ 在 z_0 点的切方向的夹角为 $\arg f'(z_0)$. 由于这一量与 γ 无关, 因此对过 z_0 点的任意两条曲线, 它们在映射 $f(z)$ 下的像在 $f(z_0)$ 点的夹角等于它们在 z_0 点的夹角. 这一性质称为解析函数的**保角性**.

3.1.3 调和函数

<u>定义 3.2</u> 设 $u(x,y)$ 是一个平面区域上的实值函数. 如果 $u(x,y)$ 具有二阶连续偏导数, 并且满足 **Laplace (拉普拉斯) 方程**

$$\Delta u \overset{\text{def}}{=\!=} \frac{\partial^2 u}{\partial x^2} + \frac{\partial^2 u}{\partial y^2} = 0,$$

则称 $u(x,y)$ 为**调和函数**.

调和函数 $v(x,y)$ 称为调和函数 $u(x,y)$ 的**共轭调和函数**, 是指 (u,v) 满足 Cauchy-Riemann 方程组.

设 $f(z)$ 为实部和虚部具有二阶连续偏导数的解析函数, 则从 Cauchy-Riemann 方程组可以推出, 函数 $f(z)$ 的实部 $u(x,y)$ 和虚部 $v(x,y)$ 都是调和函数, 且 $v(x,y)$ 为 $u(x,y)$ 的共轭调和函数, 或者 $-u(x,y)$ 为 $v(x,y)$ 的共轭调和函数. 反过来, 如果 $v(x,y)$ 为调和函数 $u(x,y)$ 的共轭调和函数, 则 $u(x,y)+iv(x,y)$ 为解析函数.

设 $v_1(x,y)$ 与 $v_2(x,y)$ 都是调和函数 $u(x,y)$ 的共轭调和函数, 则由 Cauchy-Riemann 方程组, 可以得到

$$\frac{\partial(v_1-v_2)}{\partial x}=0, \quad \frac{\partial(v_1-v_2)}{\partial y}=0.$$

第一个方程说明在区域内的水平线段上 v_1-v_2 必须为常数, 第二个方程说明在区域内的竖直线段上 v_1-v_2 必须为常数. 由于一个区域内的任意两点都可以通过水平或者竖直线段组成的折线连通, 因此在区域内 v_1-v_2 一定是常数. 这说明调和函数的共轭调和函数如果存在, 那么在相差一个常数的意义下是唯一确定的.

虽然调和函数的共轭调和函数不一定存在, 但是对于一些简单的例子, 我们可以直接把共轭调和函数计算出来.

例 3.1   求 $u(x,y)=x^2-y^2$ 的共轭调和函数以及对应的解析函数.

解   设 $v(x,y)$ 是其共轭调和函数, 则 $v(x,y)$ 的偏导数满足 $v_x=2y, v_y=2x$. 通过积分运算得到 $v(x,y)=2xy+C$, 其中 C 是常数. 因此

$$f(z)=x^2-y^2+2ixy+iC=z^2+iC$$

为对应的解析函数.   □

3.1.4   形式偏导数

为了计算方便, 引入如下形式偏导数:

$$\frac{\partial f}{\partial z}=f_z\overset{\text{def}}{=\!=}\frac{1}{2}(f_x-if_y), \quad \frac{\partial f}{\partial \bar{z}}=f_{\bar{z}}\overset{\text{def}}{=\!=}\frac{1}{2}(f_x+if_y).$$

形式偏导数没有确切的几何意义. 如果 $f(z)$ 是解析函数, 则

$$f_z=f'(z), \quad f_{\bar{z}}=0.$$

因此可以认为解析函数仅仅是 z 的函数, 而与 $\bar{z}$ 无关. 这也是把解析函数看成是复变量而不是两个实变量的复函数的理由.

形式偏导数满足偏导数计算的所有法则. 假设 f, g 为平面区域上具有偏导数的复函数, 则有如下的运算规则:

$$(f + g)_z = f_z + g_z,$$

$$(f + g)_{\bar{z}} = f_{\bar{z}} + g_{\bar{z}},$$

$$(f \cdot g)_z = f_z \cdot g + f \cdot g_z,$$

$$(f \cdot g)_{\bar{z}} = f_{\bar{z}} \cdot g + f \cdot g_{\bar{z}},$$

$$(f \circ g)_z = f_\zeta \circ g \cdot g_z + f_{\bar{\zeta}} \circ g \cdot \bar{g}_z,$$

$$(f \circ g)_{\bar{z}} = f_\zeta \circ g \cdot g_{\bar{z}} + f_{\bar{\zeta}} \circ g \cdot \bar{g}_{\bar{z}}.$$

3.1.5 多项式

由解析函数的定义, 常数和函数 $f(z) = z$ 是整个复平面上的解析函数. 容易验证如果 f 和 g 均为解析函数, 则 $f + g, f \cdot g$ 也都是解析函数. 而 f/g 在 $g(z) \neq 0$ 的区域内解析.

复平面上的 **多项式** 定义为

$$P(z) = a_n z^n + a_{n-1} z^{n-1} + \cdots + a_1 z + a_0,$$

其中 n 为非负整数且系数 $a_n, a_{n-1}, \cdots, a_0$ 是实数, $a_n \neq 0$. 多项式 $P(z)$ 的**次数**定义为 $\deg P = n$. 由定义非零常数为零次多项式, 而常数零则通常不认为是多项式. 上述讨论表明多项式是整个复平面上的解析函数. 其导数为

$$P'(z) = n a_n z^{n-1} + (n-1) a_{n-1} z^{n-2} + \cdots + a_1.$$

当 $n \geqslant 1$ 时, 方程 $P(z) = 0$ 的解称为 $P(z)$ 的 **零点**. 由代数基本定理 (我们将在后面证明), 多项式 $P(z)$ 一定有零点. 记 b_1 为 $P(z)$ 的一个零点. 由初等代数, 我们知道存在 $n-1$ 次多项式 $P_1(z)$, 使得 $P(z) = (z - b_1) P_1(z)$. 重复以上过程, 最后得到多项式的完全因式分解

$$P(z) = a_n (z - b_1)(z - b_2) \cdots (z - b_n),$$

其中 $b_1, b_2, \cdots, b_n$ 可以重复.

多项式 $P(z)$ 在零点 b 的 **阶 (重数)** 定义为 $k(k \geqslant 1)$, 是指 $(z - b)^k$ 整除 $P(z)$, 但 $(z - b)^{k+1}$ 不整除 $P(z)$. 当 $k = 1$ 时称为 **单零点**, 否则称为 **重零点**. 由定义可知, 多项式的零点的重数之和等于多项式的次数.

多项式零点的阶也可以通过其导数来刻画. 设 b 为多项式 $P(z)$ 的 k 阶零点. 则 $P(z)$ 可以分解为 $P(z) = (z-b)^k P_0(z)$, 其中 $P_0(z)$ 为多项式, 且 $P_0(b) \neq 0$. 于是

$$P'(z) = (z-b)^{k-1}[kP_0(z) + (z-b)P_0'(z)].$$

因此, 当 $k=1$ 时, b 不是多项式 $P'(z)$ 的零点. 而当 $k>1$ 时, b 是 $P'(z)$ 的 $k-1$ 阶零点.

任给 $b \in \mathbb{C}$, $P(z) - P(b)$ 的导数仍然是 $P'(z)$. 因此如果 b 是多项式 $P(z) - P(b)$ 的单零点, 则 b 不是 $P'(z)$ 的零点; 如果 b 是 $P(z) - P(b)$ 的 $k(k \geqslant 2)$ 阶零点, 则 b 是 $P'(z)$ 的 $k-1$ 阶零点.

我们称点 $c \in \mathbb{C}$ 是多项式 $P(z)$ 的 $k(k \geqslant 1)$ **阶临界点**, 是指 c 是 $P'(z)$ 的 k 阶零点. 因此 n 次多项式的临界点的阶之和为 $n-1$.

上述讨论说明 c 是 $P(z)$ 的 k 阶临界点当且仅当它是 $P(z) - P(c)$ 的 $k+1$ 阶零点.

例 3.2　设 b 是实系数多项式 $P(z)$ 的零点, 证明其共轭 $\bar{b}$ 也是 $P(z)$ 的零点.

证明　令

$$P(z) = a_n z^n + a_{n-1} z^{n-1} + \cdots + a_1 z + a_0,$$

其中系数 $a_n, a_{n-1}, \cdots, a_0$ 是实数. 如果 b 是 $P(z)$ 的零点, 则

$$a_n b^n + a_{n-1} b^{n-1} + \cdots + a_1 b + a_0 = 0.$$

等式两边取共轭, 得到

$$a_n \bar{b}^n + a_{n-1} \bar{b}^{n-1} + \cdots + a_1 \bar{b} + a_0 = 0.$$

因此 $\bar{b}$ 也是 $P(z)$ 的零点.　　　　□

例 3.3　求多项式 $P(z) = z^{n-1} + \cdots + z + 1$ 的零点 $(n \geqslant 2)$.

解　令 $\zeta = \cos(2\pi/n) + \mathrm{i}\sin(2\pi/n)$. 则 $1, \zeta, \cdots, \zeta^{n-1}$ 为 n 次单位根. 因此

$$z^n - 1 = (z-1)(z-\zeta)\cdots(z-\zeta^{n-1}).$$

另一方面,

$$z^n - 1 = (z-1)(z^{n-1} + \cdots + z + 1).$$

比较上面两个等式, 得到

$$z^{n-1} + \cdots + z + 1 = (z-\zeta)\cdots(z-\zeta^{n-1}).　　　　□$$

多项式的零点与临界点还有如下几何关系. 平面上一个集合 E 称为 **凸集**, 是指连接 E 中任意两点的线段包含于 E 中. 一个集合的凸包指包含这个集合的最小凸集.

定理 3.1 (Gauss-Lucas(高斯–卢卡))　多项式的临界点包含在零点的凸包中.

证明　n 次多项式 $P(z)$ 可以表示为 $P(z) = a(z-b_1)(z-b_2)\cdots(z-b_n)$, 其中 $b_1, b_2, \cdots, b_n$ 是 $P(z)$ 的零点. 于是

$$\frac{P'(z)}{P(z)} = \frac{1}{z-b_1} + \frac{1}{z-b_2} + \cdots + \frac{1}{z-b_n}.$$

记 E 为零点的凸包. 任给 $b \notin E$, 存在直线 L 分离点 b 与集合 E (图 3.1).

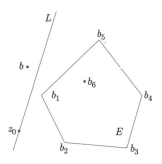

图 3.1　零点的凸包与临界点

取 z_0 为直线 L 上一点, 存在仿射变换 $A(z) = k(z-z_0)$ 使得 $A(L)$ 为实轴, 而 $A(b)$ 位于上半平面. 于是 $A(E)$ 位于下半平面. 因此对 $i = 1, 2, \cdots, n$,

$$\operatorname{Im}\left[A(b) - A(b_i)\right] = \operatorname{Im}\left[k(b-b_i)\right] > 0.$$

从而 $\operatorname{Im}\left[1/(k(b-b_i))\right] < 0$. 于是

$$\operatorname{Im}\left[\frac{P'(b)}{kP(b)}\right] = \operatorname{Im}\left[\frac{1}{k(b-b_1)} + \frac{1}{k(b-b_2)} + \cdots + \frac{1}{k(b-b_n)}\right] < 0.$$

上式表明 $P'(b) \neq 0$, 即点 b 不是 $P(z)$ 的临界点.　　□

猜想(Smale (斯梅尔) 平均值猜想)　设 $P(z)$ 是 $n(n \geqslant 2)$ 次多项式. 如果 $P'(z_0) \neq 0$, 则存在 $P(z)$ 的一个临界点 $c \in \mathbb{C}$, 使得

$$\left|\frac{P(z_0) - P(c)}{z_0 - c}\right| \leqslant |P'(z_0)|.$$

这个猜想目前还没有被证明.

3.1.6　有理函数

设 $P(z), Q(z)$ 为多项式, 且没有公共零点. 则其商

$$R(z) = \frac{P(z)}{Q(z)}$$

称为**有理函数**. 它的**次数**定义为 $\deg R = \max\{\deg F, \deg Q\}$.

下面我们总假设 $\deg R(z) \geqslant 1$. $R(z)$ 在复平面除去 $Q(z)$ 的零点之外是解析的. 其导数为

$$R'(z) = \frac{P'(z)Q(z) - P(z)Q'(z)}{Q(z)^2}.$$

注意上述表示中的分子和分母可能有公因子. 事实上, 如果 $Q(z)$ 没有重零点, 则分子和分母没有公因子. 如果 b 为 $Q(z)$ 的 $k(k \geqslant 2)$ 阶零点, 则我们可以将 $(z-b)^{k-1}$ 约去.

当 z 趋于 $Q(z)$ 的零点时, $R(z) \to \infty$. 当 z 趋于 ∞ 时,

$$\lim_{z \to \infty} R(z) = \begin{cases} \infty, & \deg P > \deg Q, \\ 0, & \deg P < \deg Q, \\ C \neq 0, & \deg P = \deg Q. \end{cases}$$

因此有理函数是从 $\overline{\mathbb{C}}$ 到自身的连续映射.

一次有理函数也称为 **分式线性变换**. 它可以表示为

$$A(z) = \frac{az+b}{cz+d}, \quad ad - bc \neq 0.$$

它的逆变换为

$$z = A^{-1}(w) = \frac{dw - b}{-cw + a}.$$

因此分式线性变换是 $\overline{\mathbb{C}}$ 到自身的同胚.

如果 $c = 0$, 则 $A(z)$ 为仿射变换. 如果 $c \neq 0$, 则

$$A(z) = \frac{az+b}{cz+d} = \frac{bc-ad}{c^2(z+d/c)} + \frac{a}{c} = A_2 \circ B \circ A_1(z),$$

其中

$$A_1(z) = z + \frac{d}{c}, \quad B(z) = \frac{1}{z}, \quad A_2(z) = \frac{bc-ad}{c^2}z + \frac{a}{c}.$$

变换 $B(z) = 1/z$ 称为 **反演**. 因此任意分式线性变换都可以分解为有限个仿射变换与反演的复合. 反之亦然.

我们称 $a \in \overline{\mathbb{C}}$ 是有理函数 $R(z) = P(z)/Q(z)$ 的**零点**, 是指满足 $R(a) = 0$. 当 $a \in \mathbb{C}$ 时, 它是多项式 $P(z)$ 的零点, 其阶定义为它作为 $P(z)$ 的零点的阶. 如果 $a = \infty$ 是 $R(z)$ 的零点, 则 $\deg Q - \deg P \geqslant 1$, 其阶定义为 $\deg Q - \deg P$. 因此 $R(z)$ 的所有零点的阶之和等于 $\deg R$.

引理 3.1   对任意分式线性变换 $A(z)$, 点 $a \in \overline{\mathbb{C}}$ 为 $R \circ A(z)$ 的 k 阶零点当且仅当 $A(a)$ 为 $R(z)$ 的 k 阶零点.

证明 有理函数 $R(z)$ 可以表示为

$$R(z) = Cz^j \frac{(z-a_1)(z-a_2)\cdots(z-a_n)}{(z-b_1)(z-b_2)\cdots(z-b_m)}.$$

如果 $A(z) = k(z+c)$, 则

$$R \circ A(z) = Ck^j(z+c)^j \frac{[k(z+c)-a_1][k(z+c)-a_2]\cdots[k(z+c)-a_n]}{[k(z+c)-b_1][k(z+c)-b_2]\cdots[k(z+c)-b_m]}.$$

因此 $a \in \overline{\mathbb{C}}$ 是 $R \circ A(z)$ 的 k 阶零点, 当且仅当 $A(a)$ 是 $R(z)$ 的 k 阶零点.

如果 $A(z) = 1/z$, 则

$$R \circ A(z) = Cz^{m-n-j} \frac{(1-a_1 z)(1-a_2 z)\cdots(1-a_n z)}{(1-b_1 z)(1-b_2 z)\cdots(1-b_m z)}.$$

因此, $a \in \overline{\mathbb{C}}$ 是 $R(1/z)$ 的 k 阶零点, 当且仅当 $1/a$ 是 $R(z)$ 的 k 阶零点.

任意分式线性变换都可以分解为有限个仿射变换与反演的复合. 这样我们就完成了引理的证明. $\qquad\square$

与多项式类似, 有理函数的有限零点的阶也可以通过导数刻画. 假设 $a \in \mathbb{C}$ 是 $R(z) = P(z)/Q(z)$ 的 k 阶零点. 则 $P(z) = (z-a)^k P_0(z)$, 其中 $P_0(z)$ 为多项式, 且 $P_0(a) \neq 0$. 计算得到

$$R'(z) = \frac{(z-a)^{k-1}}{Q(z)^2}\{kP_0(z)Q(z) + (z-a)[P_0'(z)Q(z) - P_0(z)Q'(z)]\}.$$

由于 $Q(a) \neq 0$, 因此当 $k = 1$ 时, a 不是 $R'(z)$ 的零点; 当 $k > 1$ 时, a 是 $R'(z)$ 的 $k-1$ 阶零点.

有理函数 $R(z)$ 的 k **阶极点**定义为有理函数 $1/R(z)$ 的 k 阶零点. 一般地, 有理函数 $R(z)$ 在点 $a \in \overline{\mathbb{C}}$ 的 **阶**定义为

$$\deg_a R(z) = \begin{cases} a \text{ 作为 } R(z) - R(a) \text{ 的零点的阶}, & R(a) \neq \infty, \\ a \text{ 作为 } R(z) \text{ 的极点的阶}, & R(a) = \infty. \end{cases}$$

定理 3.2 (1) 任给 $w \in \overline{\mathbb{C}}$,

$$\sum_{z \in R^{-1}(w)} \deg_z R = \deg R.$$

(2) 设 R_1, R_2 是有理函数. 对 $z \in \overline{\mathbb{C}}$,

$$\deg_z R_2 \circ R_1 = \deg_{R_1(z)} R_2 \cdot \deg_z R_1.$$

证明　(1) 由阶的定义, 对任意分式线性变换 $A(z)$,

$$\deg_z A \circ R = \deg_z R.$$

当 $w \in \mathbb{C}$ 时, $R(z) - w$ 与 $1/R(z)$ 都是与 $R(z)$ 同次的有理函数, 因此任意点 $w \in \overline{\mathbb{C}}$ 的原像点的阶之和为 $\deg R$.

(2) 假设 $R_1(0) = R_2(0) = 0$. 记 $k_1 = \deg_0 R_1$, $k_2 = \deg_0 R_2$. 则

$$R_1(z) = z^{k_1} \widetilde{R}_1(z), \quad R_2(w) = w^{k_2} \widetilde{R}_2(w),$$

其中 $\widetilde{R}_1, \widetilde{R}_2$ 是有理函数, $\widetilde{R}_1(0) \neq 0$, $\widetilde{R}_2(0) \neq 0$. 于是

$$R_2 \circ R_1(z) = z^{k_2 \cdot k_1} \widetilde{R}_1^{k_2}(z) \cdot \widetilde{R}_2(R_1(z)).$$

因此 $\deg_0 R_2 \circ R_1 = k_2 \cdot k_1 = \deg_0 R_2 \cdot \deg_0 R_1$.

对一般情形, 任给 $z \in \overline{\mathbb{C}}$, 存在分式线性变换 A_0, A_1, A_2, 使得

$$A_0(z) = A_1(R_1(z)) = A_2(R_2 \circ R_1(z)) = 0.$$

于是 $A_2 \circ R_2 \circ A_1^{-1}(0) = A_1 \circ R_1 \circ A_0^{-1}(0) = 0$. 因此

$$\deg_0 A_2 \circ R_2 \circ R_1 \circ A_0^{-1} = \deg_0 A_2 \circ R_2 \circ A_1^{-1} \cdot \deg_0 A_1 \circ R_1 \circ A_0^{-1}.$$

由引理 3.1 以及阶的定义,

$$\deg_0 A_2 \circ R_2 \circ R_1 \circ A_0^{-1} = \deg_z R_2 \circ R_1,$$

$$\deg_0 A_2 \circ R_2 \circ A_1^{-1} = \deg_{R_1(z)} R_2,$$

$$\deg_0 A_1 \circ R_1 \circ A_0^{-1} = \deg_z R_1.$$

结合上面的等式, 我们得到 $\deg_z R_2 \circ R_1 = \deg_{R_1(z)} R_2 \cdot \deg_z R_1$. □

如果 $\deg_c R = k + 1 \geqslant 2$, 称 c 是 $R(z)$ 的 k **阶临界点**, 临界点的像称为**临界值**. 根据前面的讨论, 当 $c, R(c) \in \mathbb{C}$ 时, c 是 $R(z)$ 的 k 阶临界点, 当且仅当 c 是 $R'(z)$ 的 k 阶零点.

定理 3.3 (Riemann-Hurwitz(黎曼–赫尔维茨))　设 $R(z)$ 为 $n(n \geqslant 2)$ 次有理函数. 则 $R(z)$ 的临界点的阶之和为 $2n - 2$.

证明　首先我们假设 ∞ 不是有理函数 $R(z) = P(z)/Q(z)$ 的临界点和临界值, 且 $R(\infty) = 0$. 则 $Q(z)$ 没有重零点, 且 $\deg Q - \deg P = 1$. 因此有理函数

$$R'(z) = \frac{P'(z)Q(z) - P(z)Q'(z)}{Q(z)^2}$$

的分子和分母没有公共零点, 而分子是 $2n-2$ 次多项式. 所以 $R'(z)$ 的有限零点的阶之和为 $2n-2$, 因此 $R(z)$ 的临界点的阶之和为 $2n-2$.

对任意有理函数 $R(z)$, 由于其导数 $R'(z)$ 只有有限个零点, 因此 $R(z)$ 只有有限个临界点. 这样就存在分式线性变换 $A(z)$ 与 $B(z)$, 使得 $A \circ R \circ B$ 不以 ∞ 为临界点和临界值, 且 $A \circ R \circ B(\infty) = 0$. 上面的讨论说明 $A \circ R \circ B$ 的临界点的阶之和等于 $2n-2$. 由定理 3.2(2), $R(z)$ 的临界点的阶之和仍然等于 $2n-2$. □

例 3.4 设有理函数 $f(z)$ 在单位圆周上绝对值为 1. 考察其零点与极点之间的关系.

解 令

$$g(z) = \frac{1}{f(1/\bar{z})}.$$

则 $g(z)$ 也是有理函数. 当 $|z|^2 = z\bar{z} = 1$ 时, $g(z) = f(z)$, 即有理函数 $f(z) - g(z)$ 在单位圆周上恒为零. 因此 $g(z) \equiv f(z)$. 这说明 a 是 $f(z)$ 的零点, 当且仅当 $1/\bar{a}$ 是 $f(z)$ 的极点, 且对应的阶相等. □

例 3.5 求有理函数 $f(z) = z^n + 1/z^n$ $(n \geqslant 2)$ 的临界点及其阶.

解 $f(z)$ 的极点为 $0, \infty$. 其阶分别为 $\deg_{z=0} f = \deg_{z=\infty} f = n$. 因此 $0, \infty$ 是 $f(z)$ 的阶为 $n-1$ 的临界点.

由方程

$$f'(z) = n(z^{2n} - 1)/z^{n+1} = 0,$$

我们得到 $2n$ 次单位根是 $f(z)$ 的阶为 1 的临界点. 所有临界点的阶之和为 $2(n-1) + 2n = 4n - 2$.

我们也可以通过复合函数求 $f(z)$ 的临界点及其阶. 显然 $f(z) = g \circ h(z)$, 其中 $h(z) = z^n$, $g(z) = z + 1/z$. $g(z)$ 的临界点为 ± 1, $\deg_{z = \pm 1} g = 2$. $h^{-1}(\pm 1)$ 由 $2n$ 次单位根 ζ_j 组成, 且 $\deg_{\zeta_j} h = 1$. 因此

$$\deg_{\zeta_j} f = \deg_{z = \pm 1} g \cdot \deg_{\zeta_j} h = 2.$$

即 $2n$ 次单位根是 $f(z)$ 的阶为 1 的临界点.

另外一方面, $0, \infty$ 是 $h(z)$ 的阶为 $n-1$ 的临界点. 而 $g(z)$ 在 $h(\infty) = \infty$ 和 $h(0) = 0$ 的阶为 1. 因此 $0, \infty$ 是 $f(z)$ 的阶为 $n-1$ 的临界点. □

有理函数有一个比较有用的表示方法, 称为**部分分式展开**. 我们先给出计算部分分式的方法, 再证明展开结束之后得到的展开式与原来的有理函数相差一个常数.

假设 $R(z) = P(z)/Q(z)$ 是一个有理函数. 如果 ∞ 是它的一个极点, 则 $\deg P > \deg Q$. 于是, 我们可以用多项式的带余除法计算得到 $R(z) = G(z) + H(z)$, 其中 $G(z)$ 是一个常数项为零的多项式, 称为 $R(z)$ 在极点 ∞ 的**主部**, $H(z)$ 是一个分母次数不小于分子次数的有理函数, 也就是说 ∞ 不再是 $H(z)$ 的极点.

如果 $b \in \mathbb{C}$ 是有理函数 $R(z)$ 的一个极点, 令 $F(w) = R(1/w + b)$, 则 ∞ 是有理函数 $F(w)$ 的极点. 将 $F(w)$ 进行如上分解, 得到一个常数项为零的多项式 $G_1(w)$ 和一个分母次数不小于分子次数的有理函数 $H_1(w)$. 令

$$g_1(z) = G_1\left(\frac{1}{z-b}\right), \quad h_1(z) = H_1\left(\frac{1}{z-b}\right).$$

则 $g_1(z)$ 是以 b 为唯一极点的有理函数, 称为有理函数 $R(z)$ 在极点 b 处的**主部**. 而 $h_1(z)$ 不再以 b 为极点.

记 $g_1(z), g_2(z), \cdots, g_n(z)$ 为 $R(z)$ 在所有有限极点处的主部. 令

$$R_0(z) = R(z) - G(z) - \sum_{k=1}^{n} g_k(z).$$

则 $R_0(z)$ 在整个扩充复平面都没有极点. 因此它一定是常数. 这样我们得到: 有理函数可以表示为所有极点的主部以及一个常数之和.

3.2　幂级数的基础概念

3.2.1　幂级数

一个无穷**级数**指一个形式无穷和

$$\sum_{n=1}^{\infty} a_n = a_1 + a_2 + \cdots + a_n + \cdots, \quad a_n \in \mathbb{C}.$$

其部分和为 $s_n = a_1 + \cdots + a_n$. 级数称为**收敛的**, 如果相应的部分和序列在 $\mathbb{C}$ 中收敛. 此时序列的极限就是**级数的和**.

由于复数空间是完备的, 因此级数收敛当且仅当部分和序列是 Cauchy 序列, 即任给 $\varepsilon > 0$, 存在 $n_0 \geqslant 0$, 使得对所有 $n \geqslant n_0$ 以及 $p \geqslant 0$, 有

$$|a_n + a_{n+1} + \cdots + a_{n+p}| < \varepsilon.$$

取 $p = 0$, 则得到 $|a_n| < \varepsilon$. 因此级数收敛的一个必要条件是一般项趋于零. 不过这个条件不是充分的.

级数称为**绝对收敛的**, 是指每一项的绝对值组成的级数收敛. 由不等式

$$|a_n + a_{n+1} + \cdots + a_{n+p}| < |a_n| + |a_{n+1}| + \cdots + |a_{n+p}|,$$

我们知道绝对收敛的级数一定收敛.

例 3.6　绝对收敛级数在级数的项重新排列后和不变.

证明　设级数 $\sum b_n$ 是绝对收敛级数 $\sum a_n$ 的一个重新排列. 任给 $p \geqslant 1$, 存在 $m(p) < \infty$, 使得级数 $\sum b_n$ 的前 $m(p)$ 项包括级数 $\sum a_n$ 的前 p 项. 因此只要 $m \geqslant m(p)$,

$$\left| \sum_{i=1}^{m} b_i - \sum_{j=1}^{p} a_j \right| \leqslant \sum_{j=p+1}^{\infty} |a_j|.$$

记 $A = \sum a_n$. 由于级数 $\sum a_n$ 绝对收敛, 任给 $\varepsilon > 0$, 存在 $p_0 \geqslant 1$, 使得

$$\left| \sum_{j=1}^{p_0} a_j - A \right| \leqslant \varepsilon/2, \qquad \sum_{j=p_0+1}^{\infty} |a_j| \leqslant \varepsilon/2.$$

结合上述不等式, 当 $m \geqslant m(p_0)$ 时,

$$\left| \sum_{i=1}^{m} b_i - A \right| \leqslant \varepsilon.$$

因此级数 $\sum b_n$ 的和是 A. □

例 3.7　收敛但是不绝对收敛的实数级数在级数的项重新排列后可以不收敛, 也可以是任意实数.

证明　设实数级数 $\sum a_n$ 收敛但是不绝对收敛. 记 $\sum b_n$ 是级数 $\sum a_n$ 的非负项组成的级数, 而 $\sum c_n$ 是级数 $\sum a_n$ 的负数项组成的级数. 由于 $\sum a_n$ 收敛, 当 $n \to \infty$ 时, 序列 $\{b_n\}$ 和 $\{c_n\}$ 都趋于零. 特别地, 存在 $n_0 \geqslant 1$, 使得当 $n \geqslant n_0$ 时, $|b_n| < 1$, $|c_n| < 1$.

又由于 $\sum a_n$ 不绝对收敛, 级数 $\sum b_n$ 的部分和 B_n 趋于 $+\infty$, 而 $\sum c_n$ 的部分和 C_n 趋于 $-\infty$. 因此存在严格递增序列 $\{n_k > n_0\}$, 使得 $B_{n_k} \geqslant 2^k + |C_{n_0}|$.

定义级数 $\sum a_n$ 的一个重排如下: 首先取级数 $\sum c_n$ 的前 n_0 项, 之后是级数 $\sum b_n$ 的前 n_1 项, 再后是 c_{n_0+1}, 级数 $\sum b_n$ 的第 n_1+1 项到第 n_2 项, 然后是 c_{n_0+2}, 级数 $\sum b_n$ 的第 n_2+1 项到第 n_3 项, 如此下去得到的级数之和趋于 $+\infty$.

同理可以得到级数 $\sum a_n$ 的一个重排, 其和趋于 $-\infty$.

任给实数 A. 如果 $A \geqslant 0$, 定义级数 $\sum a_n$ 的一个重排如下: 首先取级数 $\sum b_n$ 的前 $p_1 (p_1 \geqslant 1)$ 项, 使得

$$B_{p_1} - A > 0,$$

其中 p_1 选取为使得上式成立的最小的整数. 因此 $B_{p_1} - A \leqslant b_{p_1}$.

然后取级数 $\sum c_n$ 的前 $q_1 (q_1 \geqslant 1)$ 项, 使得

$$B_{p_1} + C_{q_1} - A \leqslant 0,$$

其中 q_1 选取为使得上式成立的最小的整数. 因此 $|B_{p_1} + C_{q_1} - A| \leqslant |c_{q_1}|$.

进一步取级数 $\sum b_n$ 的第 $p_1 + 1$ 项到第 p_2 项, 使得

$$B_{p_1} + C_{q_1} + b_{p_1+1} + \cdots + b_{p_2} - A = B_{p_2} + C_{q_1} - A > 0,$$

其中 $p_2(p_2 > p_1)$ 选取为使得上式成立的最小的整数. 因此上面不等式的左边小于或等于 b_{p_2}.

继续取级数 $\sum c_n$ 的第 $q_1 + 1$ 项到第 q_2 项, 使得

$$B_{p_2} + C_{q_1} + c_{q_1+1} + \cdots + c_{q_2} - A = B_{p_2} + C_{q_2} - A \leqslant 0,$$

其中 $q_2(q_2 > q_1)$ 选取为使得上式成立的最小的整数. 因此上面不等式的左边小于或等于 $|c_{q_2}|$.

如此下去得到级数 $\sum a_n$ 的一个重排. 由于当 $n \to \infty$ 时, 序列 $\{b_n\}$ 和 $\{c_n\}$ 都趋于零, 因此重排级数的和等于 A.

同理可证 $A < 0$ 的情形.   □

函数项级数 是定义于同一个集合 $E \subset \mathbb{C}$ 上的复函数的形式和

$$\sum_{n=1}^{\infty} f_n(z) = f_1(z) + f_2(z) + \cdots + f_n(z) + \cdots.$$

级数称为 **一致收敛的**, 是指相应的部分和函数序列一致收敛.

由前面的拓扑知识我们知道, 如果一个一致收敛的函数项级数的每一项都是连续的, 则和函数也是连续的.

应用一致收敛的 Cauchy 准则我们可以得到一个有效的检验级数一致收敛的充分条件. 我们称函数项级数 $\sum f_n(z)$ 以正项级数 $\sum a_n$ 为 **强级数**, 是指存在常数 $M > 0$ 和 $n_0 \geqslant 0$, 使得对 $n \geqslant n_0$, 有 $|f_n(z)| \leqslant M a_n$. 于是对 $p \geqslant 0$,

$$|f_n(z) + f_{n+1}(z) + \cdots + f_{n+p}(z)| \leqslant M(a_n + a_{n+1} + \cdots + a_{n+p}).$$

不等式表明如果强级数收敛, 则函数项级数 $\sum f_n(z)$ 也收敛. 这个结论称为 **Weierstrass 判别法**.

例 3.8   考虑如下级数的收敛区域:

(1) $\displaystyle\sum_{n=0}^{\infty} z^n$;   (2) $\displaystyle\sum_{n=0}^{\infty} \left(\frac{z - \mathrm{i}}{z + \mathrm{i}}\right)^n$.

解   (1) 它的部分和为

$$1 + z + z^2 + \cdots + z^{n-1} = \frac{1 - z^n}{1 - z}.$$

由于 $|z| < 1$ 时 $z^n \to 0$, 而 $|z| > 1$ 时 $z^n \to \infty$, 所以当 $|z| < 1$ 时级数收敛到 $1/(1-z)$, 而当 $|z| > 1$ 时不收敛.

(2) 令 $w = (z-\mathrm{i})/(z+\mathrm{i})$. 它是分式线性变换, 将上半平面变为单位圆盘. 而几何级数 $\sum w^n$ 的收敛区域为单位圆盘. 因此上述级数的收敛区域是上半平面.　□

幂级数是如下形式和:

$$\sum_{n=0}^{\infty} a_n z^n = a_0 + a_1 z + a_2 z^2 + \cdots + a_n z^n + \cdots,$$

其中系数 a_n 和变量 z 都是复数. 一般地, 中心为 $z_0 \in \mathbb{C}$ 的幂级数为

$$\sum_{n=0}^{\infty} a_n (z-z_0)^n = a_0 + a_1(z-z_0) + \cdots + a_n(z-z_0)^n + \cdots.$$

它的 **收敛半径** 定义为

$$R = \frac{1}{\varlimsup\limits_{n\to\infty} \sqrt[n]{|a_n|}}$$

(当分母中的上极限为零时, 约定 $R = \infty$). 上述公式称为 **Hadamard (阿达马) 公式**.

定理 3.4 (Abel(阿贝尔))　(1) 幂级数在圆盘 $|z| < R$ 内的每一点绝对收敛, 在闭圆盘 $|z| \leqslant \rho < R$ 上一致收敛;

(2) 当 $|z| > R$ 时, $|a_n z^n| \to \infty$. 因此级数不收敛;

(3) 在圆盘 $|z| < R$ 内级数的和函数是解析函数, 其导数可以通过逐项微分求得, 并且得到的级数与原级数有相同的收敛半径.

证明　(1) 不妨设 $R > 0$. 当 $|z| < R$ 时, 存在 $\rho > 0$ 使得 $|z| < \rho < R$. 由上极限的定义, 存在 $n_0 \geqslant 0$, 使得当 $n \geqslant n_0$ 时, 有 $|a_n|^{1/n} < 1/\rho$, 即 $|a_n| < 1/\rho^n$. 于是 $|a_n z^n| < (|z|/\rho)^n$. 这说明级数 $\sum |a_n z^n|$ 以收敛的几何级数为强级数, 由 Weierstrass 判别法可知级数 $\sum a_n z^n$ 是绝对收敛的.

下面我们证明级数在闭圆盘 $|z| \leqslant \rho < R$ 上一致收敛. 选取 ρ' 使得 $\rho < \rho' < R$, 则对 $n \geqslant n_0$ 有 $|a_n z^n| < (\rho/\rho')^n$. 同样由 Weierstrass 判别法, 我们知道幂级数一致收敛.

(2) 当 $|z| > R$ 时, 选取 ρ 使得 $R < \rho < |z|$. 由上极限的定义, 存在任意大的 n 使得 $|a_n|^{1/n} > 1/\rho$, 即 $|a_n| > 1/\rho^n$. 于是 $|a_n z^n| > (|z|/\rho)^n$. 这说明级数 $\sum |a_n z^n|$ 不收敛.

(3) 级数经过逐项微分得到级数 $\sum_{n=1}^{\infty} n a_n z^{n-1}$. 这个级数与原级数有相同的收敛半径. 这是因为当 $n \to \infty$ 时 $\sqrt[n]{n} \to 1$. 事实上, 记 $\sqrt[n]{n} = 1 + \delta_n$. 由二项式展开定理,

$$n = (1+\delta_n)^n = 1 + n\delta_n + \frac{1}{2}n(n-1)\delta_n^2 + \cdots + \delta_n^n > 1 + \frac{1}{2}n(n-1)\delta_n^2.$$

因此 $\delta_n^2 < 2/n$. 这说明 $\delta_n \to 0$. 因此 $\sqrt[n]{n} = 1 + \delta_n \to 1$.

在收敛圆盘 $|z| < R$ 内, 记 $f(z)$ 为级数的和, $s_n(z)$ 为部分和, 以及 $R_n(z)$ 为余项,

即

$$f(z) = \sum_{n=0}^{\infty} a_n z^n = s_n(z) + R_n(z),$$

$$s_n(z) = a_0 + a_1 z + \cdots + c_{n-1} z^{n-1},$$

$$R_n(z) = \sum_{k=n}^{\infty} a_k z^k.$$

记 $f_1(z)$ 为逐项微分得到的级数的和. 则

$$f_1(z) = \sum_{n=1}^{\infty} n a_n z^{n-1} = \lim_{n \to \infty} s_n'(z).$$

下面我们证明在圆盘 $|z| < R$ 内 $f'(z) = f_1(z)$.

在圆盘 $|z| < R$ 内任给一点 z_0, 选取 ρ 使得 $|z_0| < \rho < R$. 对任意点 $z \neq z_0$ 且 $|z| < \rho$, 考察

$$\frac{f(z) - f(z_0)}{z - z_0} - f_1(z_0)$$

$$= \left[\frac{s_n(z) - s_n(z_0)}{z - z_0} - s_n'(z_0) \right] + [s_n'(z_0) - f_1(z_0)] + \frac{R_n(z) - R_n(z_0)}{z - z_0}.$$

最后一项可以写成

$$\sum_{k=n}^{\infty} a_k (z^{k-1} + z^{k-2} z_0 + \cdots + z z_0^{k-2} + z_0^{k-1}).$$

因此有

$$\left| \frac{R_n(z) - R_n(z_0)}{z - z_0} \right| \leqslant \sum_{k=n}^{\infty} k |a_k| \rho^{k-1}.$$

不等式右边是一个收敛级数的余项, 因此任给 $\varepsilon > 0$, 存在 $n_0 \geqslant 0$, 使得当 $n \geqslant n_0$ 时, 有

$$\left| \frac{R_n(z) - R_n(z_0)}{z - z_0} \right| < \frac{\varepsilon}{3}.$$

由于 $s_n'(z_0)$ 收敛于 $f_1(z_0)$, 存在 $n_1 \geqslant n_0$, 使得当 $n \geqslant n_1$ 时, 有

$$|s_n'(z_0) - f_1(z_0)| < \frac{\varepsilon}{3}.$$

选取一个固定的 $n \geqslant n_1$. 由导数的定义, 存在 $\delta > 0$, 使得当 $0 < |z - z_0| < \delta$ 时, 有

$$\left| \frac{s_n(z) - s_n(z_0)}{z - z_0} - s_n'(z_0) \right| < \frac{\varepsilon}{3}.$$

联合上述所有不等式, 得到当 $0 < |z - z_0| < \delta$ 时, 有

$$\left| \frac{f(z) - f(z_0)}{z - z_0} - f_1(z_0) \right| < \varepsilon.$$

这样就证明了 $f(z)$ 在 z_0 点可导, 且 $f'(z_0) = f_1'(z_0)$. □

重复上面的推导, 我们实际上证明了: 一个具有正的收敛半径的幂级数具有各阶导数, 且有如下显式表示:

$$f(z) = a_0 + a_1 z + a_2 z^2 + \cdots,$$

$$f'(z) = a_1 + 2a_2 z + 3a_3 z^2 + \cdots,$$

$$f''(z) = 2a_2 + 6a_3 z + 12a_4 z^2 + \cdots,$$

$$\cdots,$$

$$f^{(k)}(z) = k! a_k + \frac{(k+1)!}{1!} a_{k+1} z + \frac{(k+2)!}{2!} a_{k+2} z^2 + \cdots.$$

由最后一个等式我们发现 $a_k = f^{(k)}(0)/k!$. 因此幂级数可以写为

$$f(z) = f(0) + f'(0)z + \frac{f''(0)}{2!} z^2 + \cdots + \frac{f^{(n)}(0)}{n!} z^n + \cdots.$$

这就是熟知的 **Taylor-Maclaurin (泰勒–麦克劳林) 展开式**. 注意这个展式是在 $f(z)$ 具有幂级数展开式的假设下证明的.

3.2.2 Abel 极限定理

Abel 定理 3.4 说明幂级数在收敛圆盘内收敛, 在收敛圆盘外不收敛. 在收敛圆周上的情形并没有涉及.

定理 3.5 (Abel 极限定理) 设幂级数 $\sum a_n z^n$ 在单位圆盘 D 内收敛于 $f(z)$, 且 $\sum a_n$ 收敛于 $f(1)$. 令

$$S = \{z = x + \mathrm{i}y : |y| < M(1 - x)\}, \quad \text{其中 } M > 0 \text{ 为常数}.$$

则当 z 在区域 S 中趋于 1 时, $f(z)$ 趋于 $f(1)$.

从几何上看, 定理中的区域 S 指一个顶点在 1 点且包含 $(-\infty, 1)$, 关于实轴对称且角度小于 π 的角域, 称为 **Stolz (施托尔茨) 角域** (图 3.2). 在 Stolz 角域内, 当 $|1 - z| < 1/(2M^2 + 1)$ 时, $1 - x < |1 - z| < 1/(2M^2)$, 于是

$$1 - |z| = \frac{1 - x^2 - y^2}{1 + |z|} > \frac{[(1+x) - M^2(1-x)](1-x)}{2} > \frac{1-x}{4},$$

$$|1 - z| < \sqrt{M^2 + 1}(1 - x).$$

结合最后两个不等式得到

$$|1 - z| < 6\sqrt{M^2 + 1}(1 - |z|). \tag{3.1}$$

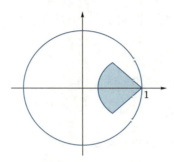

图 3.2　Stolz 角域

证明　不妨设 $\sum a_n = 0$. 令

$$s_n(z) = a_0 + a_1 z + \cdots + a_n z^n$$

为部分和. 记 $r_n = s_n(1)$. 当 $n \geqslant 1$ 时, 有 $a_n = r_n - r_{n-1}$. 代入部分和得到

$$
\begin{aligned}
s_n(z) &= r_0 + (r_1 - r_0)z + \cdots + (r_n - r_{n-1})z^n \\
&= r_0(1 - z) + r_1(z - z^2) + \cdots + r_{n-1}(z^{n-1} - z^n) + r_n z^n \\
&= (1 - z)(r_0 + r_1 z + \cdots + r_{n-1} z^{n-1}) + r_n z^n.
\end{aligned}
$$

由假设 $r_n \to 0$. 因此对 $z \in D$, $r_n z^n \to 0$. 对上式取极限得到

$$f(z) = (1 - z) \sum_{n=0}^{\infty} r_n z^n.$$

任给 $\varepsilon > 0$, 存在 $m > 0$, 使得当 $n \geqslant m$ 时, 有 $|r_n| < \varepsilon$. 于是

$$
\begin{aligned}
\left| \sum_{n=0}^{\infty} r_n z^n \right| &\leqslant \left| \sum_{n=0}^{m-1} r_n z^n \right| + \sum_{n=m}^{\infty} |r_n| |z|^n \\
&\leqslant \left| \sum_{n=0}^{m-1} r_n z^n \right| + \varepsilon \sum_{n=m}^{\infty} |z|^n < \left| \sum_{n=0}^{m-1} r_n z^n \right| + \frac{\varepsilon}{1 - |z|}.
\end{aligned}
$$

结合不等式 (3.1), 当 $|1 - z| < 1/(2M^2 + 1)$ 时,

$$|f(z)| \leqslant |1 - z| \left| \sum_{n=0}^{m-1} r_n z^n \right| + 6\varepsilon \sqrt{M^2 + 1}.$$

当 z 充分接近 1 时, 不等式右端的第一项可以任意小. 因此当 $z \to 1$ 时, $f(z) \to 0$. □

3.3 指数函数和三角函数

3.3.1 指数函数

指数函数定义为

$$e^z = 1 + z + \frac{z^2}{2!} + \cdots + \frac{z^n}{n!} + \cdots.$$

有时也记为 $\exp z$. 注意到 $\sqrt[n]{n!} \to \infty$, 级数的收敛半径为无穷, 即 e^z 是全平面上的解析函数. 通过逐项微分得到 $(e^z)' = e^z$.

定理 3.6（加法定理） 任给复数 $a, b \in \mathbb{C}$, $e^{a+b} = e^a e^b$.

证明 任给复数 $c \in \mathbb{C}$, 考察 $e^z e^{c-z}$, 其导数为

$$(e^z e^{c-z})' = e^z e^{c-z} + e^z(-e^{c-z}) = 0.$$

因此 $e^z e^{c-z}$ 的实部和虚部的关于 z 的实部和虚部的偏导数都是零. 这说明函数在任意水平线和竖直线上都是常数. 取 $z = 0$ 得到此常数为 e^c. 所以 $e^z e^{c-z} = e^c$. 取 $c = a + b, z = a$ 即得到加法公式. □

由加法定理, 我们有 $e^z e^{-z} = e^0$. 由级数表达式我们知道 $e^0 = 1$. 所以 $e^z e^{-z} = 1$. 这说明对所有的 $z \in \mathbb{C}$, $e^z \neq 0$.

级数的系数为实数说明 $\overline{(e^{\bar{z}})} = e^z$. 因此对 $y \in \mathbb{R}$, $|e^{iy}|^2 = e^{iy} e^{-iy} = 1$. 于是 $|e^{x+iy}| = e^x$.

由于级数的系数为正数, 因此 e^x 在区间 $[0, +\infty)$ 上严格单调递增. 由 $e^x e^{-x} = 1$, 我们知道 e^x 在区间 $(-\infty, 0)$ 上也是严格单调递增的.

3.3.2 三角函数

三角函数定义为

$$\cos z = \frac{e^{iz} + e^{-iz}}{2}, \quad \sin z = \frac{e^{iz} - e^{-iz}}{2i}.$$

将 e^z 的级数表达式代入得到

$$\cos z = 1 - \frac{z^2}{2!} + \frac{z^4}{4!} - \cdots,$$

$$\sin z = z - \frac{z^3}{3!} + \frac{z^5}{5!} - \cdots.$$

由定义直接得到下面的公式:

$$\text{Euler (欧拉) 公式}: \mathrm{e}^z = \cos z + \mathrm{i} \sin z,$$

$$\text{恒等式}: \cos^2 z + \sin^2 z = 1,$$

$$\text{导数公式}: (\cos z)' = -\sin z, \quad (\sin z)' = \cos z.$$

由 e^z 的加法定理得到三角函数的加法公式:

$$\cos(a+b) = \cos a \cos b - \sin a \sin b,$$

$$\sin(a+b) = \sin a \cos b + \cos a \sin b.$$

另外几个三角函数 $\tan z, \cot z, \sec z$ 以及 $\csc z$, 也都可以通过 e^z 来表示. 比如

$$\tan z = -\mathrm{i} \frac{\mathrm{e}^{2\mathrm{i}z} - 1}{\mathrm{e}^{2\mathrm{i}z} + 1}.$$

注意 $\tan z$ 是 $\mathrm{e}^{\mathrm{i}z}$ 的有理函数. 因此它只在 $\mathrm{e}^{2\mathrm{i}z} + 1$ 不为零时解析.

3.3.3 周期性

复函数 $f(z)$ 称为**周期的**, 是指存在 $c \neq 0$ 使得 $f(z+c) = f(z)$ 对所有点 $z \in \mathbb{C}$ 成立. 此时 c 称为 $f(z)$ 的一个周期.

下面我们考察 e^z 的周期性. 如果 $\mathrm{e}^{z+c} = \mathrm{e}^z$, 则 $\mathrm{e}^c = 1$. 因此 c 必须为虚数. 这样只需考虑定义于实轴上的复函数

$$\mathrm{e}^{\mathrm{i}y} = \cos y + \mathrm{i} \sin y$$

的周期性. 如果存在 $y_0 > 0$ 使得 $\cos y_0 = 0$, 则 $\sin y_0 = \pm 1$. 于是 $\mathrm{e}^{\mathrm{i}y_0} = \pm \mathrm{i}$. 从而 $\mathrm{e}^{4\mathrm{i}y_0} = 1$.

对 $y > 0$, 考虑实函数 $f(y) = \cos y$. 它满足方程 $f'' + f = 0$ 以及初值条件 $f(0) = 1, f'(0) = 0$.

由方程得到 $2f'f'' + 2ff' = 0$. 积分得到 $(f')^2 + f^2$ 为常数. 考察在零点的值知道此常数为 1. 于是 $|f(y)| \leqslant 1$. 再由方程得到 $|f''(y)| \leqslant 1$. 积分得到 $|f'(y)| \leqslant y$. 通过对方程 $f'' + f = 0$ 逐次求导得到 $f(y)$ 的奇数阶导数估计

$$|f^{(3)}(y)| \leqslant y, \cdots, |f^{(2k+1)}(y)| \leqslant y, \cdots.$$

从这些不等式出发, 逐次积分可以得到 $f(y)$ 的更细致的估计. 比如从 $f^{(3)}(y) \leqslant y$ 出发,

逐次积分得到

$$f''(y) \leqslant f''(0) + \frac{y^2}{2} = -1 + \frac{y^2}{2},$$

$$f'(y) \leqslant f'(0) - y + \frac{y^3}{6} = -y + \frac{y^3}{6},$$

$$f(y) \leqslant f(0) - \frac{y^2}{2} + \frac{y^4}{24} = 1 - \frac{y^2}{2} + \frac{y^4}{24}.$$

取 $y = \sqrt{3}$, 得到 $f(\sqrt{3}) < 0$. 由连续函数中值定理, 存在 $y_0 \in (0, \sqrt{3})$, 使得 $f(y_0) = 0$.

当 $y \in (0, y_0)$ 时, $f'(y) \leqslant -y(1 - y^2/6) < 0$. 因此 $f(y) = \cos y$ 严格单调递减地将 $(0, y_0)$ 映为 $(0, 1)$. 由 $(\sin y)' = \cos y > 0$, 我们知道 $\sin y$ 严格单调递增. 因此 $\sin y_0 = 1$.

定义 $\pi = 2y_0$. 得到

$$e^{\frac{\pi i}{2}} = i, \quad e^{\pi i} = -1, \quad e^{2\pi i} = 1.$$

这样我们就证明了:

定理 3.7 函数 e^{iy} 的最小正周期为 2π.

如果 ω 是函数 e^{iy} 的一个周期, 取整数 k 使得 $2k\pi \leqslant \omega < 2(k+1)\pi$, 则 $\omega - 2k\pi < 2\pi$. 如果 $\omega - 2k\pi \neq 0$, 则它也是 e^{iy} 的周期. 这与 2π 为最小正周期矛盾. 因此 e^{iy} 的所有周期可以表示为 $2k\pi$, 其中 k 为整数.

下面我们考察 e^z 的拓扑性质. 由 e^x 的严格单调性, 我们知道 e^z 将每一条水平线同胚地映为从原点出发但不包括原点的一条射线. 由 $|e^{x+iy}| = e^x$, 我们知道 e^z 将每一条竖直线映为以原点为中心的圆周, 特别地, 它将虚轴映为单位圆周 S^1. 由于 $\cos y$ 严格单调递减地将 $(0, \pi/2)$ 映为 $(0, 1)$, 而 $\sin y$ 严格单调递增地将 $(0, \pi/2)$ 映为 $(0, 1)$, 因此 e^z 将区间 $(0, \pi/2)$ 同胚地映到 S^1 在第一象限的部分. 由于 $e^{i(y+\pi/2)} = e^{\pi i/2} e^{iy}$, 因此 e^{iy} 将区间

$$(\pi/2, \pi), \quad (\pi, 3\pi/2), \quad (3\pi/2, 2\pi)$$

分别同胚地映到 S^1 在第二、三以及第四象限的部分. 这说明任给 $y_0 \in \mathbb{R}$, e^{iy} 将区间 $(y_0, y_0 + 2\pi)$ 同胚地映为 $S^1 \setminus \{e^{iy_0}\}$. 因此对任意点 $y_0 \in \mathbb{R}$, 指数函数 e^z 是从水平带域

$$\Omega = \{z = x + iy \in \mathbb{C} : y_0 < y < y_0 + 2\pi\}$$

到区域 $\mathbb{C} \setminus L$ 的同胚, 其中 $L = \{re^{iy_0} : r \geqslant 0\}$ 是从原点出发的一条射线.

3.3.4 对数函数

如果函数 $f(z)$ 不是单射, 其反函数是无法定义的. 因为一个点 w 的原像 $f^{-1}(w)$ 可以是多于一个点的集合. 这时我们可以定义一个对应关系, 将 w 对应到集合 $f^{-1}(w)$. 这

样的对应关系称为**多值函数**. 注意多值函数并不是严格意义下的函数.

当 $f(z)$ 限制在定义域的某个子集上是单射时, 其逆映射是可以合理定义的, 称为多值函数 f^{-1} 的一个**单值分支**. 当 f 解析时, 我们主要关注 f^{-1} 的解析的单值分支.

指数函数的反函数称为**对数函数**, 记为 $\ln z$. 它是一个多值函数. 由前面的讨论我们知道零没有对数, 而任意非零复数都有无穷多个对数, 彼此相差 $2\pi i$ 的整数倍. 当 b 为正实数时, 它只有一个实对数. 习惯上 $\ln b$ 指它的实对数.

对数 $\ln b$ 的实部为 $\ln|b|$, 其虚部称为 b 的**辐角**, 记为 $\arg b$. 于是

$$\ln b = \ln|b| + i\arg b.$$

从几何上看, $\arg b$ 是从原点出发过 b 点的射线与正实轴之间的夹角, 以弧度度量. 由定义, 辐角有无穷多个值, 彼此相差 $2\pi i$ 的整数倍. 指数函数的加法定理意味着

$$\ln(b_1 b_2) = \ln b_1 + \ln b_2,$$

$$\arg(b_1 b_2) = \arg b_1 + \arg b_2.$$

上面的等式只有在两边都表示一个复数以及与其相差 $2\pi i$ 的整数倍的所有复数组成的集合时才有意义. 如果虚部指定, 则应理解为等式的两边相差 $2\pi i$ 的整数倍.

指数函数 e^w 是从水平带域

$$\Omega = \{w = u + iv \in \mathbb{C} : v_0 < v < v_0 + 2\pi\}$$

到 $\mathbb{C} \setminus L$ 的同胚, 其中 L 是从原点出发的一条射线. 因此对数函数的一个典型的解析单值分支的选取为从 $\mathbb{C} \setminus L$ 到 Ω 的同胚. 它可以表示为

$$\ln z = \ln|z| + i\arg z, \quad \arg z \in (v_0, v_0 + 2\pi).$$

根据定义可知它是解析的. 由复合函数求导法则,

$$1 = (e^{\ln z})' = e^{\ln z}(\ln z)' = z(\ln z)'.$$

因此

$$(\ln z)' = \frac{1}{z}.$$

对任意非零复数 α, 幂函数 z^α 定义为 $z^\alpha = e^{\alpha \ln z}$. 当 α 为整数时它是严格意义下的函数, 否则为多值函数. 在平面除去从原点出发的一条射线上有解析单值分支. 其导数为

$$(z^\alpha)' = e^{\alpha \ln z}\alpha/z = \alpha z^{\alpha-1}.$$

函数 α^z 当然可以定义为 $\alpha^z = e^{z \ln \alpha}$, 只需指定 α 的一个对数. 这时函数与 e^z 只是相差复合一个线性变换. 因此这个定义不是必要的.

最后我们以反余弦函数作为例子讨论反三角函数. 令

$$w = \cos z = \frac{e^{iz} + e^{-iz}}{2}.$$

反解得到

$$z = \arccos w = -i \ln(w + \sqrt{w^2 - 1}).$$

因此它的导数为

$$(\arccos w)' = i \frac{1}{\sqrt{w^2 - 1}} = -\frac{1}{\sqrt{1 - w^2}}.$$

这里仍然需要指出: 函数的明确定义依赖于表达式中根号函数与对数函数的解析单值分支的选取. 具体选取将在后面的章节详细讨论.

习题三

1. 设 $f(z)$ 和 $g(z)$ 都是解析函数. 证明 $f \circ g$ 也是解析函数.

2. 设 $f(z)$ 是解析函数, 且 $|f(z)|$ 是常数. 证明 $f(z)$ 也是常数.

3. 证明函数 $f(z)$ 和 $\overline{f(\bar{z})}$ 是同时解析的.

4. 试给出多项式 $ax^3 + bx^2y + cxy^2 + dy^3$ 是调和函数的充分必要条件, 并在此条件下求出它的共轭调和函数和对应的解析函数.

5. 证明调和函数 $u(z)$ 满足形式微分方程

$$\frac{\partial^2 u(z)}{\partial z \partial \bar{z}} = 0.$$

6. 设 $Q(z)$ 为 $n(n \geqslant 1)$ 次多项式, 且具有不同的零点 $a_1, a_2, \cdots, a_n$. 设 $P(z)$ 为次数小于 n 的多项式. 证明

$$P(z) = \sum_{k=1}^{n} \frac{P(a_k)Q(z)}{Q'(a_k)(z - c_k)}.$$

7. 利用上题证明: 给定 $n \geqslant 1$ 个互不相同的复数 $a_1, a_2, \cdots, a_n$, 以及另外 n 个复数 $c_1, c_2, \cdots, c_n$, 证明存在唯一的次数小于 n 的多项式 $P(z)$, 使得 $P(a_k) = c_k$.

8. 次数 $n \geqslant 1$ 的有理函数的导数是有理函数. 试考察它的次数.

9. 给出在单位圆周上绝对值为 1 的有理函数的一般形式.

10. 求下列有理函数的临界点及其阶:

(1) $\dfrac{z^4}{z^3 - 2}$;
(2) $\dfrac{1}{z^4 - 2z^2 + 3}$;

(3) $\dfrac{z^3(2 - z)}{2z - 1}$;
(4) $\left[\dfrac{(z^2 - 1)(z^2 + 3)}{4z^2}\right]^3$.

11. 将下列有理函数分解为部分分式:

(1) $\dfrac{z^4}{z^3 - 1}$;
(2) $\dfrac{1}{z(z + 1)(z + 2)}$.

12. 设复数序列 $\{a_n\}$ 的极限为 A. 证明

$$\lim_{n\to\infty} \frac{a_1 + a_2 + \cdots + a_n}{n} = A.$$

13. 讨论函数序列 $\{nz^n\}$ 的收敛性和一致收敛性.

14. 设 $R(z) = P(z)/Q(z)$ 为有理函数, 且 $d = \deg Q - \deg P > 0$. 令

$$R_n(z) = R(z)\left(1 - \frac{z}{n}\right)^d.$$

证明作为 $\overline{\mathbb{C}}$ 上的连续映射序列, $\{R_n(z)\}$ 一致收敛于 $R(z)$.

15. 设级数 $\sum a_n$ 收敛, 级数 $\sum b_n$ 绝对收敛. 证明级数 $\sum c_n$ 收敛, 其中

$$c_n = \sum_{i=0}^{n} a_i b_{n-i}.$$

16. 如果

$$\lim_{n\to\infty} \frac{|a_n|}{|a_{n+1}|} = R.$$

证明 $\sum a_n z^n$ 的收敛半径为 R.

17. 求下列幂级数的收敛半径:

(1) $\sum n^p z^n$;   (2) $\sum \dfrac{z^n}{n!}$;   (3) $\sum n! z^n$;

(4) $\sum z^{n!}$;   (5) $\sum q^{n^2} z^n \,(|q| < 1)$.

18. 设 $\sum a_n z^n$ 的收敛半径为 R. 求 $\sum a_n z^{2n}$ 和 $\sum a_n^2 z^n$ 的收敛半径.

19. 设 $\sum a_n z^n$ 和 $\sum b_n z^n$ 的收敛半径分别为 R_1 与 R_2. 证明 $\sum a_n b_n z^n$ 的收敛半径至少为 $R_1 R_2$.

20. 设 $\sum a_n z^n$ 的和为 $f(z)$. 求 $\sum n^3 a_n z^n$ 的和.

21. 将 $(1-z)^{-m}$ (m 为正整数) 展开为 z 的幂级数.

22. 将 $(2z+3)/(z+1)$ 展开为 $z-1$ 的幂级数. 并求收敛半径.

23. 考察下列级数的收敛区域:

(1) $\displaystyle\sum_{n=0}^{\infty} \left(\frac{z}{1+z}\right)^n$;   (2) $\displaystyle\sum_{n=0}^{\infty} \frac{z^n}{1+z^{2n}}$.

24. 对 $z = -\pi\mathrm{i}/2,\, 3\pi\mathrm{i}/4,\, 2\pi\mathrm{i}/3$, 求 e^z 的值.

25. 求 $\exp \mathrm{e}^z$ 的实部和虚部.

26. 求 $\sin\mathrm{i},\, \cos\mathrm{i}$ 和 $\tan(1+\mathrm{i})$ 的值.

27. 双曲余弦和双曲正弦函数定义为

$$\cosh z = \frac{\mathrm{e}^z + \mathrm{e}^{-z}}{2}, \quad \sinh z = \frac{\mathrm{e}^z - \mathrm{e}^{-z}}{2}.$$

将它们用 $\cos(\mathrm{i}z)$ 和 $\sin(\mathrm{i}z)$ 表示出来. 进一步推导出加法公式, 以及 $\cosh 2z$ 和 $\sinh 2z$ 的公式.

28. 用三角函数的加法公式将 $\cos(x+\mathrm{i}y)$ 和 $\sin(x+\mathrm{i}y)$ 分解为实部和虚部.

29. 证明

$$|\cos z|^2 = \sinh^2 y + \cos^2 x = \cosh^2 y - \sin^2 x = \frac{\cosh 2y + \cos 2x}{2},$$

$$|\sin z|^2 = \sinh^2 y + \sin^2 x = \cosh^2 y - \cos^2 x = \frac{\cosh 2y - \cos 2x}{2}.$$

30. 对 $y > 0$, 证明 $\cos y$ 的级数展开式的余项与余项的首项有相同的符号.

31. 证明 $3 < \pi < 2\sqrt{3}$.

32. 求复数 $2, -1, i, -i/2, -1-i, 1+2i$ 的对数.

33. 记 $\zeta = e^{2\pi i/n}$ $(n \geqslant 2)$. 求 $(1-\zeta)(1-\zeta^2)\cdots(1-\zeta^{n-1})$.

34. 计算 $\sin\dfrac{\pi}{n}\sin\dfrac{2\pi}{n}\cdots\sin\dfrac{(n-1)\pi}{n}$ $(n \geqslant 2)$.

第四章

初等函数的
几何性质

解析函数称为**共形映射**, 是指它是单射, 且逆映射也是解析函数.

共形映射为解析函数提供了一个形象化的表示. 我们要考察的第一个问题是确定解析函数的**单叶区域**, 即限制在这个区域上解析函数是共形映射. 另一个问题是确定一个区域到另一个区域的共形映射. 这一章我们将研究可以由初等函数定义的共形映射.

4.1 分式线性变换

4.1.1 交比与保圆性

给定互不相同的三个点 $z_2, z_3, z_4 \in \overline{\mathbb{C}}$, 存在分式线性变换 $S(z)$ 将这三个点分别变换为 $1, 0, \infty$. 如果这三个点都不是 ∞, 则

$$S(z) = \frac{z - z_3}{z - z_4} : \frac{z_2 - z_3}{z_2 - z_4}.$$

如果 z_2, z_3 或者 $z_4 = \infty$, 则变换为

$$\frac{z - z_3}{z - z_4}, \quad \frac{z_2 - z_4}{z - z_4}, \quad \frac{z - z_3}{z_2 - z_3}.$$

如果分式线性变换 $T(z)$ 也将这三个点分别变换为 $1, 0, \infty$, 则 $S \circ T^{-1}$ 保持 $1, 0, \infty$ 不变. 直接计算可得 $S \circ T^{-1}$ 为恒等映射. 因此变换 $S(z)$ 唯一确定.

定义 4.1　对互不相同的四个点 $z_1, z_2, z_3, z_4 \in \overline{\mathbb{C}}$, 它们的**交比**为

$$(z_1, z_2, z_3, z_4) \overset{\text{def}}{=\!=} \frac{z_1 - z_3}{z_1 - z_4} : \frac{z_2 - z_3}{z_2 - z_4}.$$

定理 4.1　分式线性变换保持交比不变.

证明　对任意分式线性变换 $T(z)$, 以及互不相同的四个点 $z_1, z_2, z_3, z_4 \in \overline{\mathbb{C}}$, 令 $S(z) = (z, z_2, z_3, z_4)$. 则 $S(z_1) = (z_1, z_2, z_3, z_4)$. 变换 $S \circ T^{-1}$ 将 $T(z_2), T(z_3), T(z_4)$ 分别变为 $1, 0, \infty$. 因此

$$(T(z_1), T(z_2), T(z_3), T(z_4)) = S \circ T^{-1}(T(z_1)) = S(z_1) = (z_1, z_2, z_3, z_4). \qquad \square$$

如果四个点位于一条直线上, 它们的交比显然为实数. 注意到

$$\arg(z_1, z_2, z_3, z_4) = \arg \frac{z_1 - z_3}{z_1 - z_4} - \arg \frac{z_2 - z_3}{z_2 - z_4}.$$

由初等几何原理, 上式等于 0 或者 $\pm\pi$, 当且仅当这四个点位于一个圆周上.

定理 4.2　交比 (z_1, z_2, z_3, z_4) 为实数, 当且仅当这四点共圆或者共线.

定理 4.2 是下述定理的一个直接推论.

定理 4.3 　分式线性变换把圆周和直线变为圆周或者直线.

证明　任给分式线性变换 S, 我们首先证明 S 将实轴映为直线或者圆周. 令

$$z = S^{-1}(w) = \frac{aw + b}{cw + d}.$$

当 $z = S^{-1}(w)$ 位于实轴上时,

$$S^{-1}(w) = \frac{aw + b}{cw + d} = \overline{S^{-1}(w)} = \frac{\bar{a}\bar{w} + \bar{b}}{\bar{c}\bar{w} + \bar{d}}.$$

交叉相乘后得到

$$(a\bar{c} - \bar{a}c)|w|^2 + (a\bar{d} - c\bar{b})w + (b\bar{c} - d\bar{a})\bar{w} + b\bar{d} - d\bar{b} = 0.$$

如果 $a\bar{c} - \bar{a}c = 0$, 则上式为一条直线方程. 因为在这个条件下 $a\bar{d} - c\bar{b} \neq 0$. 如果 $a\bar{c} - \bar{a}c \neq 0$, 将等式两边同除以这个系数, 简单计算得到

$$\left| w + \frac{\bar{a}d - \bar{c}b}{\bar{a}c - \bar{c}a} \right| = \left| \frac{ad - bc}{\bar{a}c - \bar{c}a} \right|.$$

这是一个圆周的方程.

任给直线 L, 存在仿射变换 T 把 L 变为实轴. 应用上述讨论于 $S \circ T^{-1}$, 得到 $S(L) = S \circ T^{-1}(T(L))$ 为直线或者圆周.

任给圆周 C, 存在仿射变换 T 把 C 变为单位圆周. 变换

$$S_0(z) = \mathrm{i}\frac{1 + z}{1 - z}$$

将单位圆周变为实轴. 因此 $S_0 \circ T$ 把 C 变为实轴. 应用上述讨论于 $S \circ T^{-1} \circ S_0^{-1}$, 我们得到

$$S(C) = S \circ T^{-1} \circ S_0^{-1}(S_0 \circ T(C))$$

是直线或者圆周. □

鉴于上述定理, 在考虑分式线性变换时, 我们对圆周和直线不加区别. 这也可以从它们在 Riemann 球面上都对应于圆周这一事实得到进一步解释.

4.1.2 反射与对称性

保持实轴不变的分式线性变换可以表示为

$$S(z) = \frac{az + b}{cz + d}, \quad a, b, c, d \in \mathbb{R}.$$

直接验证可知 $S(z)$ 保持实轴不变. 反过来, 如果 $S(z)$ 保持实轴不变, 则 $0, 1, \infty$ 的原像属于 $\mathbb{R} \cup \{\infty\}$. 由此可得 $S(z)$ 有如上表示.

点 z 与 $\bar{z}$ 关于实轴是对称的. 变换 $I(z) = \bar{z}$ 称为**关于实轴的反射**. 保持实轴不变的分式线性变换 S 可以表示为实系数分式线性变换. 因此

$$I \circ S(z) = \overline{S(z)} = S(\bar{z}) = S \circ I(z). \tag{4.1}$$

对任意的圆周 (或者直线) C, 存在分式线性变换 T 把实轴变为 C. 令 $I_C = T \circ I \circ T^{-1}$. 如果 T_1 也是把实轴变为圆周 C 的分式线性变换, 则 $T_1^{-1} \circ T$ 把实轴映为实轴. 由等式 (4.1),

$$I \circ T_1^{-1} \circ T = T_1^{-1} \circ T \circ I.$$

于是

$$T_1 \circ I \circ T_1^{-1} = T \circ I \circ T^{-1}.$$

这说明变换 $I_C = T \circ I \circ T^{-1}$ 不依赖于变换 T 的选取, 称为**关于圆周 C 的反射**. 点 z 与 $I_C(z)$ 称为**关于圆周 C 对称**.

定理 4.4   点 z 与 z^* 关于过点 (z_1, z_2, z_3) 的圆周 C 是对称的, 当且仅当 $(z^*, z_1, z_2, z_3) = \overline{(z, z_1, z_2, z_3)}$.

证明   令 S 为把 (z_1, z_2, z_3) 变为 $(1, 0, \infty)$ 的分式线性变换, 则 S 把圆周 C 变为实轴. 由于点 z 与 z^* 关于圆周 C 是对称的, 因此 $S(z^*) = \overline{S(z)}$. 从而

$$(z^*, z_1, z_2, z_3) = S(z^*) = \overline{S(z)} = \overline{(z, z_1, z_2, z_3)}. \qquad \square$$

定理 4.5 (对称原理)   分式线性变换保持对称性, 即如果一个分式线性变换 T 将圆周 C_1 变为圆周 C_2, 则 T 将关于 C_1 对称的一对点映为关于 C_2 对称的一对点.

证明   令 I_1, I_2 分别为关于圆周 C_1 与 C_2 的反射. 则 $T \circ I_1 = I_2 \circ T$. 因此 T 将点对 $(z, I_1(z))$ 映为点对 $(T(z), T \circ I_1(z)) = (T(z), I_2 \circ T(z))$. $\qquad \square$

将单位圆周变为实轴的分式线性变换可以表示为

$$S(z) = \mathrm{i} \frac{1 + z}{1 - z}.$$

因此关于单位圆周的反射是

$$I_0(z) = S^{-1}(\overline{S(z)}) = \frac{1}{\bar{z}}.$$

一般地, 关于圆心为 $a \in \mathbb{C}$, 半径为 R 的圆周的反射为

$$I(z) = \frac{R^2}{\bar{z} - \bar{a}} + a.$$

例 4.1 保持单位圆周不变的分式线性变换可以表示为

$$S(z) = \mathrm{e}^{\mathrm{i}\theta} \frac{z-a}{1-\bar{a}z}, \quad |a| \neq 1, \theta \in \mathbb{R}.$$

特别地, 当 $|a| < 1$ 时 $S(z)$ 保持单位圆盘不变.

证明 直接验证可知 $S(z)$ 保持单位圆周不变, 且保持单位圆盘不变当且仅当 $|a| < 1$. 反过来, 如果 $S(z)$ 保持单位圆周不变, 设 $S(a) = 0$, 则 $|a| \neq 1$. 由对称原理, $S(1/\bar{a}) = \infty$. 因此 $S(z)$ 可以表示为

$$S(z) = k\frac{z-a}{1-\bar{a}z}, \quad k \neq 0.$$

再由 $S(z)$ 保持单位圆周不变得到 $|k| = 1$. □

4.1.3 分式线性变换的不动点与分类

考察非恒等映射的分式线性变换

$$A(z) = \frac{az+b}{cz+d}, \quad ad - bc = 1.$$

无穷 ∞ 是它的一个不动点, 当且仅当 $c = 0$. 此时, 当 $a = \pm 1$ 时它只以 ∞ 为不动点, 当 $a \neq \pm 1$ 时它有两个不同的不动点.

当 $c \neq 0$ 时, 不动点可以通过方程 $A(z) = z$ 求得. 变形后得到二次方程

$$cz^2 - (a-d)z - b = 0.$$

注意到条件 $ad - bc = 1$, 方程的判别式为 $(a+d)^2 - 4$. 因此当 $a + d = \pm 2$ 时变换只有一个不动点, 否则有两个不同的不动点.

分式线性变换 $A(z)$ 在不动点 α 的**特征值**为

$$k = \begin{cases} A'(\alpha), & \alpha \neq \infty, \\ \lim\limits_{z \to \infty} \dfrac{z}{A(z)}, & \alpha = \infty. \end{cases}$$

如果 $A(z)$ 只有一个不动点, 则不动点的特征值等于 1.

分式线性变换 $A_1(z)$ 与 $A_2(z)$ 称为**共轭**的, 是指存在分式线性变换 $B(z)$, 使得 $A_2 = B \circ A_1 \circ B^{-1}$. 直接验证可知, 变换 $B(z)$ 将 $A_1(z)$ 的不动点变为 $A_2(z)$ 的不动点, 且保持不动点的特征值不变. 这个性质为不动点是无穷时特征值的定义提供了合理的解释.

假设分式线性变换 $A(z)$ 有两个不同的不动点 $\alpha, \beta \in \mathbb{C}$. 考虑变换

$$B(z) = \frac{z-\alpha}{z-\beta}.$$

它把 α, β 分别映为 $0, \infty$. 因此 $B \circ A \circ B^{-1}$ 以 $0, \infty$ 为不动点. 于是 $B \circ A \circ B^{-1}(z) = kz$, 或者

$$\frac{A(z) - \alpha}{A(z) - \beta} = k\frac{z - \alpha}{z - \beta}.$$

等式说明 $A(z)$ 在不动点 α, β 的特征值分别为 $k, 1/k$.

分式线性变换 $A(z)$ 称为**抛物变换**, 是指它只有一个不动点; 或者**椭圆变换**, 是指满足 $|k| = 1$; 或者**双曲变换**, 是指满足 $k > 0$ 且 $k \neq 1$. 否则称为**斜驶变换**.

分式线性变换的分类可以通过系数矩阵表示. 直接计算可以得到其不动点特征值 k 与系数矩阵的迹有关系

$$k + 1/k = (a + d)^2 - 2.$$

记 $k = re^{i\theta}$. 则

$$k + 1/k = (r + 1/r)\cos\theta + \mathrm{i}(r - 1/r)\sin\theta.$$

因此 $A(z)$ 是抛物变换, 当且仅当 $a + d = \pm 2$; $A(z)$ 是双曲变换, 当且仅当 $a + d > 2$ 或者 $a + d < -2$; $A(z)$ 是椭圆变换, 当且仅当 $-2 < a + d < 2$.

基于下述性质, 分式线性变换又称为 **Möbius (默比乌斯) 变换**.

定理 4.6   分式线性变换可以分解为反射的复合. 特别地, 斜驶变换可以分解为四个反射的复合, 其他变换可以分解为两个反射的复合.

证明   考察关于两个圆周 C_1, C_2 的反射 I_1, I_2. 如果 C_1 与 C_2 不相交, 则存在分式线性变换 $S(z)$ 将这两个圆周变为圆心在原点的同心圆周 C_1', C_2'. 记 $\tilde{I}_1, \tilde{I}_2$ 为关于圆周 C_1', C_2' 的反射, 则

$$\tilde{I}_1 = S \circ I_1 \circ S^{-1}, \quad \tilde{I}_2 = S \circ I_2 \circ S^{-1}.$$

因此

$$\tilde{I}_1 \circ \tilde{I}_2 = S \circ I_1 \circ I_2 \circ S^{-1}.$$

容易证明 $\tilde{I}_1 \circ \tilde{I}_2(z) = kz \ (k > 0)$. 因此 $I_1 \circ I_2$ 是双曲变换.

类似方法可证如果 C_1 与 C_2 相交, 则 $I_1 \circ I_2$ 是椭圆变换, 以交点为不动点; 如果 C_1 与 C_2 相切, 则 $I_1 \circ I_2$ 是抛物变换, 以交点为不动点.

反过来, 利用上述方法可以证明: 任意一个非斜驶变换都可以分解为关于两个圆周的反射的复合.

任意斜驶变换可以分解为具有相同不动点的一个双曲变换与一个椭圆变换的复合. 因此一个斜驶变换可以分解为四个反射的复合. $\square$

给定平面上两个不同点 α, β, 由方程

$$\frac{|z - \alpha|}{|z - \beta|} = \rho \quad (\rho > 0)$$

确定的图形是圆周 $|w| = \rho$ 在分式线性变换

$$w = B(z) = \frac{z - \alpha}{z - \beta}$$

下的原像. 因此仍然是圆周. 称为具有极限点 α, β 的 **Apollonius (阿波罗尼奥斯) 圆**. 从方程可知它是到两个定点的距离有定比的点的轨迹.

以 C_1 表示通过点 α, β 的圆, 以 C_2 表示以 α, β 为极限点的 Apollonius 圆. 所有这些圆组成的图形称为由点 α, β 所确定的 **Steiner (施泰纳) 圆族** (图 4.1). 它具有很多有趣的性质, 比如:

(1) 通过平面上除极限点以外的每一点只有一个 C_1 及一个 C_2;

(2) 每一个 C_1 与每一个 C_2 正交;

(3) 在一个 C_2 的反射下, 每一个 C_1 变换为自己, 而每一个 C_2 变换为一个 C_2, 反之亦然;

(4) 极限点关于每一个 C_2 都是对称的, 对其他圆不对称.

当极限点 $\beta = \infty$ 时, Steiner 圆族为从 α 出发的射线族和以 α 为圆心的同心圆族.

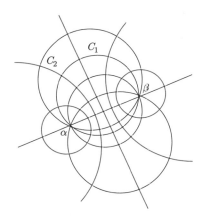

图 4.1 Steiner 圆族

假设分式线性变换 $A(z)$ 有两个不同的不动点 α, β. 则 $A(z)$ 保持 Steiner 圆族不变. 如果 $A(z)$ 是椭圆变换, 则 $A(z)$ 保持每一个 C_2 不变, 同时将每一个 C_1 变为一个 C_1. 如果 $A(z)$ 是双曲变换, 则 $A(z)$ 保持每一个 C_1 不变, 而将每一个 C_2 变换为一个 C_2. 如果 $A(z)$ 是斜驶变换, 则 $A(z)$ 将每一个 C_1 变换为一个 C_1, 而将每一个 C_2 变换为一个 C_2.

假设分式线性变换 $A(z)$ 只有一个不动点 α. 如果 $\alpha = \infty$, 则 $A(z) = z + b$ $(b \neq 0)$. 以 L_1 表示与向量 b 平行的直线, 以 L_2 表示与向量 b 垂直的直线. 则变换 $A(z)$ 保持每一条 L_1 不变, 而将每一条 L_2 变为一条 L_2.

如果 $\alpha \neq \infty$, 令 $B(z) = 1/(z - \alpha)$. 则 $B \circ A \circ B^{-1}$ 以 ∞ 为唯一不动点. 因此有 $B \circ A \circ B^{-1}(z) = z + b$. 以 C_1 表示 L_1 在变换 $B(z)$ 下的原像, 以 C_2 表示 L_2 在变

换 $B(z)$ 下的原像. 它们为相互正交的圆, 且 C_1 或者 C_2 中的任意两个圆都在 α 点相切. 它们可以看成是退化的 Steiner 圆族 (见图 4.2). 变换 $A(z)$ 保持每一条 C_1 不变, 而将每一条 C_2 变为一条 C_2.

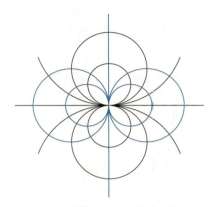

图 4.2 退化的 Steiner 圆族

4.1.4 分式线性变换与射影空间

分式线性变换是一类基本的变换, 它可以从不同的角度来描述.

记 $\mathbb{C}^2 = \{(z, w) : z, w \in \mathbb{C}\}$ 为二维复空间. 定义投影

$$p : \mathbb{C}^2 \setminus \{(0,0)\} \to \overline{\mathbb{C}}$$

为当 $w \neq 0$ 时, $p(z, w) = z/w$, 而 $p(z, 0) = \infty$. 它在 $\mathbb{C}^2 \setminus \{(0,0)\}$ 上诱导了一个等价关系: (z_1, w_1) 与 (z_2, w_2) 等价, 如果这两个点在映射 p 下的像相同. 或者存在复数 $k \neq 0$, 使得 $(z_1, w_1) = (kz_2, kw_2)$. 由等价类组成的空间称为一维复射影空间 $\mathbb{CP}^1$. 由于 p 是满射, $\mathbb{CP}^1$ 与 $\overline{\mathbb{C}}$ 同构. 因此扩充复平面也可看成为 $\mathbb{CP}^1$.

考虑 $\mathbb{C}^2$ 上的线性变换

$$\widetilde{A}(z, w) = (az + bw, cz + dw),$$

其中 $ad - bc \neq 0$. 这个条件等价于变换是非退化的, 即 $\widetilde{A}$ 是满射. 令

$$A(Z) = \frac{aZ - b}{cZ + d}.$$

则有 $p \circ \widetilde{A} = A \circ p$. 这说明分式线性变换 $A(Z)$ 是 $\mathbb{C}^2$ 上的非退化线性变换到 $\mathbb{CP}^1$ 的投影.

进一步考虑 $\mathbb{C}^2$ 上的映射 $\widetilde{R}(z, w) = (\widetilde{P}(z, w), \widetilde{Q}(z, w))$. 其中 $\widetilde{P}(z, w)$ 与 $\widetilde{Q}(z, w)$ 是 $\mathbb{C}^2$ 上的 $n \geqslant 1$ 次齐次多项式. 容易验证存在唯一的 n 次有理函数 $R(z)$ 使得 $p \circ \widetilde{R} = R \circ p$. 这说明有理函数是 $\mathbb{C}^2$ 上由两个同次的产次多项式定义的映射到 $\mathbb{CP}^1$ 的投影.

将分式线性变换 $A(z)$ 对应于矩阵, 仍然记为

$$A = \begin{pmatrix} a & b \\ c & d \end{pmatrix}.$$

则变换的复合对应于矩阵乘法. 将 $A(z)$ 的分子和分母同除以一个复数仍然表示同一个变换, 因此我们可以要求 $ad - bc = 1$. 满足这个条件的如上矩阵组成的群通常记为 $SL(2, \mathbb{C})$. 又矩阵 A 与 $-A$ 表示同一个变换. 在 $SL(2, \mathbb{C})$ 中将 A 与 $-A$ 等同起来, 就得到群 $PSL(2, \mathbb{C})$. 这就是分式线性变换群的矩阵表示.

4.1.5 分式线性变换与球极投影

分式线性变换可以看成是 $\mathbb{R}^3$ 中的刚体运动到 $\overline{\mathbb{C}}$ 的球极投影.

首先我们考虑一般位置的球极投影. 设 $S^2 \subset \mathbb{R}^3$ 是一个单位球面, 其北极点 N 不在复平面 $\mathbb{C} = \mathbb{R}^2$ 上. 任给 $X \in S^2 \setminus \{N\}$, 过点 N 与 X 的直线与 $\mathbb{C}$ 有唯一的交点, 记为 $q(X)$. 补充定义 $q(N) = \infty$. 则 q 是从 S^2 到 $\overline{\mathbb{C}}$ 的一一对应, 称为关于球面 S^2 的一个球极投影 (图 4.3).

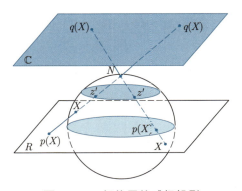

图 4.3 一般位置的球极投影

记 R 为过球面 S^2 的中心, 且与 $\mathbb{C}$ 平行的平面. 令 $p : S^2 \to R \cup \{\infty\}$ 为以 N 为极点的标准球极投影, 即对 $X \in S^2 \setminus \{N\}$, $p(X)$ 是过点 N 与 X 的直线与 R 的唯一交点. 因此映射

$$q \circ p^{-1} : R \to \mathbb{C}$$

仍然是以 N 点为中心的中心投影. 由于平面 R 与 $\mathbb{C}$ 平行, $q \circ p^{-1}$ 为相似变换. 因此关于球面 S^2 的球极投影 q 也满足定理 1.1.

将 $\mathbb{R}^3$ 中的单位球面 S^2 作旋转和移动, 我们就得到另外一个球面 S^2 以及一个同胚 $M : S^2 \to S^2$. 假设球面 S^2 的北极点不在平面 $\mathbb{C}$ 上. 记 $p : S^2 \to \overline{\mathbb{C}}$ 为标准球极投

影, $q: S^2 \to \overline{\mathbb{C}}$ 为关于球面 S^2 的球极投影. 令 $A = q \circ M \circ p^{-1}$. 则 A 为 $\overline{\mathbb{C}}$ 上的同胚, 且将直线和圆周仍然映为直线或者圆周. 下面我们证明 A 为分式线性变换.

　　球面的平行移动对应于 A 是平移, 上、下移动则对应于 A 是线性变换, 而以过极点的直线为轴的旋转则对应于 A 是旋转. 它们的复合当然为分式线性变换.

　　设 $M: S^2 \to S^2$ 为旋转, 将北极点 $N = (0, 0, 1)$ 映为点 $M(N) = (a, b, c) \in S^2$. 旋转 M 可以分解为两个旋转 M_1 与 M_2 的复合, 其中 M_1 以 x_2 轴为旋转轴, 因此保持 x_2 坐标不变. 将点 N 映为 $(a', 0, c)$. 而 M_2 以 x_3 轴为旋转轴, 因此保持 x_3 坐标不变. 将点 $(a', 0, c)$ 映为 (a, b, c). 注意到 M_2 对应于平面上的旋转, 因此我们只需证明旋转 M_1 对应于分式线性变换.

　　变换 M_1 可以表示为 $M_1(x_1, x_2, x_3) = (X_1, X_2, X_3)$, 其中

$$X_1 = x_1 \cos\theta - x_3 \sin\theta, \quad X_2 = x_2, \quad X_3 = x_1 \sin\theta + x_3 \cos\theta,$$

而 $0 < \theta < 2\pi$ 为旋转的角度. 记 $z = x + \mathrm{i}y$ 为点 (x_1, x_2, x_3) 在球极投影下的像. 由球极投影的表达式, 有

$$x_1 = \frac{2x}{|z|^2 + 1}, \quad x_2 = \frac{2y}{|z|^2 + 1}, \quad x_3 = \frac{|z|^2 - 1}{|z|^2 + 1}.$$

代入得到

$$X_1 = \frac{2x \cos\theta - (|z|^2 - 1)\sin\theta}{|z|^2 + 1},$$

$$X_2 = \frac{2y}{|z|^2 + 1},$$

$$X_3 = \frac{2x \sin\theta + (|z|^2 - 1)\cos\theta}{|z|^2 + 1}.$$

于是点 (X_1, X_2, X_3) 在球极投影下的像为

$$A(z) = \frac{X_1 + \mathrm{i}X_2}{1 - X_3} = \frac{2x \cos\theta - (|z|^2 - 1)\sin\theta + 2\mathrm{i}y}{(|z|^2 + 1) - [2x \sin\theta + (|z|^2 - 1)\cos\theta]}.$$

记 $k = \sin\theta / (1 - \cos\theta)$. 则有

$$A(z) = \frac{(1 - \cos\theta)(kz + 1)(k - \bar{z})}{(1 - \cos\theta)(k - z)(k - \bar{z})} = \frac{kz + 1}{k - z}.$$

　　因此旋转 M_1 对应于分式线性变换. 特别地, 当旋转角 $\theta = \pi$ 时, 对应的变换为 $A(z) = -1/z$.

　　这样我们就证明任何球面运动都对应于分式线性变换. 反过来, 任意分式线性变换可以分解为仿射变换与反演 $B(z) = 1/z$ 的复合. 我们已经知道仿射变换对应于球面的移动和以过极点的直线为轴的旋转的复合. 而反演 $B(z)$ 对应于球面南北极交换的旋转与一个水平旋转的复合. 因此任意分式线性变换都对应于一个刚体运动.

4.2　二次多项式与有理函数

考虑幂函数 $w = z^\alpha$. 这里我们只考虑 α 为正实数的情形. 由于

$$|w| = |z|^\alpha, \quad \arg w = \alpha \arg z,$$

围绕原点的同心圆变为同族的圆. 由原点出发的射线变为另一条由原点出发的射线. 考虑扇形

$$S(\varphi_1, \varphi_2) = \{z \neq 0,\, \varphi_1 < \arg z < \varphi_2\}, \quad 0 \leqslant \varphi_2 - \varphi_1 \leqslant 2\pi.$$

幂函数 $w = z^\alpha$ 在 $S(\varphi_1, \varphi_2)$ 上是共形映射, 当且仅当 $\alpha(\varphi_2 - \varphi_1) \leqslant 2\pi$, 且像域仍然是一个扇形.

对二次多项式 $w = z^2$, 我们还可以考虑其他曲线族. 记 $z = x + \mathrm{i}y, w = u + \mathrm{i}v$. 则

$$\begin{cases} u = x^2 - y^2, \\ v = 2xy. \end{cases}$$

所以竖直线 $u = u_0$ 的原像为以对角线为渐近线的双曲线. 而水平线 $v = v_0$ 的原像为以坐标轴为渐近线的双曲线. 当 $v_0 > 0$ 时, 映射实现了从一条双曲线的内侧到半平面 $v > v_0$ 的共形映射 (图 4.4).

另一方面, 竖直线 $x = x_0$ 的像为由方程 $v^2 = 4x_0^2(x_0^2 - u)$ 确定的抛物线, 以原点为焦点. 而水平线 $y = y_0$ 的像为由方程 $v^2 = 4y_0^2(y_0^2 + u)$ 确定的抛物线, 以原点为焦点. 当 $y_0 > 0$ 时, 映射实现了半平面 $y > y_0$ 或者 $y < -y_0$ 到抛物线外侧的共形映射 (图 4.5).

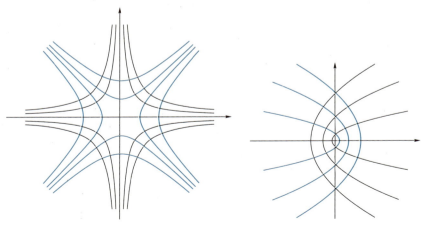

图 4.4　水平线和竖直线的原像　　　　图 4.5　水平线和竖直线的像

　　对一般的二次有理函数可以通过二次多项式考察它的映射性质. 任意二次有理函数 $f(z)$ 都恰好有两个不同的临界点和临界值. 通过分式线性变换 $B_1(z)$ 将这两个临界点变为 $0, \infty$, 再通过另一个分式线性变换 $B_2(z)$ 将对应的临界值分别变为 $0, \infty$, 则 $B_2 \circ f \circ B_1^{-1}$ 以 $0, \infty$ 为临界点, 且保持 $0, \infty$ 不动. 因此 $B_2 \circ f \circ B_1^{-1}(z) = \lambda z^2$, 其中 $\lambda \neq 0$.

　　假设二次有理函数 $f(z)$ 以 $1, -1$ 为临界点且保持这两个点不动. 通过以上讨论可以得到 $f(z)$ 的一个表达式. 这里分式线性变换 B_1, B_2 可以选取为 $B(z) = (z+1)/(z-1)$. 于是

$$f(z) = B^{-1}(B(z))^2 = \frac{1}{2}\left(z + \frac{1}{z}\right).$$

这个映射称为 **Joukowski (茹可夫斯基) 映射**.

　　设 C 是通过点 $1, -1$ 的圆周 (或者直线). 则 $B(C)$ 是过原点的一条直线, 它将平面分为两个半平面, 多项式 $P(z) = z^2$ 在这两个半平面上都是共形映射. 因此 $f(z)$ 在 C 的内部和外部都是共形映射, 它们的像是平面去掉以 $1, -1$ 为端点的一个半圆周. 特别地, 单位圆盘外部的像是平面去掉线段 $[-1, 1]$; 而上半平面的像是平面去掉水平射线 $(-\infty, -1] \cup [1, +\infty)$. $f(z)$ 的逆映射为

$$z = w + \sqrt{w^2 - 1}.$$

为确定 $\sqrt{w^2 - 1}$ 的解析单值分支的选取, 我们可以将上面的表达式变形为

$$z = w + (w - 1)\sqrt{\frac{w + 1}{w - 1}}.$$

以 $1, -1$ 为端点的一个半圆周 I 在变换 $(w+1)/(w-1)$ 下映为从原点出发的一条射线. 因此在区域 $\mathbb{C} \setminus I$ 内, $\sqrt{(w+1)/(w-1)}$ 恰有两个解析单值分支, 对应于 $f(z)$ 的两个原像分支.

　　为了更详细地研究 $f(z)$, 记 $z = re^{i\theta}$, $f(z) = u + iv$. 则

$$u = \frac{1}{2}\left(r + \frac{1}{r}\right)\cos\theta,$$

$$v = \frac{1}{2}\left(r - \frac{1}{r}\right)\sin\theta.$$

消去 θ, 得到

$$\frac{u^2}{\left[\frac{1}{2}\left(r + \frac{1}{r}\right)\right]^2} + \frac{v^2}{\left[\frac{1}{2}\left(r - \frac{1}{r}\right)\right]^2} = 1.$$

消去 r, 得到

$$\frac{u^2}{\cos^2\theta} - \frac{v^2}{\sin^2\theta} = 1.$$

因此圆周 $|z| = r$ 的像是一个椭圆, 长轴为 $r + 1/r$, 短轴为 $r - 1/r$. 而半径的像是双曲线的一个分支 (图 4.6).

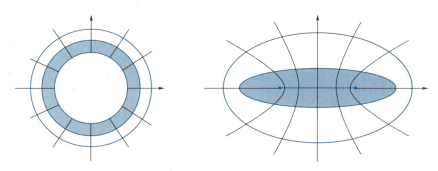

图 4.6 Joukowski 映射

由此变换, 我们可以得到从一个椭圆的外部或者一个双曲线的两个分支之间的区域到单位圆盘的共形映射.

4.3 三次多项式

任意的三次多项式都有两个临界点, 即其导数的两个零点. 它们可以通过二次方程的求根公式得到. 如果这两个临界点重合, 则其导数可以表示为 $3(z - c)^2$. 因此多项式可以表示为 $(z - c)^3 + b$. 此时单叶区域可以选取为从 c 点出发的角度为 $\pi/3$ 的扇形区域, 其像为平面去掉从 b 点出发的一条射线.

假设这两个临界点不重合. 为了简化多项式, 我们可以通过前后各复合一个线性变换, 使得新的多项式以 $1, -1$ 为临界点, 且对应的临界值为 $-2, 2$. 这样新得到的多项式为

$$P(z) = z^3 - 3z.$$

首先我们考察这个函数的实部和虚部. 计算得到

$$P(z) = z^3 - 3z = (x + \mathrm{i}y)^3 - 3(x + \mathrm{i}y)$$
$$= x(x^2 - 3y^2 - 3) + \mathrm{i}y(3x^2 - y^2 - 3).$$

注意到实部和虚部可以分解为二次多项式和一次多项式的乘积, 我们得到实轴 $v = 0$ 的原像为实轴 $y = 0$ 和双曲线 $x^2 - y^2/3 = 1$ (图 4.7).

实轴 $y = 0$ 和双曲线 $x^2 - y^2/3 = 1$ 将平面分成 6 个区域. 我们下面证明限制在每个区域上多项式 $P(z)$ 都是共形映射, 其像为上半平面或者下半平面.

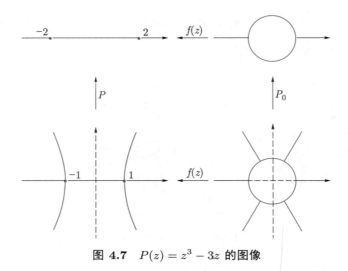

图 4.7 $P(z) = z^3 - 3z$ 的图像

有理函数 $f(z) = z + 1/z$ 将单位圆盘外部共形映射到 $\mathbb{C} \setminus [-2, 2]$. 将平面等分成 6 个以原点为顶点的扇形, 使得实轴在这些扇形的边界上. 则单位圆盘外部也被分成 6 个区域 $S_1, S_2, \cdots, S_6$. 因此 $f(z)$ 将这 6 个区域共形映射到平面去掉实轴 $y = 0$ 和双曲线 $x^2 - y^2/3 = 1$ 所得到的 6 个区域.

记 $P_0(z) = z^3$. 计算得到

$$P \circ f = f \circ P_0.$$

$f \circ P_0$ 限制在每个 S_i 上是共形映射. 因此 $P(z)$ 在每个 S_i 上都是共形映射, 其像为上半平面或者下半平面. 其逆映射为

$$P^{-1}(w) = \sqrt[3]{\frac{w}{2} + \left(\frac{w}{2} - 1\right)\sqrt{\frac{w+2}{w-2}}} + \sqrt[3]{\frac{w}{2} - \left(\frac{w}{2} - 1\right)\sqrt{\frac{w+2}{w-2}}}.$$

这个表达式实际上给出了三次多项式的求根公式.

4.4   指数函数与三角函数

从第三章我们知道指数函数 e^z 把每一条水平直线同胚地映为从原点出发的一条射线, 而把每一条竖直线映为一个以原点为圆心的圆周. 特别地限制在宽度为 2π 的水平带域上 e^z 为共形映射, 其像为平面去掉一条从原点出发的一条射线. 其逆映射为对数函数.

余弦函数可以表示为

$$\cos z = \frac{\mathrm{e}^{\mathrm{i}z} + \mathrm{e}^{-\mathrm{i}z}}{2} = f(\mathrm{e}^{\mathrm{i}z}), \quad f(\zeta) = \frac{1}{2}\left(\zeta + \frac{1}{\zeta}\right).$$

函数 $\mathrm{e}^{\mathrm{i}z}$ 将带域 $B = \{z = x + \mathrm{i}y : 0 < x < \pi\}$ 共形映射为上半平面, 再通过 $f(\zeta)$ 共形映射为平面去掉水平射线 $(-\infty, -1] \cup [1, +\infty)$ (图 4.8). 因此反余弦函数 $\arccos z$ 在 $\mathbb{C} \setminus ((-\infty, -1] \cup [1, +\infty))$ 上可以定义解析单值分支. 如果指定 $\arccos 0 = \pi/2$, 则它可以表示为

$$\arccos z = -\mathrm{i}\ln(z + \sqrt{z^2 - 1}).$$

它的导数为

$$(\arccos z)' = -\frac{1}{\sqrt{1 - z^2}},$$

其中 $\sqrt{1 - z^2}$ 取具有负实部的单值分支.

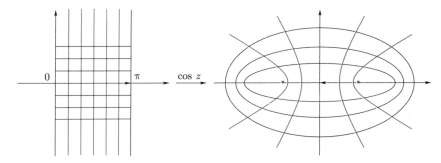

图 4.8　余弦函数

由 $\sin z = \cos(\pi/2 - z)$ 可以得到正弦函数的单值区域. 反正弦函数可以表示为

$$\arcsin z = -\mathrm{i}\ln\mathrm{i} - \mathrm{i}\ln(z + \sqrt{z^2 - 1}),$$

$$(\arcsin z)' = \frac{1}{\sqrt{1 - z^2}}.$$

正切函数可以表示为

$$\tan z = \frac{\mathrm{e}^{\mathrm{i}z} - \mathrm{e}^{-\mathrm{i}z}}{\mathrm{i}(\mathrm{e}^{\mathrm{i}z} + \mathrm{e}^{-\mathrm{i}z})} = \mathrm{i}\frac{1 - \mathrm{e}^{2\mathrm{i}z}}{1 + \mathrm{e}^{2\mathrm{i}z}} = A(\mathrm{e}^{2\mathrm{i}z}), \quad A(\zeta) = \mathrm{i}\frac{1 - \zeta}{1 + \zeta}.$$

函数 $\mathrm{e}^{2\mathrm{i}z}$ 将竖直带域 $\{z = x + \mathrm{i}y : -\pi/2 < x < \pi/2\}$ 共形映射为平面除去负实轴, 再通过 $A(\zeta)$ 共形映射为平面除去 $(-\infty, -\mathrm{i}] \cup [\mathrm{i}, +\infty)$ (图 4.9).

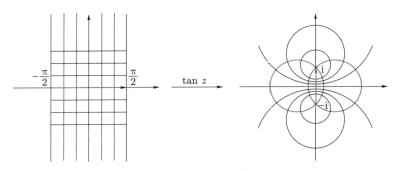

图 4.9　正切函数

因此反正切函数 $\arctan z$ 在 $\mathbb{C} \setminus ((-\infty, -\mathrm{i}] \cup [\mathrm{i}, +\infty))$ 上可以定义解析单值分支. 如果指定 $\arctan 0 = 0$, 则它可以表示为

$$\arctan z = \frac{1}{2\mathrm{i}} \ln \frac{\mathrm{i} - z}{\mathrm{i} + z}.$$

它的导数为

$$(\arctan z)' = \frac{1}{1 + z^2}.$$

类似地可以得到余切函数的单叶区域以及反余切函数的解析单值分支.

4.5   初等共形映射

考虑给定两个区域 Ω_1, Ω_2, 构造这两个区域之间的共形映射问题. 通常分成两步处理, 首先构造从 Ω_1 到一个圆盘或者半平面的共形映射, 然后再构造从圆盘或者半平面到 Ω_2 的共形映射. 换句话说, 我们通常考虑将一个区域化为一个圆盘或者半平面的问题. 本节我们要用到的主要工具都是初等解析函数.

(1) 以两条共端点的圆弧为边界的区域 (图 4.10). 记端点为 a 和 b. 先作映射 $\zeta = (z - a)/(z - b)$ 将区域变为扇形, 再作一个适当的幂映射 $w = \zeta^\alpha$, 就可以将所给区域变为半平面.

(2) 相切的两个圆盘之间的区域 (图 4.11). 记切点为 a. 映射 $\zeta = 1/(z - a)$ 将这个区域映为由两条平行线所围的带域, 之后一个逗当的指数映射把它变为半平面.

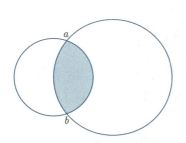

图 4.10   两条圆弧为边界的区域

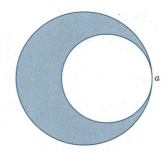

图 4.11   相切圆盘之间的区域

(3) 具有两个直角的圆三角形 (图 4.12). 设第三个角的顶点为 a, 且由 a 出发的两个圆弧的另一个交点为 b. 映射 $\zeta = (z - a)/(z - b)$ 将三角形映为一个圆盘内的扇形, 再用一个幂映射进一步变为一个半圆盘. 这就回到了情形 (1).

例 4.2   求将右半平面除去 $[0, 1] \cup [x, +\infty)$ $(x > 1)$ 映为半平面的共形映射.

解 映射 $z \mapsto z^2$ 把这个区域映为平面除去射线 $(-\infty, 1] \cup [x^2, +\infty)$. 映射 $(\zeta - 1)/(x^2 - \zeta)$ 进一步把它映到平面除去负实轴. 最后开平方映为右半平面. 这三个共形映射的复合为

$$f(z) = \sqrt{\frac{z^2 - 1}{x^2 - z^2}}. \qquad \square$$

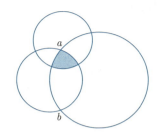

图 4.12 具有两个直角的圆三角形

例 4.3 求将半平面映为双曲线 $x^2 - y^2 = 1$ 右半分支左边部分的共形映射.

解 记 Ω 为双曲线 $x^2 - y^2 = 1$ 右半分支的左边部分. 记 Ω 的上、下半部分分别为 Ω_+ 和 Ω_-. z^2 将 Ω_+ 共形映射为平面去掉正实轴以及射线 $\{z = x + \mathrm{i}y : x = 1, y > 0\}$ 剩下的包含第二、三、四象限的部分 D. 另一方面, 多项式 $P(z) = z^3 - 3z$ 将第二象限共形映射为平面去掉第三象限和线段 $[0,2]$ 的部分, 映射 $-\zeta/2 + 1$ 将这个区域映为 D. 结合这两个映射, 得到从第二象限到 Ω_+ 的共形映射

$$f(z) = \sqrt{-(z^3 - 3z)/2 + 1} = (z+1)\sqrt{1 - z/2},$$

其中 $\sqrt{1 - z/2}$ 是从 $\mathbb{C} \setminus [2, +\infty)$ 到右半平面的共形映射. 因此 $f(z)$ 在 $\mathbb{C} \setminus [2, +\infty)$ 解析. 注意到 $\overline{f(\bar{z})} = f(z)$, $f(z)$ 把第四象限共形映射到 Ω_-, 把负实轴同胚地映到 $(1, +\infty)$. 因此 $f(z)$ 把左半平面共形映射到 Ω (图 4.13). $\qquad \square$

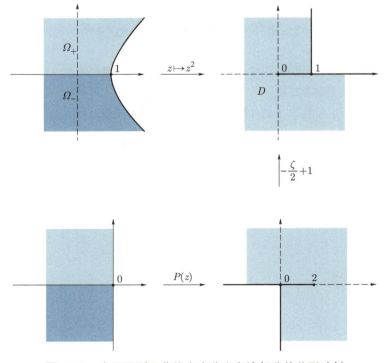

图 4.13 半平面到双曲线右半分支左边部分的共形映射

习题四

1. 求将 $0, i, -i$ 变为 $1, -1, 0$ 的分式线性变换.

2. 如果一个四边形的顶点依次为 z_1, z_2, z_3, z_4, 且都立于一个圆周上, 证明:

$$|z_1 - z_3| \cdot |z_2 - z_4| = |z_1 - z_2| \cdot |z_3 - z_4| + |z_2 - z_3| \cdot |z_1 - z_4|.$$

并给出几何解释.

3. 证明反射将圆周变为圆周.

4. 试求将虚轴、直线 $x = y$、单位圆周分别变为圆周 $|z - 2| = 1$ 的反射.

5. 求将圆周 $|z| = 2$ 变为 $|z + 1| = 1$、将点 -2 变为原点、将原点变为 i 的分式线性变换.

6. 假定一个分式线性变换将一对同心圆周变为另一对同心圆周, 证明圆周半径之比不变.

7. 求把单位圆周与圆周 $|z - 1/4| = 1/4$ 变为同心圆周的分式线性变换.

8. 求如下分式线性变换的不动点, 并判断它们的类型:

(a) $\dfrac{z}{2z - 1}$;   (b) $\dfrac{2z}{3z - 1}$;   (c) $\dfrac{3z - 4}{z - 1}$;   (d) $\dfrac{z}{2 - z}$.

9. 证明 $n(n \geqslant 2)$ 次复合为恒等映射的分式线性变换一定是椭圆变换.

10. 求所有与单位圆周以及 $|z - 1| = 4$ 正交的圆周.

11. 求将单位圆盘与圆盘 $|z - 1| < 1$ 的公共部分映为单位圆盘的共形映射.

12. 求将单位圆周与圆周 $|z - 1/2| = 1/2$ 之间的区域映为半平面的共形映射.

13. 求将圆弧 $\{z = x + iy : |z| = 1, y \geqslant 0\}$ 的补区域映为单位圆盘外部, 并保持无穷 ∞ 不动的共形映射.

14. 求将抛物线 $y^2 = 2px$ 的外部映为单位圆盘, 且把 $z = 0$ 及 $z = -p/2$ 分别变为 $w = 1$ 及 $w = 0$ 的共形映射.

15. 求将双曲线 $x^2 - y^2 = a^2$ 的右半分支的右边部分映为单位圆盘, 且把焦点变为 $w = 0$、把顶点变为 $w = -1$ 的共形映射.

16. 求将椭圆 $\dfrac{x^2}{a^2} + \dfrac{y^2}{b^2} = 1$ 的外部映为单位圆盘的共形映射.

第五章

复积分

本章将介绍复函数的积分、Cauchy 积分定理和 Cauchy 积分公式. 它们是解析函数理论的基础, 由此可以推出解析函数的许多重要性质.

5.1 Cauchy 定理

5.1.1 线积分

复平面上的一条曲线 $\gamma: [a,b] \to \mathbb{C}$ 可以表示为 $\gamma(t) = \alpha(t)+\mathrm{i}\beta(t)$, 其中 $\alpha(t)$ 与 $\beta(t)$ 为连续实函数. 称 γ 是**可微曲线**, 是指 $\alpha(t)$ 与 $\beta(t)$ 在区间 (a,b) 上是可微的, 在 a 点与 b 点分别有右导数与左导数, 且导数 $\gamma'(t) = \alpha'(t) + \mathrm{i}\beta'(t)$ 在区间 $[a,b]$ 连续. 如果 $\gamma'(t) \neq 0$, 则称 $\gamma(t)$ 是**正则**的. 如果存在区间 (a,b) 上的有限个点 $a < t_1 < \cdots < t_n < b$, 使得 γ 限制在 $[a,t_1], [t_1,t_2], \cdots, [t_{n-1},t_n]$ 以及 $[t_n,b]$ 为可微或者正则曲线, 则称 $\gamma(t)$ 是**分段可微**的或者**分段正则**的.

实积分的最直接的推广是复函数在区间上的积分. 设 $f(t) = u(t)+\mathrm{i}v(t)$ 是区间 $[a,b]$ 上的连续函数. 其积分定义为

$$\int_a^b f(t)\,\mathrm{d}t = \int_a^b u(t)\,\mathrm{d}t + \mathrm{i}\int_a^b v(t)\,\mathrm{d}t.$$

积分的绝对值满足如下基本不等式:

$$\left| \int_a^b f(t)\,\mathrm{d}t \right| \leqslant \int_a^b |f(t)|\,\mathrm{d}t.$$

为证明这个不等式, 不妨假设不等式左边不为零. 令 $\theta = \arg \int_a^b f(t)\,\mathrm{d}t$, 则

$$\left| \int_a^b f(t)\,\mathrm{d}t \right| = \mathrm{e}^{-\mathrm{i}\theta} \int_a^b f(t)\,\mathrm{d}t = \int_a^b \mathrm{e}^{-\mathrm{i}\theta} f(t)\,\mathrm{d}t \leqslant \int_a^b |f(t)|\,\mathrm{d}t.$$

下面我们定义复函数在曲线上的积分. 设 $\gamma: [a,b] \to \mathbb{C}$ 是复平面上的一条分段可微曲线, $f(z)$ 是 γ 上的连续复函数. 则 $f(z)$ 在 γ 上的积分定义为

$$\int_\gamma f(z)\,\mathrm{d}z = \int_a^b f(\gamma(t))\gamma'(t)\,\mathrm{d}t.$$

由于曲线是分段可微的, $\gamma'(t)$ 在有限个点上可能没有定义. 因此等式右边的积分应理解为在分段小区间上的积分之和.

曲线积分在参数变换下是不变的. 设 $t = t(\tau) : [c,d] \to [a,b]$ 是分段可微的单调递增函数. 根据实积分的变量变换法则, 有

$$\int_a^b f(\gamma(t))\gamma'(t)\,\mathrm{d}t = \int_c^d f(\gamma(t(\tau)))\gamma'(t(\tau))t'(\tau)\,\mathrm{d}\tau.$$

注意到 $\gamma'(t(\tau))t'(\tau)$ 是 $\gamma(t(\tau))$ 关于 τ 的导数. 不论曲线的方程为 $\gamma(t)$ 还是为 $\gamma(t(\tau))$, 积分的定义都有相同的值.

我们还可以考虑关于 $\bar{z}$ 的线积分. 最方便的定义为

$$\int_\gamma f(z)\overline{\mathrm{d}z} = \overline{\int_\gamma \overline{f(z)}\,\mathrm{d}z}.$$

这样, 关于 x 或者 y 的线积分可以表示为

$$\int_\gamma f(z)\,\mathrm{d}x = \frac{1}{2}\left(\int_\gamma f(z)\,\mathrm{d}z + \int_\gamma f(z)\overline{\mathrm{d}z}\right),$$

$$\int_\gamma f(z)\,\mathrm{d}y = \frac{1}{2\mathrm{i}}\left(\int_\gamma f(z)\,\mathrm{d}z - \int_\gamma f(z)\overline{\mathrm{d}z}\right).$$

记 $f(z) = u(z) + \mathrm{i}v(z)$, 则关于 z 的积分可以表示为

$$\int_\gamma f(z)\,\mathrm{d}z = \int_\gamma (u\,\mathrm{d}x - v\,\mathrm{d}y) + \mathrm{i}\int_\gamma (u\,\mathrm{d}y + v\,\mathrm{d}x).$$

关于弧长的积分定义为

$$\int_\gamma f(z)\,\mathrm{d}s = \int_\gamma f(z)|\,\mathrm{d}z| = \int_a^b f(\gamma(t))|\gamma'(t)|\,\mathrm{d}t.$$

这个积分仍然不依赖于参数的选择. 取 $f(z) = 1$, 则积分 $\displaystyle\int_\gamma |\,\mathrm{d}z|$ 表示曲线 γ 的长度.

约定 为书写简单, 除非特别说明, 本书中我们约定积分曲线是分段可微的, 圆周作为曲线表示为 $\gamma(t) = a + \rho\mathrm{e}^{\mathrm{i}t}$, $0 \leqslant t \leqslant 2\pi$.

例 5.1 以 a 为圆心, 半径为 ρ 的圆周的长度是

$$\int_\gamma |\,\mathrm{d}z| = \int_0^{2\pi} |\gamma'(t)|\,\mathrm{d}t = \int_0^{2\pi} \rho\,\mathrm{d}t = 2\pi\rho.$$

5.1.2 全微分

设 p, q 是平面区域 Ω 上的连续函数. 表达式 $p\,\mathrm{d}x + q\,\mathrm{d}y$ 称为**全微分**, 如果存在 Ω 内的函数 $G(x,y)$, 使得

$$\frac{\partial G}{\partial x} = p, \quad \frac{\partial G}{\partial y} = q.$$

习惯上我们写 $\mathrm{d}G = \dfrac{\partial G}{\partial x}\,\mathrm{d}x + \dfrac{\partial G}{\partial y}\,\mathrm{d}y.$

定理 5.1 线积分 $\displaystyle\int_\gamma (p\,\mathrm{d}x + q\,\mathrm{d}y)$ 只依赖于曲线端点的充要条件是 $p\,\mathrm{d}x + q\,\mathrm{d}y$ 是全微分.

证明 记曲线方程为 $\gamma(t) = x(t) + \mathrm{i}y(t)$, $t \in [a, b]$. 如果 $p\,\mathrm{d}x + q\,\mathrm{d}y$ 是全微分, 则存在 Ω 内的函数 $G(x, y)$, 它具有偏导数 p 和 q. 于是

$$\int_\gamma (p\,\mathrm{d}x + q\,\mathrm{d}y) = \int_a^b \left(\frac{\partial G}{\partial x} x'(t) + \frac{\partial G}{\partial y} y'(t) \right) \mathrm{d}t$$
$$= \int_a^b \frac{\mathrm{d}}{\mathrm{d}t} G(x(t), y(t))\,\mathrm{d}t$$
$$= G(x(b), y(b)) - G(x(a), y(a)),$$

即线积分只依赖于曲线的端点.

反过来, 假设线积分只依赖于曲线的端点. 取定基点 $(x_0, y_0) \in \Omega$. 任给 $(x, y) \in \Omega$, 存在一条平行于坐标轴的折线 $\gamma \subset \Omega$ 连接 (x_0, y_0) 与 (x, y) (图 5.1). 令

$$G(x, y) = \int_\gamma (p\,\mathrm{d}x + q\,\mathrm{d}y).$$

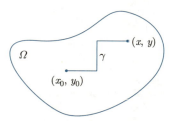

图 5.1 $G(x, y)$ 的定义

由于线积分只依赖于曲线的端点, 上述定义是合理的. 如果取 γ 的最后一段为水平的, 则有 $\dfrac{\partial G}{\partial x} = p$. 同理, 如果取 γ 的最后一段为竖直的, 则有 $\dfrac{\partial G}{\partial y} = q$. 因此 $p\,\mathrm{d}x + q\,\mathrm{d}y$ 是全微分. $\qquad\square$

假设 $f(z)\,\mathrm{d}z = f(z)\,\mathrm{d}x + \mathrm{i}f(z)\,\mathrm{d}y$ 是一个全微分, 即存在 Ω 内的函数 $F(z)$, 使得

$$\frac{\partial F}{\partial x} = f(z), \quad \frac{\partial F}{\partial y} = \mathrm{i}f(z).$$

因此 $F(z)$ 满足 Cauchy-Riemann 方程

$$\frac{\partial F}{\partial x} = -\mathrm{i}\frac{\partial F}{\partial y}.$$

这说明 $F(z)$ 是导数为 $f(z)$ 的解析函数.

推论 5.1 区域 Ω 内的连续函数 $f(z)$ 的积分 $\displaystyle\int_\gamma f(z)\,\mathrm{d}z$ 只依赖于曲线 γ 的端点, 当且仅当 $f(z)$ 是一个解析函数的导数.

例 5.2　计算积分 $\displaystyle\int_\gamma (z-a)^n\,\mathrm{d}z$.

解　如果 $n \geqslant 0$, 则对平面上所有闭曲线 γ, 积分为零. 因为 $(z-a)^n$ 是解析函数 $(z-a)^{n+1}/(n+1)$ 的导数. 如果 $n < -1$, 则对平面上所有不通过 a 点的闭曲线 γ, 积分仍然为零. 因为函数 $(z-a)^{n+1}/(n+1)$ 在平面除去 a 点外是解析的.

当 $n = -1$ 时积分不一定为零. 比如取 γ 为以 a 为圆心的圆周. 它可以表示为 $\gamma(t) = a + \rho\mathrm{e}^{\mathrm{i}t}$, $0 \leqslant t \leqslant 2\pi$. 于是

$$\int_\gamma \frac{\mathrm{d}z}{z-a} = \int_0^{2\pi} \mathrm{i}\,\mathrm{d}t = 2\pi\mathrm{i}.$$

另一方面, 我们知道对数函数 $\ln(z-a)$ 在平面去掉从 a 点出发的一条射线上是有定义的解析函数, 其导数为 $1/(z-a)$. 因此如果闭曲线 γ 与一条从 a 点出发的射线不相交, 则积分为零.　　　　　□

5.1.3　矩形上的 Cauchy 定理

Cauchy 定理有几种形式. 先从最简单的开始. 考虑矩形

$$R = \{z : a \leqslant x \leqslant b, c \leqslant y \leqslant d\}.$$

其边界 ∂R 作为一条 Jordan 曲线, 其方向选定为 R 的内部位于曲线的左边. 或者, 四个顶点的顺序是 $(a,c),(b,c),(b,d),(a,d)$.

定理 5.2　设 $f(z)$ 在包含 R 的一个区域上解析. 则

$$\int_{\partial R} f(z)\,\mathrm{d}z = 0.$$

证明　记

$$\eta(R) = \int_{\partial R} f(z)\,\mathrm{d}z.$$

对任意包含于矩形 R 内的小矩形也采用这一记号. 将 R 分成四个全等的小矩形 R^1, R^2, R^3, R^4 (图 5.2).

由于沿着公共边的积分相互抵消, 我们得到

$$\eta(R) = \eta(R^1) + \eta(R^2) + \eta(R^3) + \eta(R^4).$$

因此这四个小矩形中有一个, 记为 R_1, 满足 $|\eta(R_1)| \geqslant |\eta(R)|/4$.

将这个过程重复下去, 得到矩形序列 $R \supset R_1 \supset R_2 \supset \cdots \supset R_n \supset \cdots$, 满足 $|\eta(R_n)| \geqslant |\eta(R_{n-1})|/4$. 因此

$$|\eta(R_n)| \geqslant 4^{-n}|\eta(R)|. \tag{5.1}$$

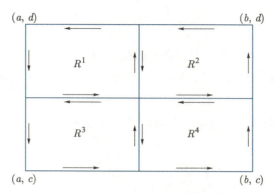

图 5.2　矩形上的 Cauchy 定理的证明

显然 R_n 收敛于一点 $z^* \in R$. 由于 $f(z)$ 是解析的, 任给 $\varepsilon > 0$, 存在 $\delta > 0$, 使得当 $|z - z^*| < \delta$ 时,

$$\left| \frac{f(z) - f(z^*)}{z - z^*} - f'(z^*) \right| < \varepsilon,$$

或者

$$|f(z) - f(z^*) - f'(z^*)(z - z^*)| < \varepsilon |z - z^*|. \tag{5.2}$$

由于 $1, z$ 分别为 $z, z^2/2$ 的导数, 因此

$$\int_{\partial R_n} \mathrm{d}z = 0, \quad \int_{\partial R_n} z\,\mathrm{d}z = 0.$$

于是

$$\eta(R_n) = \int_{\partial R_n} [f(z) - f(z^*) - (z - z^*)f'(z^*)]\,\mathrm{d}z.$$

利用不等式 (5.2) 得到

$$|\eta(R_n)| \leqslant \varepsilon \int_{\partial R_n} |z - z^*| \cdot |\mathrm{d}z|.$$

记矩形 R 的对角线和周长分别为 d 与 L. 则矩形 R_n 的对角线和周长分别为 $d_n = 2^{-n}d$ 与 $L_n = 2^{-n}L$. 由于 z^* 包含于所有的 R_n 中, 当 $z \in R_n$ 时, $|z - z^*| \leqslant d_n$. 这样就有 $|\eta(R_n)| \leqslant 4^{-n}dL\varepsilon$. 再与不等式 (5.1) 比较, 得到

$$|\eta(R)| \leqslant dL\varepsilon.$$

由于 ε 是任意的, 所以只能有 $\eta(R) = 0$. □

上述定理中的条件还可以减弱.

定理 5.3　设 $f(z)$ 在包含 R 的一个区域上除去有限个 R 内的点 $\zeta_1, \zeta_2, \cdots, \zeta_n$ 之外解析, 且对所有 ζ_j, 满足 $\lim\limits_{z \to \zeta_j}(z - \zeta_j)f(z) = 0$. 则 $\int_{\partial R} f(z)\,\mathrm{d}z = 0$.

证明　由于 R 可以分成有限个小矩形, 使得每个小矩形至多包含一个 ζ_j, 因此只需考虑只有一个例外点 ζ 的情形.

将 R 分成 9 个小矩形, 使得位于中央的矩形 R_0 是以 ζ 为中心的正方形 (见图 5.3). 则沿着每个小矩形的边界的积分之和为沿着 ∂R 的积分. 应用定理 5.2, 有

$$\int_{\partial R} f(z)\,\mathrm{d}z = \int_{\partial R_0} f(z)\,\mathrm{d}z.$$

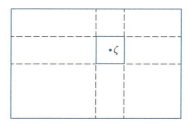

图 5.3　具有例外点的矩形

任给 $\varepsilon > 0$, 当 R_0 足够小时, 在 ∂R_0 上有

$$|f(z)| \leqslant \frac{\varepsilon}{|z-\zeta|}.$$

因此

$$\left| \int_{\partial R_0} f(z)\,\mathrm{d}z \right| \leqslant \varepsilon \int_{\partial R_0} \frac{|\,\mathrm{d}z|}{|z-\zeta|}.$$

通过计算得到

$$\int_{\partial R_0} \frac{|\,\mathrm{d}z|}{|z-\zeta|} < 8.$$

因此

$$\left| \int_{\partial R} f(z)\,\mathrm{d}z \right| < 8\varepsilon.$$

由于 ε 是任意的, 所以只能有 $\int_{\partial R} f(z)\mathrm{d}z = 0$. □

5.1.4　圆盘内的 Cauchy 定理

例 5.2 表明解析函数沿着闭曲线的积分并不总是零. 我们必须对区域附加特殊的条件.

定理 5.4　设函数 $f(z)$ 在开圆盘 Δ 内解析. 则对 Δ 内的任意闭曲线 γ,

$$\int_{\gamma} f(z)\,\mathrm{d}z = 0.$$

证明 采用定理 5.1 第二部分的证明方法. 取定基点 $x_0 + \mathrm{i}y_0 \in \Delta$. 令

$$F(z) = \int_\sigma f(z)\,\mathrm{d}z,$$

其中 σ 是由从 $x_0 + \mathrm{i}y_0$ 到 $x + \mathrm{i}y_0$ 的水平线段以及从 $x + \mathrm{i}y_0$ 到 $x + \mathrm{i}y$ 的竖直线段组成的曲线 (图 5.4). 因此, $\partial F/\partial x = f(z)$.

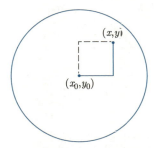

图 5.4 圆盘内的 Cauchy 定理

另一方面, 记 σ_0 是由从 $x_0 + \mathrm{i}y_0$ 到 $x_0 + \mathrm{i}y$ 的竖直线段以及从 $x_0 + \mathrm{i}y$ 到 $x + \mathrm{i}y$ 的水平线段组成的曲线. 由定理 5.2,

$$F(z) = \int_{\sigma_0} f(z)\,\mathrm{d}z.$$

因此, $\partial F/\partial y = \mathrm{i}f(z)$. 所以 $F(z)$ 是 Δ 上的解析函数, 其导数为 $f(z)$. 由推论 5.1, 结论成立.   □

类似定理 5.3, 上述定理的条件也可以减弱.

定理 5.5   设函数 $f(z)$ 在开圆盘 Δ 内除去有限个点 $\zeta_1, \zeta_2, \cdots, \zeta_n$ 之外解析, 且对所有 ζ_j, 满足 $\lim\limits_{z \to \zeta_j}(z - \zeta_j)f(z) = 0$. 则对 Δ 内任意不通过 ζ_j 的闭曲线 γ,

$$\int_\gamma f(z)\,\mathrm{d}z = 0.$$

证明 取定基点 $z_0 = x_0 + \mathrm{i}y_0 \in \Delta$, 使得 z_0 与所有的 ζ_j 都不在一条水平线和竖直线上. 取 σ 是从 z_0 到 z 的由图 5.5 中的三条线段组成的不通过所有 ζ_j 的折线.

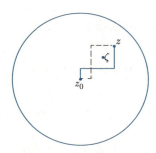

图 5.5 具有例外点的圆盘内的 Cauchy 定理

令 $F(z) = \int_\sigma f(z)\,\mathrm{d}z$. 应用定理 5.3, $F(z)$ 不依赖于中间线段的选择. 这样我们得到 $F(z)$ 是 $\Delta \setminus \{\zeta_1, \zeta_2, \cdots, \zeta_n\}$ 上的解析函数, 其导数为 $f(z)$. $\qquad\square$

5.2 Cauchy 积分公式

应用 Cauchy 定理我们可以将解析函数表示为自身的一个线积分. 它可以帮助我们研究解析函数的局部性质.

5.2.1 环绕数

引理 5.1 设 a 为平面上一点, γ 是平面上一条不通过 a 点的闭曲线. 则积分

$$\frac{1}{2\pi\mathrm{i}} \int_\gamma \frac{\mathrm{d}z}{z-a}$$

为整数.

证明 记曲线 γ 的方程为 $\gamma(t): [\alpha, \beta] \to \mathbb{C}$. 令

$$h(t) = \int_a^t \frac{\gamma'(t)}{\gamma(t)-a}\,\mathrm{d}t.$$

它在闭区间 $[\alpha, \beta]$ 上连续. 只要 $\gamma'(t)$ 连续, 就有

$$h'(t) = \frac{\gamma'(t)}{\gamma(t)-a}.$$

考察函数 $\mathrm{e}^{-h(t)}(\gamma(t)-a)$. 除去有限个点之外它是可导的, 导数为

$$[\mathrm{e}^{-h(t)}(\gamma(t)-a)]' = \mathrm{e}^{-h(t)}(\gamma(t)-a)\left[\frac{\gamma'(t)}{\gamma(t)-a} - h'(t)\right] = 0.$$

因此它必为常数. 取 $t = \alpha$ 则可得到

$$\mathrm{e}^{h(t)} = \frac{\gamma(t)-a}{\gamma(\alpha)-a}.$$

由于 $\gamma(\alpha) = \gamma(\beta)$, 有 $\mathrm{e}^{h(\beta)} = 1$. 因此 $h(\beta)$ 必是 $2\pi\mathrm{i}$ 的整数倍. $\qquad\square$

定义 5.1 闭曲线 γ 关于点 a 的**环绕数**定义为

$$n(\gamma, a) = \frac{1}{2\pi\mathrm{i}} \int_\gamma \frac{\mathrm{d}z}{z-a}.$$

例 5.3   如果 γ 为一个圆周, 且 a 包含于这个圆周内, 则 $n(\gamma, a) = 1$.

环绕数 $n(\gamma, a)$ 可以看成是关于 $a \in \mathbb{C} \setminus \gamma$ 上的一个函数. 易证 $n(\gamma, a)$ 在 γ 的每个余集分支上都是连续的. 由于取值为整数, 因此必须为常数. 我们也可以利用原函数加以证明.

引理 5.2   环绕数 $n(\gamma, a)$ 在 $\mathbb{C} \setminus \gamma$ 的每个连通分支上都是常数. 特别地, 在无界连通分支上为零.

证明   每个连通分支中的任意两个点都可以通过连通分支内的折线连接. 我们只需证明在每一条线段上 $n(\gamma, \cdot)$ 都是常数. 记 $[a, b]$ 为其中的一条线段. 分式线性变换 $A(z) = (z - a)/(z - b)$ 将线段变为从原点出发的一条射线 L. 因此 $\ln \zeta$ 在 $\mathbb{C} \setminus L$ 上解析. 这说明对数函数 $\ln[(z - a)/(z - b)]$ 在 $\mathbb{C} \setminus [a, b]$ 上解析. 其导数为 $1/(z - a) - 1/(z - b)$. 因为闭曲线 γ 与线段 $[a, b]$ 不相交, 我们有

$$\int_{\gamma} \left(\frac{1}{z - a} - \frac{1}{z - b} \right) \mathrm{d}z = 0.$$

因此 $n(\gamma, a) = n(\gamma, b)$.

当 $|a|$ 足够大时, 曲线 γ 包含于一个圆盘 $|z| < \rho < |a|$ 之中. 由于 $\ln(z - a)$ 为此圆盘内的解析函数, 因此 $n(\gamma, a) = 0$.   □

5.2.2   积分公式

设 $f(z)$ 在开圆盘 Δ 内解析. 考虑 Δ 内的一条闭曲线 γ 以及不在 γ 上的一个点 $a \in \Delta$. 由于

$$\lim_{z \to a} \frac{f(z) - f(a)}{z - a}(z - a) = \lim_{z \to a}(f(z) - f(a)) = 0,$$

应用定理 5.5, 有

$$\int_{\gamma} \frac{f(z) - f(a)}{z - a} \mathrm{d}z = 0.$$

因此

$$\int_{\gamma} \frac{f(z)\, \mathrm{d}z}{z - a} = \int_{\gamma} \frac{f(a)\, \mathrm{d}z}{z - a} = 2\pi\mathrm{i} \cdot n(\gamma, a) \cdot f(a).$$

习惯上我们把上面的公式表示为如下形式.

定理 5.6 (Cauchy 积分公式)   设 $f(z)$ 在开圆盘 Δ 内解析, 设 γ 是 Δ 内的一条闭曲线. 则对不在 γ 上的任意点 z,

$$n(\gamma, z) \cdot f(z) = \frac{1}{2\pi\mathrm{i}} \int_{\gamma} \frac{f(\zeta)\, \mathrm{d}\zeta}{\zeta - z}.$$

这里我们不要求 $z \in \Delta$. 事实上, 当 $z \notin \Delta$ 时, $n(\gamma, z)$ 及右边的积分都是零. 因此无论 $f(z)$ 如何取值, 公式都成立. 在应用中通常 γ 取为一个圆周. 这时只要 z 包含于这个圆周内, 就有 $n(\gamma, z) = 1$.

应用定理 5.5, 上述定理的条件也可以减弱.

定理 5.7 设 $f(z)$ 在开圆盘 Δ 内除去有限个点 $\zeta_1, \zeta_2, \cdots, \zeta_n$ 之外解析, 且对所有 ζ_j, 满足 $\lim\limits_{z \to \zeta_j} (z - \zeta_j) f(z) = 0$. 设 γ 是 Δ 内不通过所有 ζ_j 的一条闭曲线. 则对不在 γ 上的点 z, 只要 $z \neq \zeta_j$,

$$n(\gamma, z) f(z) = \frac{1}{2\pi i} \int_\gamma \frac{f(\zeta)\,d\zeta}{\zeta - z}.$$

5.2.3 高阶导数

Cauchy 积分公式为我们提供了研究解析函数局部性质的一个理想工具. 特别地, 我们可以证明解析函数具有各阶导数. 首先我们需要一个引理.

引理 5.3 设 γ 是平面上的一条曲线, $\phi(\zeta)$ 是 γ 上的一个连续函数. 则函数

$$F_n(z) = \int_\gamma \frac{\phi(\zeta)\,d\zeta}{(\zeta - z)^n}$$

在 γ 的每个余集分支内都是解析的, 其导数满足 $F_n'(z) = n F_{n+1}(z)$.

证明 先证 $F_1(z)$ 是连续的. 设 z_0 是不在 γ 上的一点. 则存在 $\delta > 0$, 使得圆盘 $|z - z_0| < \delta$ 与 γ 不相交. 当 $\zeta \in \gamma$, $|z - z_0| < \delta/2$ 时, $|\zeta - z| > \delta/2$. 因此

$$|F_1(z) - F_1(z_0)| = \left| \int_\gamma \frac{(z - z_0)\phi(\zeta)\,d\zeta}{(\zeta - z)(\zeta - z_0)} \right| < |z - z_0| \cdot \frac{2}{\delta^2} \int_\gamma |\phi(\zeta)||d\zeta|.$$

这说明 $F_1(z)$ 在 z_0 点是连续的.

应用上述讨论于函数 $\phi(\zeta)/(\zeta - z_0)$, 得到

$$\lim_{z \to z_0} \frac{F_1(z) - F_1(z_0)}{z - z_0} = \lim_{z \to z_0} \int_\gamma \frac{\phi(\zeta)\,d\zeta}{(\zeta - z)(\zeta - z_0)} = F_2(z_0).$$

因此 $F_1'(z_0) = F_2(z_0)$.

一般情形用数学归纳法证明. 假设 $F_{n-1}'(z) = (n-1)F_n(z)$. 考察

$$F_n(z) - F_n(z_0) = \left[\int_\gamma \frac{\phi(\zeta)\,d\zeta}{(\zeta - z)^{n-1}(\zeta - z_0)} - \int_\gamma \frac{\phi(\zeta)\,d\zeta}{(\zeta - z_0)^n} \right] +$$
$$(z - z_0) \int_\gamma \frac{\phi(\zeta)\,d\zeta}{(\zeta - z)^n(\zeta - z_0)}.$$

由归纳假设, 应用于 $\phi(\zeta)/(\zeta - z_0)^n$, 上式右边第一项当 $z \to z_0$ 时将趋于零, 而在第二项中的积分有界, 因此 $F_n(z)$ 在 z_0 点是连续的.

将等式两边除以 $z-z_0$, 并令 $z \to z_0$. 由归纳假设, 第一项的商将趋于 $(n-1)F_{n+1}(z_0)$, 而第二项的商将趋于 $F_{n+1}(z_0)$. 这就证明了 $F_n'(z_0)=nF_{n+1}(z_0)$.　□

应用上述引理应用于 Cauchy 积分公式, 得到如下定理.

定理 5.8（高阶导数）　设 $f(z)$ 是区域 Ω 内的解析函数. 则 $f(z)$ 的各阶导数都存在. 特别地, 设 C 是 Ω 内的一个圆周, 使得 C 的内部 Δ 也包含于 Ω 内. 则对 $z \in \Delta$,

$$f'(z)=\frac{1}{2\pi \mathrm{i}}\int_C \frac{f(\zeta)\,\mathrm{d}\zeta}{(\zeta-z)^2},$$

$$f''(z)=\frac{1}{2\pi \mathrm{i}}\int_C \frac{f(\zeta)\,\mathrm{d}\zeta}{(\zeta-z)^3},$$

$$\cdots,$$

$$f^{(n)}(z)=\frac{n!}{2\pi \mathrm{i}}\int_C \frac{f(\zeta)\,\mathrm{d}\zeta}{(\zeta-z)^{n+1}}.$$

推论 5.2（Morera(莫雷拉)）　设 $f(z)$ 是区域 Ω 内的连续函数. 如果对 Ω 内的所有闭曲线 γ, 都有 $\displaystyle\int_\gamma f(z)\,\mathrm{d}z=0$, 则 $f(z)$ 在 Ω 内解析.

证明　由推论 5.1, $f(z)$ 是一个解析函数的导数. 再由定理 5.8, $f(z)$ 在 Ω 内解析.　□

推论 5.3（Liouville(刘维尔)）　全平面上的有界解析函数必是常数.

证明　设 $f(z)$ 是全平面上的解析函数, 且 $|f(z)| < M < \infty$ 对所有点成立. 任给 $a \in \mathbb{C}$, 取 C 为以 a 为圆心, 半径为 r 的圆周, 应用定理 5.8, 有

$$|f^{(n)}(a)| \leqslant Mn!r^{-n}.$$

特别地, 取 $n=1$ 并令 $r \to \infty$, 得到 $f'(a)=0$. 由此可知 $f(z)$ 是常数.　□

推论 5.4（代数基本定理）　非常数多项式必有零点.

证明　设 $P(z)$ 是一个多项式. 如果 $P(z)$ 没有零点, 则 $1/P(z)$ 是全平面上的解析函数. 由于当 $z \to \infty$ 时, $1/P(z) \to 0$, 因此 $1/P(z)$ 在全平面上是有界的. 由推论 5.3, 它必为常数.　□

5.2.4　可去奇点与 Taylor 定理

在定理 5.3 和定理 5.5 中, 我们假设函数在一个区域除去有限个点之外解析, 且在这些点附近满足一个较弱的条件, 这时 Cauchy 定理仍然成立. 这说明这样的点本质上并不例外.

定义 5.2　设 $a \in \mathbb{C}$, 如果存在 $\delta > 0$, 使得 $f(z)$ 在空心圆盘 $0 < |z-a| < \delta$ 解析, 则 a 称为 $f(z)$ 的一个**孤立奇点**. 如果

$$\lim_{z \to a} f(z)(z-a)=0.$$

则 a 称为 $f(z)$ 的一个**可去奇点**.

定理 5.9　设 $f(z)$ 在区域 Ω 内除去一点 $a \in \Omega$ 之外解析. 则存在 Ω 内的解析函数, 使得它在 $\Omega \setminus \{a\}$ 与 $f(z)$ 重合的充要条件为 a 是 $f(z)$ 的可去奇点.

证明　定理的必要性是显然的. 为证明充分性, 取 C 为 Ω 内以 a 点为圆心的一个圆周, 使得 C 的内部 Δ 也包含于 Ω 内. 应用定理 5.7, 对 $z \in \Delta \setminus \{a\}$,

$$f(z) = \frac{1}{2\pi\mathrm{i}} \int_C \frac{f(\zeta)\,\mathrm{d}\zeta}{\zeta - z}.$$

由引理 5.2, 等式右边的积分表示 Δ 内的一个解析函数. 令

$$f(a) = \frac{1}{2\pi\mathrm{i}} \int_C \frac{f(\zeta)\,\mathrm{d}\zeta}{\zeta - a}.$$

则 $f(z)$ 扩充为 Ω 内的解析函数. □

设 $f(z)$ 是关于原点对称的区域 Ω 上的解析函数. 利用定理 5.9 可以证明: 如果 $f(z)$ 是偶函数 (即 $f(-z) = f(z)$), 则 $f(\sqrt{z})$ 解析; 如果 $f(z)$ 是奇函数 (即 $f(-z) = -f(z)$), 则 $(f(\sqrt{z}))^2$ 解析.

例 5.4　证明 $g(\sqrt{z})$ 是从单位圆盘到一条双曲线的右半分支的右边的共形映射, 其中

$$g(z) = \frac{1}{2}\left[\left(\frac{1+z}{1-z}\right)^\alpha + \left(\frac{1+z}{1-z}\right)^\alpha\right] \quad (0 < \alpha < 1).$$

证明　变换 $(1+z)/(1-z)$ 把单位圆盘映为右半平面, 通过 z^α 进一步映为角域 $\{z = r\mathrm{e}^{\mathrm{i}\theta} : |\theta| < \alpha\pi\}$. 最后通过 $(z + 1/z)/2$ 映为一条双曲线的右半分支的右边.

显然 $g(z)$ 是偶函数. 因此 $g(\sqrt{z})$ 是单位圆盘上的解析函数. 容易验证 $g(\sqrt{z})$ 在单位圆盘上是共形映射. □

设 $f(z)$ 是区域 Ω 内的解析函数. 对一点 $a \in \Omega$, 令

$$f_1(z) = \begin{cases} \dfrac{f(z) - f(a)}{z - a}, & z \neq a, \\ f'(a), & z = a. \end{cases}$$

由定理 5.9, 函数 $f_1(z)$ 在 Ω 内解析. 由定义,

$$f(z) = f(a) + (z - a)f_1(z).$$

重复如上过程, 我们得到 Ω 内的解析函数序列 $\{f_n(z)\}$, 满足

$$f_{n-1}(z) = f_{n-1}(a) + (z - a)f_n(z).$$

从这些方程可得

$$\begin{aligned} f(z) = &f(a) + (z - a)f_1(a) + (z - a)^2 f_2(a) + \cdots + \\ &(z - a)^{n-1} f_{n-1}(a) + (z - a)^n f_n(z). \end{aligned} \tag{5.3}$$

求 n 次导数, 并令 $z = a$, 得到

$$f^{(n)}(a) = n! f_n(a).$$

这样我们就确定了表达式的系数.

为了对余项 $f_n(z)$ 加以估计, 将它表示为一个线积分是有用的. 设 C 是 Ω 内的一个圆周, 使得 C 的内部 Δ 包含于 Ω 内且包含 a 点. 由定理 5.8, 对 $z \in \Delta$,

$$f_n(z) = \frac{1}{2\pi i} \int_C \frac{f_n(\zeta)\, d\zeta}{\zeta - z}.$$

将公式 (5.3) 代入 $f_n(\zeta)$, 包含 $f(\zeta)$ 的只有一项, 其余项除常数因子外, 具有如下形式:

$$F_k(a, z) = \int_C \frac{d\zeta}{(\zeta - a)^k (\zeta - z)}, \quad k \geqslant 1.$$

显然 $F_k(a, a) = 0$. 假设 $z \neq a$. 当 $k = 1$ 时, 由 Cauchy 积分公式,

$$F_1(a, z) = \frac{1}{z - a} \int_C \left(\frac{1}{\zeta - z} - \frac{1}{\zeta - a} \right) d\zeta = 0.$$

由引理 5.3, $F_{k+1}(a, z) = F_1^{(k)}(a, z)/k!$, 其中等式右边表示对 a 的 k 次导数. 因此当 $k > 1$ 时, $F_k(a, z) = 0$. 最后得到如下定理.

定理 5.10 (Taylor)   设 $f(z)$ 在包含 a 点的区域 Ω 内解析. 则有

$$f(z) = f(a) + \frac{f'(a)}{1!}(z - a) + \frac{f''(a)}{2!}(z - a)^2 + \cdots +$$
$$\frac{f^{(n-1)}(a)}{(n-1)!}(z - a)^{n-1} + f_n(z)(z - a)^n,$$

其中 $f_n(z)$ 在 Ω 内解析.

如果 C 是 Ω 内的一个圆周, 使得 C 的内部 Δ 包含于 Ω 内且包含 a 点, 则对 $z \in \Delta$,

$$f_n(z) = \frac{1}{2\pi i} \int_C \frac{f(\zeta)\, d\zeta}{(\zeta - a)^n (\zeta - z)}.$$

5.3   解析函数的局部性质

5.3.1   零点和极点

设 $f(z)$ 在包含 a 点的区域 Ω 内解析. 如果 $f(a)$ 以及 $f(z)$ 在 a 点的各阶导数都为零, 则对任意的 $n \geqslant 1$, 有

$$f(z) = f_n(z)(z - a)^n. \tag{5.4}$$

取 C 为以 a 为圆心且包含于 Ω 内的一个圆周, 使得其内部也包含于 Ω 内. 令 R 为圆周 C 的半径, 令 $M \geqslant 0$ 为 $|f(z)|$ 在 C 上的最大值. 应用 Taylor 定理中关于 $f_n(z)$ 的积分表示, 当 $|z-a| < R$ 时,

$$|f_n(z)| \leqslant \frac{M}{R^{n-1}(R-|z-a|)}.$$

结合公式 (5.4), 得到

$$|f(z)| \leqslant \left(\frac{|z-a|}{R}\right)^n \cdot \frac{MR}{R-|z-a|}.$$

令 $n \to \infty$, 得到 $f(z) = 0$, 即 $f(z)$ 在 C 的内部恒为零.

下面我们证明在区域 Ω 内 $f(z)$ 恒为零. 记 $E_1 \subset \Omega$ 为 $f(z)$ 及其各阶导数都为零的子集, $E_2 = \Omega \setminus E_1$. 上述讨论说明 E_1 是开集. 由于解析函数及其各阶导数都是连续的, E_2 也是开集. 由 Ω 的连通性, E_1, E_2 必有一个是空集. 这说明对非常数解析函数, 在一点的各阶导数不能全部为零.

定义 5.3　设 $f(z)$ 为区域 Ω 内的非常数解析函数. 称 $a \in \Omega$ 为 $f(z)$ 的一个 k 阶**零点**, 是指 $f(a) = f^{(j)}(a) = 0$ 对 $0 \leqslant j < k$ 成立, 但是 $f^{(k)}(a) \neq 0$. 当 $k=1$ 时也称为**单零点**. 否则称为**重零点**.

定理 5.11 (零点的孤立性)　非常数解析函数的零点是孤立的. 换句话说, 设 $f(z)$ 和 $g(z)$ 为区域 Ω 内的两个解析函数, 如果存在子集 $E \subset \Omega$, 使得在 E 上 $f(z) = g(z)$, 且 E 在 Ω 内有聚点, 则在 Ω 内 $f(z)$ 恒等于 $g(z)$.

证明　设点 a 为 $f(z)$ 的一个 k 阶零点. 由定理 5.10, 存在解析函数 $f_k(z)$ 使得 $f(z) = (z-a)^k f_k(z)$, 且 $f_k(a) \neq 0$. 由连续性, 在 a 点的一个小邻域内 $f_k(z) \neq 0$. 这说明 a 点是 $f(z)$ 在这个小邻域内的唯一零点. □

利用零点的性质我们可以考察解析函数在孤立奇点的性质.

定义 5.4　设点 a 是解析函数 $f(z)$ 的一个孤立奇点, 且不是可去奇点. 如果 $\lim\limits_{z \to a} f(z) = \infty$, 则称点 a 是解析函数 $f(z)$ 的一个**极点**. 否则称为**本性奇点**.

设点 a 是解析函数 $f(z)$ 的一个极点. 由连续性, 存在 $\delta > 0$, 使得当 $0 < |z-a| < \delta$ 时, $f(z)$ 解析且不为零. 因此 $g(z) = 1/f(z)$ 解析, 且 a 点为 $g(z)$ 的可去奇点. 所以 $g(z)$ 可以延拓为 $|z-a| < \delta$ 内的解析函数, 且 $g(a) = 0$. 这样 $g(z)$ 就可以表示为 $g(z) = (z-a)^k g_k(z)$, 其中 k 为零点的阶, $g_k(z) \neq 0$. 于是 $f(z) = (z-a)^{-k} f_k(z)$, 其中 $f_k(z) = 1/g_k(z)$ 在 $|z-a| < \delta$ 内解析且不等于零. 称 k 为 $f(z)$ 在极点 a 处的**阶**. 对 $f_k(z)$ 应用 Taylor 定理, 得到

$$f_k(z) = B_k + B_{k-1}(z-a) + \cdots + B_1(z-a)^{k-1} + \varphi(z)(z-a)^k,$$

其中常数 $B_k \neq 0$, $\varphi(z)$ 在 a 的一个小邻域内解析. 当 $z \neq a$ 时, 等式两边除以 $(z-a)^k$,

得到

$$f(z) = \frac{B_k}{(z-a)^k} + \frac{B_{k-1}}{(z-a)^{k-1}} + \cdots + \frac{B_1}{z-a} + \varphi(z),$$

上式右边 $\varphi(z)$ 之前的部分是 k 次有理函数, 称为 $f(z)$ 在极点 a 处的**主部**.

解析函数在本性奇点附近的行为是非常复杂的.

定理 5.12　　解析函数在本性奇点的一个邻域内可以逼近任意复数.

证明　设 a 为解析函数 $f(z)$ 的一个本性奇点. 我们用反证法. 假设存在复数 $A \in \mathbb{C}$ 以及 $\delta > 0$, 使得当 $0 < |z-a| < \delta$ 时, $|f(z) - A| > \delta$. 则 $g(z) = 1/(f(z) - A)$ 在这个区域内解析, 且 a 为它的可去奇点. 因此可以延拓为区域 $|z-a| < \delta$ 内的解析函数. 这说明 $f(z) = 1/g(z) + A$ 以 a 为可去奇点或者极点. 矛盾.　　□

在一个区域 Ω 内除极点以外解析的函数称为 Ω 内的**亚纯函数**. 由定义, 亚纯函数的和、乘积和商都是亚纯函数, 除非分母恒等于零.

从映射的角度看, 区域 Ω 上的亚纯函数是从 Ω 到 Riemann 球面 $\overline{\mathbb{C}}$ 的连续映射. 定理 5.12 说明解析函数在本性奇点处不能延拓为到 $\overline{\mathbb{C}}$ 的连续映射.

孤立奇点的概念也适用于无穷远点. 函数 $f(z)$ 以 ∞ 为孤立奇点, 如果 $f(z)$ 在 $|z| > R > 0$ 解析. 这时无穷远点的奇性和阶定义为 $g(z) = f(1/z)$ 在原点的奇性和阶. 极点的主部是关于 z 的多项式. 这样亚纯函数的概念就可以扩充到 $\overline{\mathbb{C}}$ 中的区域. 特别地, $\overline{\mathbb{C}}$ 上的亚纯函数一定是有理函数.

5.3.2　局部映射

为了研究解析函数的局部性质, 我们首先确定解析函数的零点个数.

设 $f(z)$ 是开圆盘 Δ 上的非常数解析函数. 令 γ 为 Δ 内不通过零点的一条闭曲线. 存在包含 γ 的一个开圆盘 Δ', 使得 $\overline{\Delta'} \subset \Delta$. 由零点的孤立性, $f(z)$ 在 Δ' 内只有有限个零点, 记为 $a_1, a_2, \cdots, a_n$. 它们的阶分别是 $k_1, k_2, \cdots, k_n$. 反复应用 Taylor 定理, 得到

$$f(z) = (z-a_1)^{k_1}(z-a_2)^{k_2}\cdots(z-a_n)^{k_n}g(z),$$

其中 $g(z)$ 在 Δ' 内解析且没有零点. 考察

$$\frac{f'(z)}{f(z)} = \frac{k_1}{z-a_1} + \frac{k_2}{z-a_2} + \cdots + \frac{k_n}{z-a_n} + \frac{g'(z)}{g(z)}.$$

由于 $g'(z)/g(z)$ 在 Δ' 内解析, 应用 Cauchy 定理,

$$\int_\gamma \frac{g'(z)}{g(z)}\,\mathrm{d}z = 0.$$

因此

$$\frac{1}{2\pi\mathrm{i}} \int_\gamma \frac{f'(z)}{f(z)}\,\mathrm{d}z = k_1 \cdot n(\gamma, a_1) + k_2 \cdot n(\gamma, a_2) + \cdots + k_n \cdot n(\gamma, a_n). \tag{5.5}$$

对 $f(z)$ 的不在 Δ' 内的零点 a, $n(\gamma, a) = 0$. 这样我们证明了下面的定理.

定理 5.13 设 $f(z)$ 是开圆盘 Δ 上的非常数解析函数, $\{a_i\}$ 是 $f(z)$ 在 Δ 内的所有零点, 其阶为 k_i. 设 γ 为 Δ 内不通过零点的一条闭曲线. 则

$$\sum_i k_i \cdot n(\gamma, a_i) = \frac{1}{2\pi i} \int_\gamma \frac{f'(z)}{f(z)} \, dz, \tag{5.6}$$

其中的和式只有有限项不为零.

定理通常应用于 γ 是圆周的情形, 此时根据 z_i 包含于 γ 的内部或者外部, $n(\gamma, z_i)$ 取值 1 或者 0. 因此定理给出了计算 γ 内部的零点个数 (计重数) 的公式.

任给复数 A, 对 $f(z) - A$ 应用上面的定理给出了方程 $f(z) = A$ 在 γ 内部的根的个数 (计重数) 公式.

函数 $w = f(z)$ 将曲线 γ 映为 w 平面中的曲线 Γ. 作变量替换得到

$$\int_\Gamma \frac{dw}{w - A} = \int_\gamma \frac{f'(z) \, dz}{f(z) - A}.$$

应用上面的定理得到

$$n(\Gamma, A) = \sum_i k_i \cdot n(\gamma, z_i(A)),$$

其中 $z_i(A)$ 是方程 $f(z) = A$ 的所有根, 其重数为 k_i. 如果 A, B 包含于 Γ 的同一个余集分支, 则 $n(\Gamma, A) = n(\Gamma, B)$. 如果 γ 是一个圆周, 则在 γ 内部, $f(z)$ 取值 A 和 B 的次数 (计重数) 相等. 下面的局部对应定理就是这个结果的直接推论.

定理 5.14 (局部对应) 设 $f(z)$ 是区域 Ω 上的解析函数, $a \in \Omega$ 是 $f(z) - f(a)$ 的 k 阶零点. 则当 $\varepsilon > 0$ 足够小时, 存在 $\delta > 0$, 只要 $0 < |B - f(a)| < \delta$, 方程 $f(z) = B$ 在圆盘 $|z - a| < \varepsilon$ 内恰好有 k 个根, 且都是单根.

证明 选取 $\varepsilon > 0$ 使得闭圆盘 $|z - a| \leqslant \varepsilon$ 包含于 Ω 内, 且 a 是 $f(z) - f(a)$ 在这个闭圆盘内的唯一零点. 记 γ 为圆周 $|z - a| = \varepsilon$, 它的像记为 Γ. 由于 $f(a) \notin \Gamma$, 存在 $\delta > 0$, 使得圆盘 $|w - f(a)| < \delta$ 与 Γ 不相交 (图 5.6). 因此 $f(z)$ 取值于这个圆盘内的任意两个点的次数 (计重数) 都相等. 注意到 a 为方程 $f(z) = f(a)$ 的 k 重根, 而在闭圆盘 $|z - a| \leqslant \varepsilon$ 内没有其他根, 因此当 $|B - f(a)| < \delta$ 时, 方程 $f(z) = B$ 在圆盘 $|z - a| < \varepsilon$ 内恰好有 k 个根 (计重数).

当 $\varepsilon > 0$ 足够小时, 导数 $f'(z)$ 在空心圆盘 $0 < |z - a| < \varepsilon$ 内没有零点. 因此对 $B \neq f(a)$, 方程 $f(z) = B$ 在圆盘 $|z - a| < \varepsilon$ 内的根都是单根. $\square$

推论 5.5 (开映射) 非常数解析函数将开集映为开集.

证明 对定义域内的任意一点 a, 应用定理 5.14, 当 $\varepsilon > 0$ 足够小时, 圆盘 $|z - a| < \varepsilon$ 的像包含一个邻域 $|w - f(a)| < \delta$. 因此像域是开集. $\square$

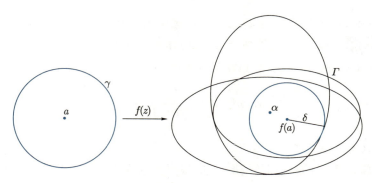

图 5.6 局部对应

推论 5.6（共形映射） 如果解析函数 $f(z)$ 在 a 点的导数不为零, 则在 a 点的一个邻域内 $f(z)$ 是共形映射.

证明 当 $\varepsilon_1 > 0$ 足够小时, 圆盘 $|z - a| < \varepsilon_1$ 的像包含于 $|w - f(a)| < \delta$. 定理 5.14 说明 $f(z)$ 在 $|z - a| < \varepsilon_1$ 上是单射. 由推论 5.5, 逆映射是连续的. 再由导数不为零可知逆映射是解析的. □

在导数为零的情形, 解析函数的局部对应也可以有精确的描述.

推论 5.7 设 $f(z)$ 是区域 Ω 上的解析函数, $a \in \Omega$ 是 $f(z) - f(a)$ 的 $k(k \geqslant 2)$ 阶零点. 则存在 a 点的一个邻域上的共形映射 $\zeta(z)$. 满足 $\zeta(a) = 0$, 使得

$$f(z) - f(a) = \zeta(z)^k.$$

证明 $f(z)$ 可以表示为 $f(z) = f(a) + (z - a)^k g(z)$, 其中 $g(z)$ 在 a 点的一个小邻域 $|z - a| < \varepsilon$ 内解析且不为零. 当 $\varepsilon > 0$ 足够小时, $|g(z) - g(a)| < |g(a)|$. 这说明这个小圆盘的像与从原点出发的一条射线不相交. 因此在它的像域, $\sqrt[k]{w}$ 有单值分支. 这样复合函数 $h(z) = \sqrt[k]{g(z)}$ 就是圆盘 $|z - a| < \varepsilon$ 内的解析函数. 令 $\zeta(z) = (z - a)h(z)$. 于是

$$f(z) - f(a) = \zeta(z)^k.$$

由于 $\zeta'(a) = h(a) \neq 0$, 映射 $\zeta(z)$ 在 a 点的一个小邻域内是共形映射 (图 5.7). □

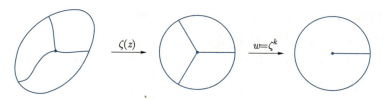

图 5.7 重数 $k = 3$ 的局部对应

5.3.3 最大模原理

推论 5.5 可以直接导出解析函数的一个重要的分析性质.

定理 5.15 (最大模原理)　非常数解析函数的模在区域内部没有最大值.

最大模原理也可以陈述为如下形式:

定理 5.15　设 $f(z)$ 是区域 Ω 上非常数的解析函数. 则对 $a \in \Omega$,

$$|f(a)| < \overline{\lim_{z \to \partial \Omega}} |f(z)| \overset{\text{def}}{=\!=} \sup_{t \in \partial \Omega} \overline{\lim_{z \to b}} |f(z)|.$$

证明　令 $M = \sup\limits_{z \in \Omega} |f(z)|$. 则存在 Ω 中的序列 $\{z_n\}$, 使得 $|f(z_n)|$ 趋于 M. 序列 $\{z_n\}$ 在 $\overline{\mathbb{C}}$ 中有子序列收敛于一点 $z^* \in \overline{\Omega}$. 由最大模原理, $z^* \in \partial \Omega$. 因此 $\overline{\lim\limits_{z \to \partial \Omega}} |f(z)| = M$, 且 $|f(a)| < M$.　$\square$

由最大模原理可以证明如下结果.

定理 5.16 (Schwarz (施瓦茨) 引理)　设 $f(z)$ 是单位圆盘 D 上的解析函数, 满足 $|f(z)| \leqslant 1$ 且 $f(0) = 0$. 则 $|f(z)| \leqslant |z|$, 且 $|f'(0)| \leqslant 1$. 等号在一点成立, 当且仅当 $f(z)$ 是一个旋转, 即 $f(z) = \mathrm{e}^{\mathrm{i}\theta} z, \theta \in \mathbb{R}$.

证明　令

$$g(z) = \begin{cases} \dfrac{f(z)}{z}, & z \neq 0, \\ f'(0), & z = 0. \end{cases}$$

则 $g(z)$ 是 D 上的解析函数. 在圆盘 $|z| < r < 1$ 上应用最大模原理, 得到 $|g(z)| \leqslant 1/r$. 固定一点 z, 并令 $r \to 1$, 得到 $|g(z)| \leqslant 1$, 即 $|f(z)| \leqslant |z|$, 且 $|f'(z)| \leqslant 1$.

如果等号在一点成立, 则 $|g(z)|$ 在 D 的内部达到最大值 1. 从而 $g(z)$ 为常数 $\mathrm{e}^{\mathrm{i}\theta}$, $\theta \in \mathbb{R}$.　$\square$

例 5.5　证明圆盘之间的共形映射一定是分式线性变换.

证明　我们只需证明单位圆盘 D 之间的共形映射 $f(z)$ 一定是分式线性变换. 为应用 Schwarz 引理, 令

$$A(\zeta) = \frac{\zeta - f(0)}{1 - \overline{f(0)} \zeta}.$$

则 $A(\zeta)$ 是 D 之间的共形映射. 因此 $g(z) = A \circ f(z)$ 也是 D 之间的共形映射, 且 $g(0) = 0$. 对 $g(z)$ 以及它的逆映射 g^{-1} 分别应用 Schwarz 引理, 得到 $|z| \leqslant |g(z)| \leqslant |z|$. 因此 $|g(z)| = |z|$. 这说明 $g(z)$ 是一个旋转. 因此 $f(z) = A^{-1} \circ g(z)$ 是分式线性变换.　$\square$

5.4　Cauchy 定理的一般形式

前面我们讨论 Cauchy 定理时, 只考虑了矩形和圆的情形. 这对研究解析函数的局部性质是适宜的. 要推广到一般情形有两种可能的方式: 找到 Cauchy 定理普遍成立的

区域特性, 或者一般区域中使得 Cauchy 定理成立的积分曲线的特性.

5.4.1   链和闭链

首先我们将积分曲线加以推广. 考虑平面上有限条曲线的形式和 $\gamma_1 + \gamma_2 + \cdots + \gamma_n$, 其上的连续函数 $f(z)$ 的积分定义为

$$\int_{\gamma_1 + \gamma_2 + \cdots + \gamma_n} f(z)\,\mathrm{d}z = \int_{\gamma_1} f(z)\,\mathrm{d}z + \int_{\gamma_2} f(z)\,\mathrm{d}z + \cdots + \int_{\gamma_n} f(z)\,\mathrm{d}z.$$

两个曲线的形式和称为等价的, 是指任意连续函数在这两个形式和上的积分都相等. 这些形式和的等价类就称为一个 **链**. 为记号方便, 我们用代表链的一个曲线形式和来表示这个链.

两个链的和表示对应曲线的形式和. **零链** 表示空的链, 或者其上任意连续函数的积分都为零的链. 为方便起见, 恒等的链相加时可以月它们的倍数表示. 因此每一个链都可以表示为

$$\gamma = k_1 \gamma_1 + k_2 \gamma_2 + \cdots + k_n \gamma_n,$$

其中 k_j 为正整数.

曲线 $\gamma : [a,b] \to \mathbb{C}$ 的 **反向曲线** 定义为 $-\gamma = \gamma(-t) : [-b,-a] \to \mathbb{C}$. 它与 γ 有相同的像. 由积分的变量替换,

$$\int_{-\gamma} f(z)\,\mathrm{d}z = \int_{-b}^{-a} f(\gamma(-t))(-\gamma'(-t))\,\mathrm{d}t = -\int_a^b f(\gamma(t))\gamma'(t)\,\mathrm{d}t.$$

因此

$$\int_{-\gamma} f(z)\,\mathrm{d}z = -\int_{\gamma} f(z)\,\mathrm{d}z.$$

这说明形式和 $\gamma + (-\gamma)$ 为零链. 形式和 $\gamma + (-\beta)$ 通常也记为 $\gamma - \beta$.

如果曲线 γ 分解为几条首尾相接的曲线 $\gamma_1, \gamma_2, \cdots, \gamma_n$, 则 γ 与 $\gamma_1 + \gamma_2 + \cdots + \gamma_n$ 表示同一个链. 或者记为

$$\gamma = \gamma_1 + \gamma_2 + \cdots + \gamma_n.$$

一个链称为 **闭链**, 是指它可以表示为有限条闭曲线的形式和. 前面我们陈述的对闭曲线成立的结果对闭链同样成立, 比如全微分沿着一个闭链的积分为零. 闭链关于一点 a 的环绕数也同样可以定义. 它显然满足

$$n(\gamma_1 + \gamma_2, a) = n(\gamma_1, a) + n(\gamma_2, a).$$

设 γ 为区域 Ω 内的一个闭链. 要使得 Ω 内的解析函数在 γ 上的积分总是零, 我们必须首先要求对 $a \notin \Omega$, 函数 $1/(z-a)$ 在 γ 上的积分为零. 这个积分恰好是环绕数. 这样我们就得到了 Cauchy 定理成立的关于链的一个必要条件.

定义 5.5 区域 Ω 内的闭链 γ **关于** Ω **同调于零** (记为 $\gamma \sim 0 \ (\mathrm{mod}\ \Omega)$)，是指对 Ω 的余集中的所有点 a，都有 $n(\gamma, a) = 0$.

Ω 内的闭链 γ_1, γ_2 关于 Ω **同调**，是指 $\gamma_1 - \gamma_2$ 同调于零. Ω 内闭链的同调类构成 Ω 的同调群 $H_1(\Omega)$.

5.4.2 Cauchy 定理的一般形式的证明

定理 5.17 设 $f(z)$ 是区域 Ω 上的解析函数. 则对 Ω 内同调于零的闭链 γ,

$$\int_\gamma f(z)\,\mathrm{d}z = 0.$$

证明 当区域有界时，我们用有限个小矩形填充区域，然后应用矩形上的 Cauchy 定理来证明这个定理. 当区域无界时，取包含于一个大圆盘内的小矩形填充即可.

存在 $R > 0$，使得 γ 包含于圆盘 $|z| < R$ 内. 记 $d(\gamma, \partial\Omega)$ 为 γ 与 $\partial\Omega$ 之间的距离. 取定 $\delta < d(\gamma, \partial\Omega)/\sqrt{2}$. 用边长为 δ 的正方形网覆盖平面，记 $\{Q_j, j \in J\}$ 为所有包含于 Ω 内且包含于圆盘 $|z| < R + \sqrt{2}\delta$ 内的闭正方形. 所有与 γ 相交的闭正方形都被取到. 记

$$\sigma' = \sum_{j \in J} \partial Q_j,$$

其中 ∂Q_j 表示 Q_j 的边界曲线，方向规定为 Q_j 总是位于曲线的左边. 则 σ' 代表 Ω 内的一个闭链 (图 5.8).

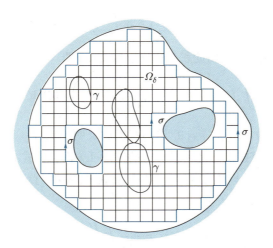

图 5.8 一般形式的 Cauchy 定理的证明

记 Ω_δ 为 $\bigcup\limits_{j \in J} Q_j$ 的内部. 如果正方形的一条边只包含于一个 Q_j 中，它一定包含于 $\partial\Omega_\delta$；如果正方形的一条边包含于两个 Q_j 中，则这条边的内部包含于 Ω_δ.

记 σ 为只包含于 Q_j 中的一个正方形的边的形式和. 则 $\sigma = \partial\Omega_\delta$, 且 σ 与 σ' 等价. 这是因为一个正方形的边如果包含于两个 Q_j 中, 作为这两个正方形的边界曲线中的一段, 方向相反. 因此在闭链中相互抵消.

任何与 γ 相交的一条边一定是两个 Q_j 的公共边, 因此 $\gamma \subset \Omega_\delta$. 我们断言, 任给 $\zeta \in \sigma$, $n(\gamma, \zeta) = 0$.

点 ζ 一定包含于一个不在 $\{Q_j\}$ 的正方形 Q 中. 由定义, 或者 $|\zeta| > R$, 这时 $n(\gamma, \zeta) = 0$; 或者 Q 中存在一点 ζ_0 不属于 Ω. 线段 $[\zeta, \zeta_0]$ 包含于 Q 中, 因此与 γ 不相交. 这样就得到 $n(\gamma, \zeta) = n(\gamma, \zeta_0) = 0$.

设 $f(z)$ 是区域 Ω 上的解析函数. 如果点 z 属于某一个 Q_{j_0} 的内部, 由矩形上的 Cauchy 定理,

$$\frac{1}{2\pi i} \int_{\partial Q_j} \frac{f(\zeta)\,\mathrm{d}\zeta}{\zeta - z} = \begin{cases} f(z), & j = j_0, \\ 0, & j \neq j_0. \end{cases}$$

将上式对所有 $j \in J$ 求和. 由于 σ 与 σ' 代表同一闭链,

$$f(z) = \frac{1}{2\pi i} \int_\sigma \frac{f(\zeta)\,\mathrm{d}\zeta}{\zeta - z}.$$

上式对所有 Q_j 内部的点 z 都成立. 由于等式右边为 Ω_δ 上的解析函数, 因此等式对 Ω_δ 内的所有点成立. 这样我们就由矩形上的 Cauchy 积分公式推导出区域 Ω_δ 上的 Cauchy 积分公式.

对上式两边在 γ 上积分, 得到

$$\int_\gamma f(z)\,\mathrm{d}z = \int_\gamma \left(\frac{1}{2\pi i} \int_\sigma \frac{f(\zeta)\,\mathrm{d}\zeta}{\zeta - z} \right) \mathrm{d}z.$$

重积分的被积函数是连续的, 因此积分次序可以交换, 即

$$\int_\gamma f(z)\,\mathrm{d}z = \int_\sigma \left(\frac{1}{2\pi i} \int_\gamma \frac{\mathrm{d}z}{\zeta - z} \right) f(\zeta)\,\mathrm{d}\zeta.$$

等式右边的内层积分为 $-n(\gamma, \zeta) = 0$. 这样我们就证明了定理. $\qquad\square$

定理 5.17 的一个直接推论是一般形式的 Cauchy 积分公式.

定理 5.18　设 $f(z)$ 是区域 Ω 上的解析函数, γ 是 Ω 内同调于零的闭链. 则对 Ω 内不在 γ 上的任意一点 z,

$$n(\gamma, z) f(z) = \frac{1}{2\pi i} \int_\gamma \frac{f(\zeta)\,\mathrm{d}\zeta}{\zeta - z}.$$

5.4.3　单连通区域

由闭链的同调性质可以给出单连通区域的一个刻画.

定理 5.19 区域 $\Omega \subset \mathbb{C}$ 是单连通的, 当且仅当 Ω 内的所有闭链都同调于零.

证明 必要性是显然的. 如果 Ω 是单连通的, 则它只有一个余集分支, 而且这个余集分支是无界的. 因此对 Ω 内的所有闭链 γ 以及任意点 $a \notin \Omega$, 都有 $n(\gamma, a) = 0$.

假设 Ω 不是单连通的. 则它的余集可以表示为两个不相交的非空闭集 A 和 B 的并. 不妨设 B 是无界的, 则 A 是有界闭集. 取一点 $a \in A$. 利用定理 5.17 的证明中的构造, 我们可以证明存在闭链 $\gamma \subset \Omega$, 使得 $n(\gamma, a) = 1$. 这与定理的条件矛盾. 因此 Ω 是单连通的. 具体构造如下:

存在 $R > 0$, 使得 A 包含于圆盘 $|z| < R$ 内. 记 $d(A, B) > 0$ 为集合 A 与 B 的距离. 用边长为 $\delta < d(A, B)/\sqrt{2}$ 的正方形网覆盖整个平面, 使得一点 $a \in A$ 位于一个正方形的中心. 记 Q_j 为所有与 B 不相交且包含于圆盘 $|z| < R + \sqrt{2}\delta$ 内的闭正方形. 令

$$\gamma' = \sum_j \partial Q_j,$$

则所有与 A 相交的正方形都被取到. 由于 a 只包含于一个正方形之中, $n(\gamma', a) = 1$.

任何与 A 相交的一条边恰好是与 A 相交的两个正方形的公共边. 因此存在链 γ' 的一个曲线形式和表示 γ, 使得 γ 与 A 不相交. 于是 $\gamma \subset \Omega$, $n(\gamma, a) = n(\gamma', a) = 1$. □

结合 Cauchy 定理的一般形式与定理 5.19, 我们有如下推论.

推论 5.8 如果 $f(z)$ 在一个单连通区域 Ω 上解析, 则对 Ω 的所有闭链 γ,

$$\int_\gamma f(z) \, \mathrm{d}z = 0.$$

作为上述推论的一个应用, 我们有如下结论.

推论 5.9 如果 $f(z)$ 在一个单连通区域 Ω 上解析且不为零, 则在 Ω 上可以定义 $\ln f(z)$ 和 $\sqrt[n]{f(z)}$ 的解析单值分支.

证明 由推论 5.8, 存在 Ω 上的解析函数 $F(z)$, 使得 $F'(z) = f'(z)/f(z)$. 考察函数 $f(z)\mathrm{e}^{-F(z)}$, 直接计算可知它的导数为零. 因此它是常数. 选取一点 $z_0 \in \Omega$, 得到

$$\mathrm{e}^{F(z) - F(z_0) + \ln f(z_0)} = f(z),$$

其中等式左边 $\ln f(z_0)$ 的选取是任意的. 这样 $F(z) - F(z_0) + \ln f(z_0)$ 就是 $\ln f(z)$ 的一个解析单值分支. $\sqrt[n]{f(z)}$ 的解析单值分支可以通过 $\ln f(z)$ 的解析单值分支定义. □

例 5.6 设区域 Ω 的一个余集分支包含 $-1, 1$. 证明 $\sqrt{z^2 - 1}$ 在 Ω 内可以定义解析单值分支.

证明 记 E 为 Ω 的包含 -1 和 1 的余集分支. 令 $D = \overline{\mathbb{C}} \setminus E$. 则 $D \supset \Omega$ 为单连通区域. 如果 $\infty \in E$, 则 $D \subset \mathbb{C}$. 由推论 5.9, $\sqrt{z^2 - 1}$ 在 D 内可以定义解析单值分支.

假设 $\infty \notin E$. 令 $A(z) = 1/(z - 1)$. 则 $A(D) \subset \mathbb{C}$ 为单连通区域, 且 $A(-1) = -1/2 \notin A(D)$. 令

$$g(w) = w^2(A^{-1}(w)^2 - 1) = 1 + 2w.$$

则 $g(w)$ 在 $A(D)$ 上解析, 且 $g(w) \neq 0$. 由推论 5.9, $\sqrt{g(w)}$ 在 $A(D)$ 内可以定义一个解析单值分支 $h(w)$. 令 $f(z) = (z-1)h \circ A(z)$. 则 $f(z)$ 在 D 上解析, 且

$$(f(z))^2 = (z-1)^2 g \circ A(z) = z^2 - 1.$$

即 $f(z)$ 是 $\sqrt{z^2-1}$ 在 D 内的一个解析单值分支.   □

5.4.4 多连通区域

利用定理 5.17 的证明中的构造, 可以证明如下结果.

定理 5.20   设 $\Omega \subset \mathbb{C}$ 是 $n\,(n < \infty)$ 连通区域, $A_1, A_2, \cdots, A_{n-1}$ 为 $\overline{\mathbb{C}} \setminus \Omega$ 的有界连通分支. 则存在 Ω 中 $n-1$ 个闭链 γ_i, 使得

$$n(\gamma_i, a) = \begin{cases} 1, & a \in A_i, \\ 0, & a \in A_j (j \neq i). \end{cases}$$

作为推论, Ω 的同调群 $H_1(\Omega)$ 同构于 $\mathbb{Z}^{n-1}$.

证明   记 A_n 为 $\overline{\mathbb{C}} \setminus \Omega$ 的无界连通分支. 任给 $1 \leqslant i \leqslant n-1$, 对 $j \neq i$, 存在与 A_i 不相交的折线 β_j 连接 A_j 与 A_n. 记

$$B = \bigcup_{j \neq i} (A_j \cup \beta_j) \cup A_r.$$

则 B 是与 A_i 不相交的闭集.

记 $d(A_i, B) > 0$ 为闭集 A_i 与 B 的距离. 用边长为 $\delta < d(A_i, B)/\sqrt{2}$ 的正方形网覆盖整个平面, 使得一点 $a_i \in A_i$ 位于一个正方形的中心. 记 Q_k 为所有与 B 不相交且包含于圆盘 $|z| < R + \sqrt{2}\delta$ 内的闭正方形. 令

$$\gamma_i' = \sum_k \partial Q_k.$$

则所有与 A_i 相交的正方形都被取到. 由于 a_i 只包含于一个正方形之中, $n(\gamma_i', a_i) = 1$.

存在链 γ_i' 的一个曲线形式和表示 γ_i, 使得 γ_i 与 A_i 不相交. 于是 $\gamma_i \subset \Omega$. 由于 B 是连通的,

$$n(\gamma_i, a) = \begin{cases} 1, & a \in A_i \\ 0, & a \in A_j (j \neq i). \end{cases}$$

任给 Ω 内的一个闭链 γ, 闭链

$$\gamma - n(\gamma, a_1)\gamma_1 - n(\gamma, a_2)\gamma_2 - \cdots - n(\gamma, a_{n-1})\gamma_{n-1}$$

相对于 Ω 同调于零. 因此同调群 $H_1(\Omega)$ 同构于 $\mathbb{Z}^{n-1}$.   □

推论 5.10 设 $f(z)$ 是平面区域 Ω 上的共形映射. 则 Ω 是 n 连通的 $(n < \infty)$, 当且仅当 $f(\Omega)$ 是 n 连通的.

证明 假设 Ω 是单连通的. 任给 $w_0 \notin f(\Omega)$, 以及 $f(\Omega)$ 中的任意闭链 β, 环绕数

$$n(\beta, w_0) = \frac{1}{2\pi i} \int_\beta \frac{dw}{w - w_0} = \frac{1}{2\pi i} \int_{f^{-1}(\beta)} \frac{f'(z)dz}{f(z) - w_0}.$$

由于 Ω 是单连通的, 而 $f(z) - w_0 \neq 0$, 应用 Cauchy 定理, $n(\beta, w_0) = 0$. 因此 $f(\Omega)$ 是单连通的. 反之亦然.

下面我们假设 Ω 是 $n(2 \leqslant n < \infty)$ 连通的. 则存在 Ω 中的闭链 $\gamma_1, \gamma_2, \cdots, \gamma_{n-1}$, 使得 Ω 中的任意闭链 γ 都同调于闭链 $\gamma_1, \gamma_2, \cdots, \gamma_{n-1}$ 的整系数线性组合.

对 $f(\Omega)$ 中的任意闭链 β, $f^{-1}(\beta)$ 是 Ω 中的闭链. 因此存在整数 $k_1, k_2, \cdots, k_{n-1}$, 使得

$$\alpha \overset{\text{def}}{=\!=} f^{-1}(\beta) - (k_1\gamma_1 + k_2\gamma_2 + \cdots + k_{n-1}\gamma_{n-1})$$

关于 Ω 同调于零.

任给 $w_0 \notin f(\Omega)$. 应用 Cauchy 定理,

$$\frac{1}{2\pi i} \int_\alpha \frac{f'(z)dz}{f(z) - w_0} = 0.$$

作变换 $z = f^{-1}(w)$ 得到

$$n(\alpha', w_0) = \frac{1}{2\pi i} \int_{\alpha'} \frac{dw}{w - w_0} = 0,$$

其中 $\alpha' = \beta - (k_1\beta_1 + k_2\beta_2 + \cdots + k_{n-1}\beta_{n-1})$, $\beta_i = f(\gamma_i)(i = 1, 2, \cdots, n-1)$.

因此闭链 α' 关于 $f(\Omega)$ 同调于零. 这说明 $f(\Omega)$ 中的任意闭链都同调于闭链 $\beta_1, \beta_2, \cdots, \beta_{n-1}$ 的整系数线性组合. 因此 $f(\Omega)$ 的连通数不大于 n.

同理可证 Ω 的连通数不大于 $f(\Omega)$ 的连通数. 因此 $f(\Omega)$ 是 n 连通的. □

设 $f(z)$ 是 Ω 上的解析函数. 微分 $f(z)dz$ 的**周期模**定义为

$$\omega_i = \int_{\gamma_i} f(z)\, dz.$$

任给 Ω 内的一个闭链 γ, 结合定理 5.17 与定理 5.20,

$$\int_\gamma f(z)\, dz = \sum_{i=1}^{n-1} n(\gamma_i, a_i) \int_{\gamma_i} f(z)\, dz = \sum_{i=1}^{n-1} n(\gamma_i, a_i)\omega_i.$$

上式说明微分 $f(z)dz$ 沿着任意闭链的积分都可以表示为它的周期模的整系数线性组合.

例 5.7 设 Ω 是平面二连通区域, 函数 $f(z)$ 在 Ω 上解析. 记 ω 为 $f(z)$ 的周期模. 则 $f(z)$ 在 Ω 内有原函数, 当且仅当 $\omega = 0$.

当 $\omega \neq 0$ 时, 取定基点 $z_0 \in \Omega$. 任给 $z \in \Omega$ 以及从 z_0 到 z 的一条曲线 σ_z, 令

$$F(z) = \exp\left(\frac{2\pi i}{\omega} \int_{\sigma_z} f(z)\,\mathrm{d}z\right).$$

它只依赖于点 z 而不依赖于曲线 σ_z 的选取. 因此 $F(z)$ 的定义是合理的. 在 Ω 内的任意开圆盘内, $F(z)$ 是解析函数, 且

$$\frac{F'(z)}{F(z)} = \frac{2\pi i}{\omega} f(z).$$

因此上式在整个 Ω 内成立.

5.4.5   局部恰当微分

区域 Ω 内的微分 $p\,\mathrm{d}x + q\,\mathrm{d}y$ 称为**局部恰当**的, 是指它在 Ω 内的每一点的一个邻域内都是全微分. 利用矩形上和圆盘内的 Cauchy 定理的证明方法可证下面的两个结论.

引理 5.4   区域 Ω 内的微分 $p\,\mathrm{d}x + q\,\mathrm{d}y$ 是局部恰当的, 当且仅当对任意闭矩形 $R \subset \Omega$,

$$\int_{\partial R} (p\,\mathrm{d}x + q\,\mathrm{d}y) = 0.$$

引理 5.5   区域 Ω 内的微分 $p\,\mathrm{d}x + q\,\mathrm{d}y$ 是局部恰当的, 当且仅当对任意开圆盘 $\Delta \subset \Omega$, $p\,\mathrm{d}x + q\,\mathrm{d}y$ 是 Δ 内的全微分.

显然, 如果 $f(z)$ 是 Ω 内的解析函数, 则 $f(z)\,\mathrm{d}z$ 是局部恰当的. 但是反过来, 局部恰当微分不一定可以写成这样的形式. 本节我们对局部恰当微分证明 Cauchy 定理.

定理 5.21   设 $p\,\mathrm{d}x + q\,\mathrm{d}y$ 是区域 Ω 内的局部恰当微分. 则对 Ω 内任意同调于零的闭链 γ,

$$\int_\gamma (p\,\mathrm{d}x + q\,\mathrm{d}y) = 0.$$

由于 Cauchy 积分公式不再成立, 定理 5.17 的证明在这里不适用. 代替用矩形填充区域, 这里我们将用折线逼近闭链.

证明   设 γ 到 Ω 的边界的距离为 $\delta > 0$. 我们可以将 γ 分解为子曲线 γ_i, 使得每个 γ_i 都包含于直径为 δ 的开圆盘 Δ_i 之中. 这些圆盘都包含于 Ω 内. 令 σ_i 是由一条水平线段和一条竖直线段组成的连接 γ_i 的两个端点的折线. 则 $\sigma_i \subset \Delta_i$. 由引理 5.4,

$$\int_{\sigma_i} (p\,\mathrm{d}x + q\,\mathrm{d}y) = \int_{\gamma_i} (p\,\mathrm{d}x + q\,\mathrm{d}y).$$

令 $\sigma = \sum \sigma_i$, 即得到

$$\int_\sigma (p\,\mathrm{d}x + q\,\mathrm{d}y) = \int_\gamma (p\,\mathrm{d}x + q\,\mathrm{d}y).$$

任给 $b \notin \Omega$, $\mathrm{d}z/(z-b)$ 在 Ω 内是局部恰当的. 因此

$$\int_\sigma \frac{\mathrm{d}z}{z-b} = \int_\gamma \frac{\mathrm{d}z}{z-b}.$$

由 γ 相对于 Ω 同调于零, 我们得到 σ 相对于 Ω 也同调于零.

将组成 σ 的所有线段延长至无穷 (图 5.9). 这些直线将平面分成矩形 R_i 和无界区域 R'_j. 我们可以把 R'_j 看成是无界的矩形.

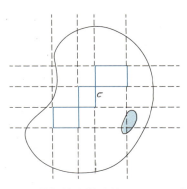

图 5.9 局部恰当微分的 Cauchy 定理

从每个 R_i 内取一点 a_i, 定义闭链

$$\sigma' = \sum_i n(\sigma, a_i) \partial R_i, \tag{5.7}$$

其中和式取遍所有矩形 R_i. 环绕数 $n(\sigma, a_i)$ 的定义也是合理的, 因为点 a_i 与 σ 不相交.

对应系数 $n(\sigma, a_i)$ 不为零的 R_i 一定包含于 Ω 内. 否则取一点 $b_i \in R_i$ 使得 $b_i \notin \Omega$, 因为 σ 相对于 Ω 同调于零, 有 $n(\sigma, b_i) = 0$. 另一方面线段 $[a_i, b_i]$ 与 σ 不相交, 因此 $n(\sigma, a_i) = n(\sigma, b_i) = 0$. 矛盾. 由局部恰当性,

$$\sum_i n(\sigma, a_i) \int_{\partial R_i} (p\,\mathrm{d}x + q\,\mathrm{d}y) = 0.$$

因此

$$\int_{\sigma'} (p\,\mathrm{d}x + q\,\mathrm{d}y) = 0.$$

下面我们只需证明 σ' 与 σ 代表同一个闭链. 对每个点 a_i, 由公式 (5.7),

$$n(\sigma', a_i) = n(\sigma, a_i).$$

在每个无界区域 R'_j 的内部取一点 a_j, 有

$$n(\sigma', c_j) = n(\sigma, a_j) = 0.$$

这样我们就证明对所有的 $a = a_i$ 和 $a = a_j$, 都有 $n(\sigma - \sigma', a) = 0$.

这一性质说明 σ 与 σ' 除相差一些彼此抵消的线段之外是相等的. 假设 σ_{ik} 是两个相邻的矩形 R_i 与 R_k 的公共边, 方向规定为 R_i 位于 σ_{ik} 的左边. 假定 $\sigma - \sigma'$ 经过简化后的表示包含因子 $c\sigma_{ik}$, 则闭链 $\sigma - \sigma' - c\partial R_i$ 不含 σ_{ik}. 由此可知 a_i 与 a_k 关于这个闭链有相同的环绕数. 另一方面, 这些环绕数分别为 $-c$ 与 0, 所以 $c = 0$. 同样的推导适合一个有界矩形与一个无界矩形的情形. 这样每个有界矩形的每一条边都以零系数出现于 $\sigma - \sigma'$ 中. 所以 σ' 与 σ 代表同一个闭链. $\square$

习题五

1. 设 γ 是从 0 到 $1+\mathrm{i}$ 的线段, 计算 $\displaystyle\int_\gamma x\,\mathrm{d}z$.

2. 计算:

(a) $\displaystyle\int_{|z|=r} x\,\mathrm{d}z$;   (b) $\displaystyle\int_{|z|=2}\frac{\mathrm{d}z}{z^2-1}$;   (c) $\displaystyle\int_{|z|=1}|z-1|\cdot|\,\mathrm{d}z|$.

3. 设 $P(z)$ 是多项式. C 为圆周 $|z-a|=R$. 计算

$$\int_C P(z)\,\mathrm{d}\bar{z}.$$

4. 计算:

(a) $\displaystyle\int_{|z|=2}\frac{\mathrm{d}z}{z^2+1}$;   (b) $\displaystyle\int_{|z|=\rho}\frac{|\,\mathrm{d}z|}{|z-a|^2}\ (|a|\neq\rho)$;

(c) $\displaystyle\int_{|z|=1}\frac{\mathrm{e}^z}{z^n}\,\mathrm{d}z$;   (d) $\displaystyle\int_{|z|=2}z^n(1-z)^m\,\mathrm{d}z$.

(提示: 利用 $z\bar{z}=\rho^2$ 以及 $|\,\mathrm{d}z|=-\mathrm{i}\rho\,\mathrm{d}z/z$.)

5. 设 Ω 是一个平面区域. 设 $\phi(z,t)$ 作为两个变量的函数对 $z\in\Omega$ 和 $t\in[a,b]$ 连续, 且对固定的 t 在 Ω 内解析. 试证 $F(z)=\displaystyle\int_a^b \phi(z,t)\,\mathrm{d}t$ 解析, 且

$$F'(z)=\int_a^b \frac{\partial\phi(z,t)}{\partial z}\,\mathrm{d}t.$$

(提示: 将 $\phi(z,t)$ 表示为 Cauchy 积分.)

6. 设 $f(z)$ 在包含闭圆盘 $|z|\leqslant R$ 的一个区域上解析, 且对 $|z|\leqslant R$, 有 $|f(z)|\leqslant M$. 求 $|f^{(n)}(z)|$ 在闭圆盘 $|z|\leqslant\rho<R$ 中的上界.

7. 设 $f(z)$ 在单位圆盘解析, 且 $|f(z)|\leqslant 1/(1-|z|)$. 求 $|f^{(n)}(0)|$ 的最优估计.

8. 证明一个解析函数在一点的逐阶导数不能满足不等式 $|f^{(n)}(z)|>n!\cdot n^n$.

9. 试证解析函数 $f(z)$ 的一个孤立奇点是可去奇点, 如果 $\mathrm{Re}\,f(z)$ 或者 $\mathrm{Im}\,f(z)$ 有上界或者下界.

10. 设 Ω 是平面上以抛物线 $y^2=4(1-x)$ 为边界且包含原点的区域. 求将 Ω 映为单位圆盘的共形映射.

11. 设 $P(z)$ 为 n 次多项式, 且当 $|z| \leqslant 1$ 时, $|P(z)| \leqslant M$. 证明对 $R > 1$, 当 $|z| \leqslant R$ 时, $|P(z)| \leqslant MR^n$.

12. 设 $g(z)$ 是非常数解析函数, $f(z)$ 是一个函数, 且 $f \circ g$ 解析. 试证 f 解析.

13. 试证全平面上的解析函数如果以 ∞ 为极点, 则一定是多项式.

14. 试证全平面上的解析函数 $f(z)$ 如果满足 $|f(z)| \leqslant M|z|^n$, 其中 $M > 0$ 为常数, 则 $f(z)$ 是次数不超过 n 的多项式.

15. 试证扩充复平面上的亚纯函数一定是有理函数.

16. 试证 e^z, $\sin z$ 以及 $\cos z$ 以 ∞ 为本性奇点.

17. 试证解析函数 $f(z)$ 的孤立奇点不是 $\mathrm{e}^{f(z)}$ 的极点.

18. 设 $f(z)$ 是全平面上的亚纯函数. 如果对任意点 $w \in \overline{\mathbb{C}}$, $f^{-1}(w)$ 最多包含 n 个点, 试证 $f(z)$ 是次数不超过 n 的有理函数.

19. 如果 $f(z)$ 在原点解析, 且 $f'(0) \neq 0$, 证明存在解析函数 $g(z)$, 使得在原点的一个邻域内, $f(z^n) = f(0) + g(z)^n$.

20. 设 $f(z)$ 是单位圆盘内的解析函数, 满足 $|f(z)| < 1$. 证明:

$$\frac{|f'(z)|}{1 - |f(z)|^2} \leqslant \frac{1}{1 - |z|^2}.$$

等号在一点成立, 当且仅当 $f(z)$ 是分式线性变换.

21. 设 $f(z)$ 是上半平面内的解析函数, 满足 $\operatorname{Im} f(z) > 0$. 证明:

$$\frac{|f(z) - f(z_0)|}{|f(z) - \overline{f(z)}|} \leqslant \frac{|z - z_0|}{|z - \bar{z}_0|}, \quad \frac{|f'(z)|}{\operatorname{Im} f(z)} \leqslant \frac{1}{\operatorname{Im} z}.$$

等号在一点成立, 当且仅当 $f(z)$ 是分式线性变换.

第六章

留数计算

5.4 节的结果表明, 解析函数沿着闭曲线的积分可以通过它的周期模以及环绕数来确定. 这样积分计算将得以简化. 特别是对区域内除去孤立奇点之外解析的函数, 线积分的计算可以通过考察函数在孤立奇点处的局部性质来确定.

6.1   留数定理

设解析函数 $f(z)$ 以 $a \in \mathbb{C}$ 为孤立奇点, 即存在 $\rho > 0$, 使得 $f(z)$ 在空心圆盘 $0 < |z - a| < \rho$ 上解析. 记 C_r 为圆周 $|z - a| = r$. 则对 $0 < r_1 < r_2 < \rho$, 闭链 $C_{r_1} - C_{r_2}$ 相对于这个空心圆盘同调于零. 因此对 $r \in (0, \rho)$, 积分

$$\frac{1}{2\pi i} \int_{C_r} f(z) \, dz$$

是常数, 称为 $f(z)$ 在孤立奇点 a 处的**留数**, 记为 $\underset{z=a}{\text{Res}} f(z)$.

显然 $f(z)$ 在孤立奇点 a 的留数等于 R, 当且仅当 $f(z) - R/(z - a)$ 在空心圆盘 $0 < |z - a| < \rho$ 内有原函数.

在极点情形, 留数可以用极点主部的系数表示. 设 $f(z)$ 在极点 a 处有局部展开式

$$f(z) = \frac{B_k}{(z - a)^k} + \frac{B_{k-1}}{(z - a)^{k-1}} + \cdots + \frac{B_1}{z - a} + \varphi(z),$$

其中 $\varphi(z)$ 在 a 的一个邻域内解析. 则 $\underset{z=a}{\text{Res}} f(z) = B_1$. 当 $k = 1$ 时,

$$\underset{z=a}{\text{Res}} f(z) = \lim_{z \to a} (z - a) f(z).$$

例 6.1   考察函数 $f(z) = \dfrac{e^z}{(z-a)(z-b)}$ 在极点的留数.

解   当 $a \neq b$ 时, $f(z)$ 有两个极点, 留数分别为

$$\underset{z=a}{\text{Res}} f(z) = \lim_{z \to a} (z - a) f(z) = \frac{e^a}{a - b}, \quad \underset{z=b}{\text{Res}} f(z) = \frac{e^b}{b - a}.$$

当 $a = b$ 时, 由 Taylor 定理,

$$e^z = e^a + e^a(z - a) + f_2(z)(z - a)^2.$$

因此 $e^z/(z - a)^2$ 在 $z = a$ 点的留数为 e^a.   □

定理 6.1（留数定理）   设 $f(z)$ 在区域 Ω 内除去孤立奇点 $\{a_i\}$ 之外解析. 则对 Ω 内同调于零且不通过奇点的任意闭链 γ,

$$\frac{1}{2\pi i} \int_{\gamma} f(z) \, dz = \sum_i n(\gamma, a_i) \underset{z=a_i}{\text{Res}} f(z).$$

证明 我们首先证明, 只有有限个极点 $\{a_i\}$ 满足 $n(\gamma, a_i) \neq 0$. 否则就有在 $\overline{\mathbb{C}}$ 中收敛的子序列 $\{a_{i_k}\}$, 使得 $n(\gamma, a_{i_k}) \neq 0$. 记 a 为这个子序列的极限点, 则 $a \in \partial\Omega$. 因此 $n(\gamma, a) = 0$. 存在以 a 点为圆心的一个小圆盘 Δ 与 γ 不相交, 因此对 $z \in \Delta$, $n(\gamma, z) = 0$. 这说明当 i_k 充分大时, $n(\gamma, a_{i_k}) = 0$. 矛盾.

记 $a_1, a_2, \cdots, a_k$ 为 $f(z)$ 的满足 $n(\gamma, a_i) \neq 0$ 的所有奇点. 令 $C_i \subset \Omega \setminus \gamma$ 为以 a_i 为圆心的圆周, 使得 C_i 及其内部包含于 Ω 内, 且不包含除 a_i 之外的其他奇点. 则

$$\gamma - n(\gamma, a_1)C_1 - n(\gamma, a_2)C_2 - \cdots - n(\gamma, a_k)C_k$$

关于 Ω 除去所有奇点同调于零. 由定理 5.17,

$$\frac{1}{2\pi \mathrm{i}} \int_\gamma f(z)\,\mathrm{d}z = \sum_i n(\gamma, a_i) \frac{1}{2\pi \mathrm{i}} \int_{C_i} f(z)\,\mathrm{d}z = \sum_i n(\gamma, a_i) \operatorname*{Res}_{z=a_i} f(z). \qquad \square$$

留数定理通常应用于以下情形. 设 $f(z)$ 在区域 Ω_0 上除去孤立奇点 $\{a_i\}$ 之外解析. 设区域 Ω 的闭包包含于 Ω_0 内, 其边界由 n 条互不相交且不过奇点的 Jordan 曲线 $\gamma_1, \gamma_2, \cdots, \gamma_n$ 组成, 且对 Ω 内的任意点 a, $\sum\limits_i n(\gamma_i, a) = 1$; 而对 Ω 外部的任意点 b, $\sum\limits_i n(\gamma_i, b) = 0$. 因此 $\partial\Omega = \sum\limits_i \gamma_i$ 相对于 Ω_0 同调于零. 由定理 6.1,

$$\frac{1}{2\pi \mathrm{i}} \int_{\partial\Omega} f(z)\,\mathrm{d}z = \sum_i \operatorname*{Res}_{z=a_i} f(z).$$

如果 $f(z)$ 在 Ω 内没有奇点, 应用定理 5.18, 对 $z \in \Omega$,

$$f(z) = \frac{1}{2\pi \mathrm{i}} \int_{\partial\Omega} \frac{f(\zeta)\,\mathrm{d}\zeta}{\zeta - z}.$$

例 6.2 设区域 Ω 的一个余集分支包含 $1, -1$, γ 是 Ω 内的一条闭链. 求积分

$$\int_\gamma \frac{\mathrm{d}z}{\sqrt{z^2 - 1}}.$$

解 在例 5.6 中, 我们已经证明 $\sqrt{z^2 - 1}$ 在 Ω 内可以定义解析单值分支. 记 E 为 Ω 的包含 $1, -1$ 的余集分支. 令 $D = \overline{\mathbb{C}} \setminus E$. 则 $D \supset \Omega$ 为单连通区域. 如果 $\infty \in E$, 则 $D \subset \mathbb{C}$. 由推论 5.8, 所求积分为零.

如果 $\infty \in D$, 则 $D \setminus \{\infty\}$ 是二连通区域. 当 $R > 0$ 足够大时, 圆周 $C_R = \{|z| = R\}$ 包含于 $D \setminus \{\infty\}$. 作坐标变换 $\zeta = 1/z$, 于是

$$\int_{C_R} \frac{\mathrm{d}z}{\sqrt{z^2 - 1}} = \int_{|\zeta| = 1/R} \frac{\mathrm{d}\zeta}{\zeta\sqrt{1 - \zeta^2}}.$$

等式右边的被积函数以原点为单极点, 留数等于 ± 1. 因此积分值为 $\pm 2\pi \mathrm{i}$, 其中正负号的选取依赖于 $\sqrt{z^2 - 1}$ 的解析单值分支的选取. 由于 $\gamma - n(\gamma, 1)C_R$ 相对于 $D \setminus \{\infty\}$ 同

调于零. 因此

$$\int_\gamma \frac{\mathrm{d}z}{\sqrt{z^2-1}} = \pm n(\gamma,1)2\pi\mathrm{i}.\qquad\square$$

设点 a 是解析函数 $f(z)$ 的一个孤立奇点. 设 $h(z)$ 在原点的一个邻域内解析, $h(0) = a$ 且 $h'(0) \neq 0$. 则 $f \circ h(\zeta)$ 以原点为孤立奇点. 由积分的变量替换得到

$$\mathop{\mathrm{Res}}_{z=a} f(z) = \mathop{\mathrm{Res}}_{\zeta=0} f \circ h(\zeta)h'(\zeta).$$

这个事实说明留数应作为微分 $f(z)\,\mathrm{d}z$ 的一个局部特征.

设解析函数 $f(z)$ 以 ∞ 为孤立奇点, 即存在 $\rho > 0$, 使得 $f(z)$ 在 $|z| > \rho$ 上解析. 则微分 $f(z)\,\mathrm{d}z$ 在 ∞ 点的留数定义为

$$\mathop{\mathrm{Res}}_{z=\infty} f(z)\,\mathrm{d}z = -\frac{1}{2\pi\mathrm{i}} \int_{|z|=R} f(z)\,\mathrm{d}z,\ R > \rho.$$

根据以上定义, 得到留数定理的一个直接推论.

推论 6.1   设 $R(z)$ 是有理函数. 则微分 $R(z)\,\mathrm{d}z$ 在所有奇点的留数之和为零.

如果 ∞ 不是 $f(z)$ 的本性奇点, 作坐标变换 $\zeta = 1/z$, 则 $f(1/\zeta)$ 在 $|\zeta| < 1/\rho$ 内有展开式

$$f(1/\zeta) = \frac{a_{-k}}{\zeta^k} + \cdots + \frac{a_{-1}}{\zeta} + a_0 + a_1\zeta + \zeta^2 h(\zeta),$$

其中 $h(\zeta)$ 在 $|\zeta| < 1/\rho$ 上解析. 于是

$$\mathop{\mathrm{Res}}_{z=\infty} f(z)\,\mathrm{d}z = -\frac{1}{2\pi\mathrm{i}} \int_{|\zeta|=1/r} \frac{f(1/\zeta)}{\zeta^2}\,\mathrm{d}\zeta = -a_1,\quad r > \rho.$$

6.2   辐角原理

在定理 5.13 中, 我们利用 Cauchy 积分公式来确定圆盘内解析函数的零点个数. 这里我们将这个定理推广到亚纯函数情形.

定理 6.2 (辐角原理)   设 $f(z)$ 是区域 Ω 上的亚纯函数. 记 $\{a_i\}$ 与 $\{b_j\}$ 分别为 $f(z)$ 的零点和极点, 其阶分别为 k_i 与 k_j. 则对 Ω 内同调于零且不通过零点和极点的任意闭链 γ,

$$\frac{1}{2\pi\mathrm{i}} \int_\gamma \frac{f'(z)}{f(z)}\,\mathrm{d}z = \sum_i n(\gamma,a_i)k_i - \sum_j n(\gamma,b_j)k_j.$$

证明   由 Taylor 定理, $f(z)$ 在 k_i 阶零点 a_i 处具有表示 $f(z) = (z-a_i)^{k_i}h(z)$, 其中 $h(a_i) \neq 0$. 因此

$$\frac{f'(z)}{f(z)} = \frac{k_i}{z-a_i} + \frac{h'(z)}{h(z)}.$$

所以 $f'(z)/f(z)$ 以 a_i 为单极点, 留数为 k_i. 另一方面, $f(z)$ 在 k_j 阶极点 b_j 处具有表示 $f(z) = h(z)/(z-b_j)^{k_j}$, 其中 $h(b_j) \neq 0$. 因此

$$\frac{f'(z)}{f(z)} = -\frac{k_j}{z-b_j} + \frac{h'(z)}{h(z)}.$$

所以 $f'(z)/f(z)$ 以 b_j 为单极点, 留数为 $-k_j$. 应用留数定理立即得到定理的证明. □

推论 6.2 (Rouché (鲁歇) 定理) 设 $f(z)$ 与 $g(z)$ 是区域 Ω 上的解析函数. 设 γ 是 Ω 内同调于零的闭链, 且对不在 γ 上的点 z, $n(\gamma,z)=1$ 或者 0. 如果在 γ 上不等式 $|f(z)-g(z)| < |f(z)|$ 成立, 则在 γ 的满足 $n(\gamma,z)=1$ 的余集分支内, $f(z)$ 与 $g(z)$ 有相同的零点个数 (计重数).

证明 在 γ 上 $|f(z)-g(z)| < |f(z)|$, 因此在 γ 上 $f(z)$ 与 $g(z)$ 没有零点, 且

$$\left|\frac{g(z)}{f(z)} - 1\right| < 1.$$

这个不等式说明 $F(z) = g(z)/f(z)$ 在 γ 上的值包含于以 1 为圆心、以 1 为半径的开圆盘内. 于是 $n(F(\gamma),0)=0$. 对 $F(z)$ 应用定理 6.2, 等式左边为

$$\frac{1}{2\pi\mathrm{i}} \int_\gamma \frac{F'(z)}{F(z)} \mathrm{d}z = \frac{1}{2\pi\mathrm{i}} \int_{F(\gamma)} \frac{\mathrm{d}w}{w} = n(F(\gamma),0) = 0.$$

而右边为满足 $n(\gamma,z)=1$ 的 γ 的余集分支内, $f(z)$ 与 $g(z)$ 的零点个数的差. 推论得证. □

以下是 Rouché 定理的一个典型应用: 设 $f(z)$ 在包含闭圆盘 $|z| \leqslant R$ 的一个区域上解析. 如果存在多项式 $P(z)$, 使得在圆周 $|z|=R$ 上 $|f(z)-P(z)| < |P(z)|$, 则在圆盘 $|z| < R$ 内, $f(z)$ 与 $P(z)$ 有相同的零点个数.

辐角原理可以作如下推广: 设 $f(z)$ 和 $g(z)$ 是 Ω 上的两个解析函数. 对 $F(z) = g(z)f'(z)/f(z)$ 应用留数定理, 则对 Ω 内同调于零且不通过 $f(z)$ 的零点的任意闭链 γ,

$$\frac{1}{2\pi\mathrm{i}} \int_\gamma g(z)\frac{f'(z)}{f(z)} \mathrm{d}z = \sum_i n(\gamma,a_i)k_i g(a_i),$$

其中 a_i 为 $f(z)$ 的 k_i 阶零点.

假设 $f(z)$ 是 Ω 上的共形映射. 任给 $w \in f(\Omega)$, 对 $zf'(z)/(f(z)-w)$ 应用上述公式得到

$$n(\gamma,f^{-1}(w))f^{-1}(w) = \frac{1}{2\pi\mathrm{i}} \int_\gamma \frac{zf'(z)}{f(z)-w} \mathrm{d}z.$$

通过选取合适的闭链 γ, 上述公式给出了 $f(z)$ 的反函数的表达式.

这个公式也可以通过对 $f^{-1}(w)$ 应用 Cauchy 积分公式得到.

6.3   定积分计算

留数定理为定积分计算提供了一个非常有效的工具. 这一方法在不定积分不能明显表达时尤其重要. 这里要注意的是留数定理只适用于积分曲线为闭曲线的情形. 因此对定积分计算, 我们必须将问题转化为闭曲线上的积分. 下面我们以典型例子来介绍这些方法.

(a) 具有如下形式的积分:

$$\int_0^{2\pi} R(\cos\theta,\,\sin\theta)\,\mathrm{d}\theta,$$

其中 R 为两个变量的有理函数.

作变换 $z = \mathrm{e}^{\mathrm{i}\theta}$ 就可以将积分化为如下积分:

$$-\mathrm{i}\int_{|z|=1} R\left[\frac{1}{2}\left(z+\frac{1}{z}\right),\,\frac{1}{2\mathrm{i}}\left(z-\frac{1}{z}\right)\right]\frac{\mathrm{d}z}{z}.$$

现在只需确定被积函数在单位圆周内极点的留数即可.

例 6.3   计算

$$\int_0^\pi \frac{\mathrm{d}\theta}{a+\cos\theta},\quad a>1.$$

解   由于 $\cos\theta = \cos(2\pi-\theta)$, 区间 $(0,\pi)$ 上的积分为区间 $(0,2\pi)$ 上的积分的一半. 因此所给积分等于

$$-\mathrm{i}\int_{|z|=1} \frac{\mathrm{d}z}{z^2+2az+1}.$$

被积函数在单位圆周内只有一个极点 $-a+\sqrt{a^2-1}$, 留数为 $1/(2\sqrt{a^2-1})$. 所以积分值为 $\pi/\sqrt{a^2-1}$.   □

(b) 具有如下形式的积分:

$$\int_{-\infty}^{+\infty} R(x)\,\mathrm{d}x,$$

其中 R 为有理函数. 为使得积分收敛, $R(x)$ 分母的次数减去分子的次数必至少为 2, 且在实轴上没有极点.

考虑解析函数 $R(z)$ 沿着由线段 $[-\rho,\rho]$ 以及上半平面中连接 ρ 与 $-\rho$ 的半圆周组成的闭曲线的积分. 当 ρ 足够大时, 积分曲线所围区域将包含上半平面中的所有极点. 因此对应积分值为 $2\pi\mathrm{i}$ 与留数之和的乘积. 由于 $R(z)$ 分母的次数减去分子的次数至少为 2, 当 $\rho\to\infty$ 时, 沿着半圆周的积分趋于零. 因此所求的积分值为 $2\pi\mathrm{i}$ 与上半平面中极点的留数之和的乘积.

(c) 具有如下形式的积分:

$$\int_{-\infty}^{+\infty} R(x)\mathrm{e}^{\mathrm{i}x}\,\mathrm{d}x = \int_{-\infty}^{+\infty} R(x)\cos x\,\mathrm{d}x + \mathrm{i}\int_{-\infty}^{+\infty} R(x)\sin x\,\mathrm{d}x. \tag{6.1}$$

(c1) 有理函数 $R(x)$ 的分母的次数减去分子的次数至少为 2, 且在实轴上没有极点.
由于在上半平面, $|\mathrm{e}^{\mathrm{i}z}| = \mathrm{e}^{-y} < 1$, 对如上积分曲线, 沿着半圆周的积分仍然趋于零.
因此

$$\int_{-\infty}^{+\infty} R(x)\mathrm{e}^{\mathrm{i}x}\,\mathrm{d}x = 2\pi\mathrm{i}\sum_{y>0}\operatorname{Res}\left[R(z)\mathrm{e}^{\mathrm{i}z}\right]. \tag{6.2}$$

(c2) 如果 $R(z)$ 分母的次数减去分子的次数为 1, 则 ∞ 是 $R(z)$ 的单零点. 这时等式 (6.2) 仍然成立.

为证明这个结果, 我们需要选择另外的积分曲线. 考虑以 $X_2, X_2+\mathrm{i}Y, -X_1+\mathrm{i}Y, -X_1$ 为顶点的矩形. 只要 $X_1, X_2, Y > 0$ 足够大, 这个矩形的内部将包含上半平面内的所有极点. 由于 $R(z)$ 分母的次数减去分子的次数为 1, 在矩形的边界上 $|zR(z)|$ 是有界的. 因此沿着右边垂直边的积分除相差一个常数因子外, 将小于

$$\int_0^Y \mathrm{e}^{-y}\frac{\mathrm{d}y}{|z|} < \frac{1}{X_2}\int_0^Y \mathrm{e}^{-y}\,\mathrm{d}y < \frac{1}{X_2}.$$

同理, 沿着左边垂直边的积分除相差一个常数因子外, 将小于 $1/X_1$. 沿着上面水平边的积分显然小于 $\mathrm{e}^{-Y}(X_1 + X_2)/Y$ 乘一个常数. 对固定的 X_1 与 X_2, 当 $Y \to \infty$ 时它将趋于零. 因此存在常数 $A > 0$, 使得

$$\left|\int_{-X_1}^{X_2} R(x)\mathrm{e}^{\mathrm{i}x}\,\mathrm{d}x - 2\pi\mathrm{i}\sum_{y>0}\operatorname{Res}\left[R(z)\mathrm{e}^{\mathrm{i}z}\right]\right| < A\left(\frac{1}{X_1} + \frac{1}{X_2}\right).$$

令 $X_1, X_2 \to \infty$ 即得到公式 (6.2).

(c3) 如果 $R(z)$ 在实轴上只有单极点, 且这些单极点都是 $\cos z$ 的零点, 则积分 (6.1) 中的实部仍然是收敛的. 同理如果 $R(z)$ 在实轴上只有单极点, 且这些单极点都是 $\sin z$ 的零点, 则积分 (6.1) 中的虚部仍然是收敛的.

比如我们假设 $R(z)$ 在实轴上只以 $z = 0$ 为单极点. 则积分 (6.1) 中的虚部是收敛的. 为计算这一积分, 积分曲线应该避开原点. 我们可以用下半平面内介于 $-\delta, \delta$ 之间的半圆周来代替原来的积分区间 $[-\delta, \delta]$. 只要 δ 足够小, 积分曲线所围的区域将只包含上半平面的所有极点以及原点 (图 6.1).

记极点 $z = 0$ 处的留数为 B. 令 $R_0(z) = R(z)\mathrm{e}^{\mathrm{i}z} - B/z$. 则 $R_0(z)$ 在原点解析. 函数 B/z 沿着小半圆周的积分为 $\pi\mathrm{i}B$. 而当 $\delta \to 0$ 时, $R_0(z)$ 沿着小半圆周的积分趋于零. 因此

$$\lim_{\delta \to 0}\left(\int_{-\infty}^{-\delta} R(x)\mathrm{e}^{\mathrm{i}x}\,\mathrm{d}x + \int_{\delta}^{+\infty} R(x)\mathrm{e}^{\mathrm{i}x}\,\mathrm{d}x\right) = 2\pi\mathrm{i}\left\{\sum_{y>0}\operatorname{Res}\left[R(z)\mathrm{e}^{\mathrm{i}z}\right] + \frac{1}{2}B\right\}.$$

等式左边的极限称为积分 $\displaystyle\int_{-\infty}^{+\infty} R(x)\mathrm{e}^{\mathrm{i}x}\,\mathrm{d}x$ 的 **Cauchy 主值**, 记为 pr.v. 由于积分 (6.1) 中的虚部是收敛的, 它的值等于上式右边的虚部.

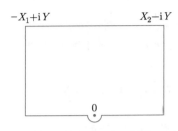

图 6.1   Cauchy 主值

例 6.4   作为最简单的例子,

$$\text{pr.v.} \int_{-\infty}^{+\infty} \frac{\mathrm{e}^{\mathrm{i}x}}{x}\,\mathrm{d}x = \pi\mathrm{i}.$$

被积函数的虚部 $\sin x/x$ 是偶函数, 因此

$$\int_{0}^{+\infty} \frac{\sin x}{x}\,\mathrm{d}x = \frac{\pi}{2}.$$

(c4) 包含因子 $\cos^n x$ 或者 $\sin^n x$ 的积分也可以用同样方法计算.

这些因子可以写成 $\cos(mx)$ 以及 $\sin(mx)$ 的线性组合, 对应的积分可以通过变量替换化为如下形式:

$$\int_{-\infty}^{+\infty} R(x)\mathrm{e}^{\mathrm{i}mx}\,\mathrm{d}x = \frac{1}{m}\int_{-\infty}^{+\infty} R\left(\frac{x}{m}\right)\mathrm{e}^{\mathrm{i}x}\,\mathrm{d}x.$$

(d) 具有如下形式的积分:

$$\int_{0}^{+\infty} x^{\alpha}R(x)\,\mathrm{d}x,$$

其中指数 $\alpha \in (0,1)$ 为实数. 为保证积分收敛, 有理函数 $R(x)$ 的分母的次数减去分子的次数至少为 2, 原点最多为单极点, 且在正实轴上没有极点.

注意 $z^{\alpha}R(z)$ 在全平面没有定义. 为方便积分曲线的选取, 先作积分变换 $x = t^2$, 则积分化为

$$2\int_{0}^{+\infty} t^{2\alpha+1}R(t^2)\,\mathrm{d}t.$$

幂函数 $z^{2\alpha}$ 在平面除去负虚轴有单值分支. 选取单值分支为

$$(r\mathrm{e}^{\mathrm{i}\theta})^{2\alpha} = r^{2\alpha}\mathrm{e}^{2\alpha\mathrm{i}\theta}, \quad -\pi/2 < \theta < 3\pi/2.$$

选取积分曲线由下面的曲线组成: 上半平面内以原点为圆心的一个大半圆周和一个小半圆周, 以及正实轴和负实轴上连接两个半圆周的两条线段 (图 6.2(a)). 容易证明沿着半

圆周的积分趋于零. 应用留数定理得到

$$\int_{-\infty}^{+\infty} z^{2\alpha+1} R(z^2)\,\mathrm{d}z = 2\pi\mathrm{i} \sum_{y>0} \mathrm{Res}\left[z^{2\alpha+1} R(z^2)\right].$$

根据幂函数 $z^{2\alpha}$ 的单值分支的选取, 在正实轴上 $z^{2\alpha} = |z|^{2\alpha}$, 而在负实轴上 $z^{2\alpha} = |z|^{2\alpha}\mathrm{e}^{2\alpha\pi\mathrm{i}}$. 因此积分化为

$$\int_{-\infty}^{+\infty} z^{2\alpha+1} R(z^2)\,\mathrm{d}z = (1 - \mathrm{e}^{2\alpha\pi\mathrm{i}}) \int_0^{+\infty} t^{2\alpha+1} R(t^2)\,\mathrm{d}t.$$

注意到 $1 - \mathrm{e}^{2\alpha\pi\mathrm{i}} \neq 0$, 结合上面两个等式就得到了所求积分的值.

在实际计算中, 我们也可以不作变量替换, 直接求函数 $z^\alpha R(z)$ 沿着图 6.2(b) 所示曲线上的积分. 在上面的线段积分为 $\displaystyle\int_0^{+\infty} x^\alpha R(x)\,\mathrm{d}x$, 在下面的线段积分为 $-\displaystyle\int_0^{+\infty} x^\alpha \mathrm{e}^{2\pi\mathrm{i}\alpha} R(x)\,\mathrm{d}x$. 因此

$$\int_0^{+\infty} x^\alpha R(x)\,\mathrm{d}x = \frac{2\pi\mathrm{i}}{1 - \mathrm{e}^{2\pi\mathrm{i}\alpha}} \sum_{y>0} \mathrm{Res}\left[z^\alpha R(z)\right].$$

注意到积分曲线不满足留数定理, 上述计算的合理性就需要验证. 这里我们只需验证 $2z^{2\alpha+1} R(z^2)$ 在上半平面的留数之和与 $z^\alpha R(z)$ 在全平面除去正实轴的留数之和相等.

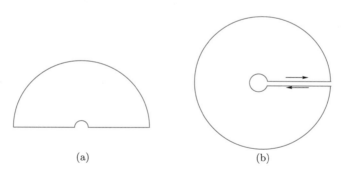

$$(a) \qquad\qquad\qquad (b)$$

图 6.2 带有幂函数的积分

(e) 具有如下形式的积分:

$$\int_0^{+\infty} R(x) \ln x\,\mathrm{d}x.$$

其中有理函数 $R(x)$ 是偶函数, 其分母的次数减去分子的次数至少为 2, 且在实轴上没有极点.

考虑函数 $f(z) = R(z) \ln z$ 在图 6.2(a) 所示曲线 C 上的积分. 当大圆周半径趋于无穷, 小圆周半径趋于零时, 在两个半圆周上的积分趋于零. 在右边的线段上 $f(z) = R(x) \ln x$. 在左边的线段上 $f(z) = R(x)(\ln x + \pi\mathrm{i})$. 因此

$$2\pi\mathrm{i}\sum_{y>0}\operatorname{Res}f(z) = \int_C f(z)\mathrm{d}z$$

$$= \int_0^{+\infty} R(x)[\ln x + (\ln x + \pi\mathrm{i})]\mathrm{d}x$$

$$= 2\int_0^{+\infty} R(x)\ln x\,\mathrm{d}x - \pi^2\sum_{y>0}\operatorname{Res}R(z).$$

最后得到

$$\int_0^{+\infty} R(x)\ln x\,\mathrm{d}x = \pi\mathrm{i}\sum_{y>0}\operatorname{Res}f(z) + \frac{\pi^2}{2}\sum_{y>0}\operatorname{Res}R(z).$$

(f) 最后我们计算一个特殊的积分

$$\int_0^\pi \ln(\sin\theta)\,\mathrm{d}\theta.$$

由 $\sin z = (1 - \mathrm{e}^{2\mathrm{i}z})/(-2\mathrm{i}\mathrm{e}^{\mathrm{i}z})$, 得到

$$\ln(-2\mathrm{i}\mathrm{e}^{\mathrm{i}z}\sin z) = \ln(1 - \mathrm{e}^{2\mathrm{i}z}). \tag{6.3}$$

我们首先考察 $1 - \mathrm{e}^{2\mathrm{i}z}$ 的单值分支的选取. 这个函数将半带域 $\{z : y > 0, 0 < x < \pi\}$ 共形映射为开圆盘 $|z - 1| < 1$ 除去线段 $[0, 1]$ (图 6.3). 它的像域与负实轴不相交, 因此其上可以定义 $\ln w$ 的单值分支, 使得 $\ln w$ 的虚部介于 $-\pi$ 与 π 之间.

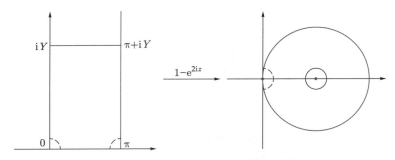

图 6.3　半带域在函数 $1 - \mathrm{e}^{2\mathrm{i}z}$ 下的像

考虑半带域中的矩形, 其顶点为 $0, \pi, \pi + \mathrm{i}Y, \mathrm{i}Y$. 考察函数 $\ln(1 - \mathrm{e}^{2\mathrm{i}z})$ 在这个矩形边界的积分. 由于函数在顶点 $0, \pi$ 处不解析, 我们需要在这两点处用半径为 δ 的 1/4 圆周来代替直角. 当 $\delta \to 0$ 时, 在小圆周上 $|1 - \mathrm{e}^{2\mathrm{i}z}|/|z|$ 是有界的. 因此在小圆周上 $\ln(1 - \mathrm{e}^{2\mathrm{i}z})$ 的积分趋于零. 在矩形的两个竖直线上积分相互抵消, 当 $Y \to \infty$ 时, 在上面的边上函数值趋于零. 由于函数在半带域没有极点, 我们得到

$$\int_0^\pi \ln(1 - \mathrm{e}^{2\mathrm{i}x})\,\mathrm{d}x = 0.$$

结合等式 (6.3), 得到

$$\int_0^\pi \ln(-2\mathrm{i}e^{\mathrm{i}x}\sin x)\,\mathrm{d}x = 0.$$

注意对数函数值的虚部位于 $(-\pi,\pi)$. 如果取 $\ln(e^{\mathrm{i}x}) = \mathrm{i}x$, 它的虚部位于 $(0,\pi)$. 因此 $\ln(-\mathrm{i})$ 应取值 $-\pi\mathrm{i}/2$. 于是

$$\ln(-2\mathrm{i}e^{\mathrm{i}x}\sin x) = \ln 2 - \frac{\pi\mathrm{i}}{2} + \mathrm{i}x + \ln(\sin x).$$

积分得到

$$\pi\ln 2 - \frac{\pi^2\mathrm{i}}{2} + \frac{\pi^2\mathrm{i}}{2} + \int_0^\pi \ln(\sin x)\,\mathrm{d}x = 0.$$

最后得到

$$\int_0^\pi \ln(\sin x)\,\mathrm{d}x = -\pi\ln 2.$$

习题六

1. 求下列函数的极点与留数:

(a) $\dfrac{1}{z^2+5z+6}$; (b) $\dfrac{1}{(z^2-1)^2}$; (c) $\dfrac{1}{\sin z}$;

(d) $\cot z$; (e) $\dfrac{1}{\sin^2 z}$; (f) $\dfrac{1}{z^m(1-z)^n}$ (n,m 为正整数).

2. 设 $P(z)$ 为 $n \geqslant 2$ 次多项式, 证明 $1/P(z)$ 在所有有限极点的留数之和为零.

3. 设 $P(z)$ 为 $n \geqslant 2$ 次多项式, $f(z)$ 为有理函数. 证明 $f(P(z))$ 在所有有限极点的留数之和为零.

4. 设 $P(z)$ 是一个首项系数为 1 的 $n \geqslant 2$ 次多项式, 设区域 Ω 的一个余集分支包含 $P(z)$ 的所有零点. 证明 $\sqrt[n]{P(z)}$ 在 Ω 内可以定义解析单值分支. 并对 Ω 内的任意一条闭曲线 γ, 求积分

$$\int_\gamma \frac{\mathrm{d}z}{\sqrt[n]{P(z)}}$$

的可能的值.

5. 求多项式 $z^7 - 2z^5 + 6z^3 - z + 1$ 在单位圆盘内的零点个数.

6. 求多项式 $z^4 - 6z + 3$ 在圆环 $1 < |z| < 2$ 内的零点个数.

7. 求多项式 $z^4 + 8z^3 + 3z^2 + 8z + 3$ 在右半平面的零点个数.

8. 用留数定理计算下列积分:

(a) $\displaystyle\int_0^{\frac{\pi}{2}} \frac{\mathrm{d}x}{a+\sin^2 x}$ ($|a|>1$); (b) $\displaystyle\int_0^{+\infty} \frac{x^2\,\mathrm{d}x}{x^4+5x^2+6}$;

(c) $\displaystyle\int_{-\infty}^{+\infty} \frac{x^2-x+2}{x^4+10x^2+9}\,\mathrm{d}x$; (d) $\displaystyle\int_0^{+\infty} \frac{x^2\,\mathrm{d}x}{(x^2+a^2)^2}$ (a 为实数);

(e) $\displaystyle\int_0^{+\infty} \frac{\cos x}{x^2+a^2}\,\mathrm{d}x$ (a 为实数); (f) $\displaystyle\int_0^{+\infty} \frac{x\sin x}{x^2+a^2}\,\mathrm{d}x$ (a 为实数);

(g) $\displaystyle\int_0^{+\infty} \frac{x^{\frac{1}{3}}}{1+x^2}\,\mathrm{d}x;$ (h) $\displaystyle\int_0^{+\infty} \frac{\ln^2 x}{(1+x^2)^2}\,\mathrm{d}x.$

9. 用留数定理与分部积分法计算积分.

$$\int_0^{+\infty} \frac{\ln(1+x^2)}{x^{1+\alpha}}\,\mathrm{d}x \quad (0 < \alpha < 2)$$

10. (Bergman (伯格曼) 公式) 设 $f(z)$ 是单位圆盘内的有界解析函数. 证明对 $|\zeta| < 1$,

$$f(\zeta) = \frac{1}{\pi} \iint_{|z|<1} \frac{f(z)\,\mathrm{d}x\,\mathrm{d}y}{(1-z\zeta)^2}.$$

(提示: 将面积分表示为极坐标, 然后把内层积分变成线积分.)

第七章

调和函数

前面我们已经知道解析函数的实部和虚部是共轭的调和函数. 本章我们介绍调和函数与 Cauchy 定理相关的内容.

7.1   定义和基本性质

首先回顾一下调和函数的定义. 区域 Ω 上的实值函数 $u(x,y)$ 称为**调和函数**, 是指它有二阶连续偏导数, 并且满足 Laplace 方程

$$\Delta u = \frac{\partial^2 u}{\partial x^2} + \frac{\partial^2 u}{\partial y^2} = 0.$$

由于 Laplace 算子是线性算子, 因此调和函数的和以及调和函数的常数倍仍然是调和函数. 利用形式偏导数, Laplace 方程可以表示为

$$\Delta u = 4\frac{\partial^2 u}{\partial z \partial \bar{z}} = 0.$$

这个方程说明如果 $f(\xi)$ 解析, $u(z)$ 是调和函数, 则 $u(f(\xi))$ 是调和函数.

Laplace 方程在极坐标下表示为

$$r\frac{\partial}{\partial r}\left(r\frac{\partial u}{\partial r}\right) + \frac{\partial^2 u}{\partial \theta^2} = 0.$$

因此 $\ln|z|$ 在除去原点之外是调和函数. 反过来, 任意只依赖于 $|z|$ 的调和函数一定具有形式 $a\ln|z| + b$.

如果调和函数 $u(z)$ 有共轭调和函数 $v(z)$, 则 $F(z) = u(z) + \mathrm{i}v(z)$ 是解析函数. 于是

$$f(z) = F'(z) = \frac{\partial F(z)}{\partial x} = \frac{\partial u}{\partial x} + \mathrm{i}\frac{\partial v}{\partial x} = \frac{\partial u}{\partial x} - \mathrm{i}\frac{\partial u}{\partial y}$$

是解析函数. 等式右边的表达式不依赖于 v. 因此无论 $v(z)$ 是否存在, $f(z)$ 都是可以合理定义的. 根据定义可以直接验证 $f(z)$ 是解析函数. 这是从调和函数过渡到解析函数的最自然的方式之一.

将局部恰当微分 $f(z)\,\mathrm{d}z$ 按照实部和虚部展开,

$$\begin{aligned}
f(z)\,\mathrm{d}z &= \left(\frac{\partial u}{\partial x} - \mathrm{i}\frac{\partial u}{\partial y}\right)(\mathrm{d}x + \mathrm{i}\,\mathrm{d}y) \\
&= \left(\frac{\partial u}{\partial x}\,\mathrm{d}x + \frac{\partial u}{\partial y}\,\mathrm{d}y\right) + \mathrm{i}\left(\frac{\partial u}{\partial x}\,\mathrm{d}y - \frac{\partial u}{\partial y}\,\mathrm{d}x\right) \\
&= \mathrm{d}u + \mathrm{i}\left(\frac{\partial u}{\partial x}\,\mathrm{d}y - \frac{\partial u}{\partial y}\,\mathrm{d}x\right).
\end{aligned}$$

等式右边的实部是一个恰当微分, 因此虚部是局部恰当微分, 称为 $\mathrm{d}u$ 的**共轭微分**, 记为 ${}^*\mathrm{d}u$.

由 $f(z)\,\mathrm{d}z = \mathrm{d}F(z) = \mathrm{d}u + \mathrm{i}\,\mathrm{d}v$ 得到 ${}^*\mathrm{d}u = \mathrm{d}v$. 根据定理 5.1 和定理 5.21, 我们得到下面的结果.

定理 7.1　区域 Ω 上的调和函数 $u(z)$ 存在共轭调和函数, 当且仅当 ${}^*\mathrm{d}u$ 沿着 Ω 内任意闭链的积分为零. 特别地, 当 Ω 是单连通区域时, $u(z)$ 的共轭调和函数存在.

我们也可以从一对调和函数出发得到局部恰当微分. 设 u_1, u_2 是区域 Ω 上的两个调和函数. 限制在 Ω 内的一个开圆盘上, 它们的共轭调和函数 v_1, v_2 都存在. 因此 $F_1(z) = u_1 + \mathrm{i}v_1$ 和 $F_2(z) = u_2 + \mathrm{i}v_2$ 都是区域 Ω 上的解析函数. 在这个开圆盘上 $F_1(z)F_2'(z)$ 有原函数 $F(z) = u + \mathrm{i}v$. 于是

$$\mathrm{d}u + \mathrm{i}\,\mathrm{d}v = \mathrm{d}F = F_1 F_2'\,\mathrm{d}z = (u_1\,\mathrm{d}u_2 - v_1\,\mathrm{d}v_2) + \mathrm{i}(u_1\,\mathrm{d}v_2 + v_1\,\mathrm{d}u_2).$$

因此 $\mathrm{d}v = u_1\,\mathrm{d}v_2 + v_1\,\mathrm{d}u_2$ 是局部恰当的. 为了在表达式中消去 v_1, 考虑全微分 $\mathrm{d}(u_2 v_1) = u_2\,\mathrm{d}v_1 + v_1\,\mathrm{d}u_2$, 二者相减得到局部恰当微分

$$u_1\,\mathrm{d}v_2 - u_2\,\mathrm{d}v_1 = u_1\,{}^*\mathrm{d}u_2 - u_2\,{}^*\mathrm{d}u_1.$$

定理 7.2　设 u_1 与 u_2 是区域 Ω 内的调和函数. 则 $u_1\,{}^*\mathrm{d}u_2 - u_2\,{}^*\mathrm{d}u_1$ 是局部恰当微分. 因此它沿着 Ω 内的任意同调于零的闭链的积分为零.

注意 $u_1\,{}^*\mathrm{d}u_2 - u_2\,{}^*\mathrm{d}u_1$ 一般不是调和函数对应的共轭微分, 因为 $u_2 v_1$ 一般不是调和函数.

7.2　均值性质

将定理 7.2 应用于圆环就得到调和函数的均值性质. 设 $u(z)$ 在圆环 $\rho_1 < |z| < \rho_2$ 内调和. 共轭微分在极坐标下表示为

$$ {}^*\mathrm{d}u = \frac{\partial u}{\partial \ln r}\,\mathrm{d}\theta - \frac{\partial u}{\partial \theta}\,\mathrm{d}(\ln r) = r\frac{\partial u}{\partial r}\,\mathrm{d}\theta - \frac{1}{r}\frac{\partial u}{\partial \theta}\,\mathrm{d}r. $$

由于 ${}^*\mathrm{d}u$ 是局部恰当微分, 应用定理 5.20 与定理 5.21, 对 $r \in (\rho_1, \rho_2)$,

$$\alpha = \frac{1}{2\pi}\int_0^{2\pi} r\frac{\partial u}{\partial r}\,\mathrm{d}\theta$$

是一个常数. 由定理 7.1, $u(z)$ 的共轭调和函数存在, 当且仅当 $\alpha = 0$.

对 $u_1(z) = u(z)$ 与 $u_2(z) = \ln|z|$ 应用定理 7.2. 在极坐标表示下 ${}^*\mathrm{d}u_2 = \mathrm{d}\theta$, 于是对 $r \in (\rho_1, \rho_2)$,

$$\beta = \frac{1}{2\pi}\int_0^{2\pi} u(re^{i\theta})\,d\theta - \frac{\ln r}{2\pi}\int_0^{2\pi} r\frac{\partial u}{\partial r}\,d\theta$$

是一个常数. 结合这两个等式得到下面的结果.

定理 7.3 (均值定理)　圆环上的调和函数 $u(z)$ 在同心圆周 $|z|=r$ 上的算术平均值是关于 $\ln r$ 的线性函数, 即

$$\frac{1}{2\pi}\int_0^{2\pi} u(re^{i\theta})\,d\theta = \alpha\ln r + \beta.$$

特别地, $u(z)$ 的共轭调和函数存在, 当且仅当 $\alpha = 0$.

推论 7.1 (平均值公式)　如果 $u(z)$ 在圆盘 $|z| < \rho$ 内调和, 则对 $0 < r < \rho$,

$$u(0) = \frac{1}{2\pi}\int_0^{2\pi} u(re^{i\theta})\,d\theta.$$

推论可以由均值定理和 $u(z)$ 在原点的连续性得到. 也可以直接利用 Cauchy 积分公式得到. 由平均值公式导出了如下定理.

定理 7.4 (极值原理)　非常数调和函数在区域内部既没有最大值, 也没有最小值.

对解析函数 $f(z)$, 当 $f(z) \neq 0$ 时, $\ln|f(z)|$ 是调和的. 应用调和函数的极值原理就推导出解析函数的最大模原理.

7.3　Poisson 公式

由极值原理, 如果一个区域上的两个调和函数都可以连续延拓到边界上, 且有相同的边界值, 则它们一定是相等的. 由此产生的一个自然的问题是求给定边界值的调和函数. 这里我们对圆盘情形给出问题的解.

设函数 $u(z)$ 在闭圆盘 $|z| \leqslant R$ 上连续, 且在内部调和. 对圆盘内任意一点 a, 为了表示 $u(z)$ 在 a 点的值, 我们作这个圆盘到单位圆盘的分式线性变换 $A(z)$, 使得 $A(a) = 0$. 这个变换可以选取为

$$A(z) = \frac{R(z-a)}{R^2 - \bar{a}z}.$$

由于 $u \circ A^{-1}(\zeta)$ 在单位圆盘内调和, 由平均值公式与 $u(z)$ 的连续性,

$$u(a) = u \circ A^{-1}(0) = \frac{1}{2\pi}\int_{|\zeta|=1} u \circ A^{-1}(\zeta)\frac{d\zeta}{i\zeta}.$$

作坐标变换 $\zeta = A(z)$, 记 $z = Re^{i\theta}$, 则

$$\frac{d\zeta}{i\zeta} = \left(\frac{1}{z-a} + \frac{\bar{a}}{R^2-\bar{a}z}\right)\frac{dz}{i} = \left(\frac{z}{z-a} + \frac{\bar{a}z}{R^2-\bar{a}z}\right)d\theta$$

$$= \left(\frac{z}{z-a} + \frac{\bar{a}}{\bar{z}-\bar{a}} \right) \mathrm{d}\theta = \frac{R^2 - |a|^2}{|z-a|^2} \mathrm{d}\theta.$$

这样我们就得到如下定理.

定理 7.5 (Poisson (泊松) 公式)   设函数 $u(z)$ 在闭圆盘 $|z| \leqslant R$ 上连续, 且在内部调和. 则对 $|z| < R$, 有

$$u(z) = \frac{1}{2\pi} \int_0^{2\pi} \frac{R^2 - |z|^2}{|R\mathrm{e}^{\mathrm{i}\theta} - z|^2} u(R\mathrm{e}^{\mathrm{i}\theta}) \, \mathrm{d}\theta.$$

令 $\zeta = R\mathrm{e}^{\mathrm{i}\theta}$, 直接计算表明

$$\mathrm{Re}\, \frac{\zeta + z}{\zeta - z} = \frac{R^2 - |z|^2}{|\zeta - z|^2}.$$

将上式代入 Poisson 公式, 得到

$$u(z) = \mathrm{Re} \left[\frac{1}{2\pi\mathrm{i}} \int_{|\zeta|=R} \frac{\zeta + z}{\zeta - z} u(\zeta) \frac{\mathrm{d}\zeta}{\zeta} \right].$$

令

$$f(z) = \frac{1}{2\pi\mathrm{i}} \int_{|\zeta|=R} \frac{\zeta + z}{\zeta - z} u(\zeta) \frac{\mathrm{d}\zeta}{\zeta}.$$

则 $f(z)$ 是圆盘上的解析函数, 其实部为 $u(z)$. 这个公式称为 **Schwarz 公式**.

7.4 Schwarz 定理

给定圆周上的一个连续或者分段连续函数, 利用 Poisson 公式可以得到圆盘内的一个调和函数. 问题是这个调和函数是否可以连续延拓到边界?

定理 7.6   设 $\phi(\zeta)$ 是单位圆周 S^1 上的分段连续函数, 在点 $\zeta_0 \in S^1$ 连续. 则函数

$$P_\phi(z) = \frac{1}{2\pi} \int_0^{2\pi} \mathrm{Re}\, \frac{\mathrm{e}^{\mathrm{i}\theta} + z}{\mathrm{e}^{\mathrm{i}\theta} - z} \phi(\mathrm{e}^{\mathrm{i}\theta}) \, \mathrm{d}\theta$$

在单位圆盘内调和, 且

$$\lim_{z \to \zeta_0} P_\phi(z) = \phi(\zeta_0).$$

证明   显然 $P_\phi(z)$ 在单位圆盘内调和. 不妨设 $\phi(\zeta_0) = 0$. 任给 $\varepsilon > 0$, 由于 $\phi(\zeta)$ 在 ζ_0 连续, 存在 $\delta > 0$, 使得当 $|\zeta - \zeta_0| < \delta$ 时, $|\phi(\zeta)| < \varepsilon/2$.

将单位圆周分为两段 C_1, C_2, 使得 $\zeta \in C_2$ 当且仅当 $|\zeta - \zeta_0| < \delta$. 令

$$u_1(z) = \frac{1}{2\pi} \int_{C_1} \operatorname{Re} \frac{\mathrm{e}^{\mathrm{i}\theta} + z}{\mathrm{e}^{\mathrm{i}\theta} - z} \varphi(\mathrm{e}^{\mathrm{i}\theta}) \, \mathrm{d}\theta,$$

$$u_2(z) = \frac{1}{2\pi} \int_{C_2} \operatorname{Re} \frac{\mathrm{e}^{\mathrm{i}\theta} + z}{\mathrm{e}^{\mathrm{i}\theta} - z} \phi(\mathrm{e}^{\mathrm{i}\theta}) \, \mathrm{d}\theta.$$

则它们都在单位圆盘内调和, 且 $P_\phi(z) = u_1(z) + u_2(z)$.

将常数函数 $u(z) = 1$ 代入 Poisson 公式得到

$$\frac{1}{2\pi} \int_0^{2\pi} \operatorname{Re} \frac{\mathrm{e}^{\mathrm{i}\theta} + z}{\mathrm{e}^{\mathrm{i}\theta} - z} \, \mathrm{d}\theta = 1.$$

因此 $|u_2(z)| < \varepsilon/2$ 在单位圆盘内成立. 而 $u_1(z)$ 是 $\mathbb{C} \setminus C_1$ 上的调和函数. 特别地, 当 z 属于圆弧 C_2 的内部时, $u_1(z)$ 的表达式中被积函数为零, 因此 $u_1(z) = 0$. 再由 u_1 的连续性, 得到存在 $\delta_1 > 0$, 使得当 $|z - \zeta_0| < \delta_1$ 时, $|u_1(z)| < \varepsilon/2$. 最后我们得到当 $|z - \zeta_0| < \delta_1$ 时, $|P_\phi(z)| < \varepsilon$. 这样就证明了 $P_\phi(z)$ 在 ζ_0 点的连续性. □

由极值原理可以得到具有连续边界值的调和函数的唯一性. 如果边界值只是分段连续的, 则唯一性不成立.

例 7.1　$A(z) = (1+z)/(1-z)$ 是单位圆盘到右半平面的分式线性变换. $A(1) = \infty$. 令 $u(z) = \operatorname{Re} A(z)$, 则 $u(z)$ 在单位圆盘内调和, 在闭单位圆盘除去 $z = 1$ 之外连续, 且边界值为零.

定理 7.7　设 $u(z)$ 是单位圆盘 D 内的有界调和函数. 如果对单位圆周上的任一点 ζ, 除去有限个点 $\zeta_1, \zeta_2, \cdots, \zeta_n$ 之外,

$$\lim_{z \to \zeta} u(z) = 0,$$

则在 D 内 $u(z) = 0$.

证明　令

$$v(z) = \sum_i \ln \frac{2}{|z - \zeta_i|}.$$

它是 D 上正的调和函数. 任给 $\varepsilon > 0$. 由于 $u(z)$ 有上界, 对单位圆周上的任一点 ζ,

$$\limsup_{z \to \zeta} (u(z) - \varepsilon v(z)) \leqslant 0.$$

由极值原理, $u(z) \leqslant \varepsilon v(z)$. 固定一点 $z \in D$, 令 $\varepsilon \to 0$, 我们得到 $u(z) \leqslant 0$.

反过来, 由于 $u(z)$ 有下界, 对单位圆周上的任一点 ζ,

$$\liminf_{z \to \zeta} (u(z) + \varepsilon v(z)) \geqslant 0.$$

同理 $u(z) \geqslant 0$. 因此在 D 上 $u(z) = 0$. □

7.5 对称延拓

设 Ω 是关于实轴对称的平面区域. 记 σ 为 Ω 与实轴的交集. 它是实轴上的非空开集. 设 $f(z)$ 是 Ω 内的解析函数. 如果在 σ 中的一个非空开区间上是实数, 对解析函数 $f(z) - \overline{f(\bar{z})}$ 应用零点的孤立性定理, 得到 $f(\bar{z}) = \overline{f(z)}$. 记 $f(z) = u(z) + \mathrm{i}v(z)$, 则 $u(z) = u(\bar{z})$, $v(z) = -v(\bar{z})$.

记 Ω_+ 是 Ω 在上半平面的部分 (图 7.1). 它一定是连通的, 且 σ 包含于 Ω_+ 的边界. 利用调和函数, 只要 $f(z)$ 在 Ω_+ 解析, 在 σ 上连续且取实值, 就可以断言 $f(z)$ 在整个 Ω 解析.

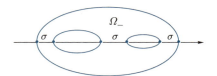

图 7.1 关于实轴对称的区域

定理 7.8 (反射原理) 设 $v(z)$ 在 $\Omega_+ \cup \sigma$ 上连续, 在 Ω_+ 上调和, 且在 σ 上等于零. 则 $v(z)$ 可以延拓为 Ω 上的调和函数, 且满足 $v(z) = -v(\bar{z})$. 如果 $v(z)$ 是 Ω_+ 上解析函数 $f(z)$ 的虚部, 则 $f(z)$ 可以延拓为 Ω 上的解析函数, 且满足 $f(\bar{z}) = \overline{f(z)}$.

证明 记 $\Omega_- = \Omega \setminus (\Omega_+ \cup \sigma)$. 令

$$\tilde{v}(z) = \begin{cases} v(z), & z \in \Omega_+ \cup \sigma, \\ -v(\bar{z}), & z \in \Omega_-. \end{cases}$$

由于 $v(z)$ 在 σ 上等于零, $\tilde{v}(z)$ 在 Ω 上是连续的. 为了证明 $\tilde{v}(z)$ 是调和的, 我们只需证明它在 σ 上是调和的.

任给 $x_0 \in \sigma$, 考虑以 x_0 为圆心的包含于 Ω 内的一个小圆盘 Δ. 记 $P_{\tilde{v}}$ 为 Δ 上以 $\tilde{v}(z)$ 为边界值的 Poisson 积分. 则 $\tilde{v} - P_{\tilde{v}}$ 在上、下两个半圆盘内都是调和的. 根据定理 7.5, 它在整个闭圆盘上连续, 且在圆周上为零. 由 $\tilde{v}(\bar{z}) = -\tilde{v}(z)$ 和 Poisson 公式, $P_{\tilde{v}}(\bar{z}) = -P_{\tilde{v}}(z)$. 因此 $P_{\tilde{v}}$ 在圆盘的水平直径上等于零. 在上、下两个半圆盘内对 $\tilde{v} - P_{\tilde{v}}$ 应用极值原理, 得到在整个圆盘上 $\tilde{v} - P_{\tilde{v}} = 0$. 因此 $\tilde{v}(z)$ 在这个圆盘内调和.

如果 $v(z)$ 是 Ω_+ 上解析函数 $f(z)$ 的虚部, 令 $-u(z)$ 是 $v(z)$ 在 Δ 上的一个共轭调和函数. 通过加减常数, 我们可以要求在上半圆盘内 $u(z) = \mathrm{Re}\, f(z)$. 考虑调和函数 $\omega(z) = u(z) - u(\bar{z})$. 在水平直径上,

$$\frac{\partial \omega}{\partial x} = 0, \quad \frac{\partial \omega}{\partial y} = 2\frac{\partial u}{\partial y} = -2\frac{\partial v}{\partial x} = 0.$$

因此解析函数 $\dfrac{\partial \omega}{\partial x} - \mathrm{i}\dfrac{\partial \omega}{\partial y}$ 在水平直径上为零, 所以在 Δ 内恒为零. 于是在 Δ 内 $\omega(z) = u(z) - u(\bar{z})$ 恒为零. 这说明 Δ 内的解析函数 $u + \mathrm{i}v$ 在上半圆盘内等于 $f(z)$, 而在下半圆盘内等于 $\overline{f(\bar{z})}$. 因此 $f(z)$ 可以延拓为 Ω 上的解析函数, 且满足 $f(\bar{z}) = \overline{f(z)}$. $\qquad\square$

上述定理可以作如下推广: 关于实轴对称的区域可以推广为关于一个圆周 C 对称的区域, 且当 z 趋于 C 时, $f(z)$ 趋于另一个圆周. 在这样的条件下 $f(z)$ 可以对称延拓.

习题七

1. 设 $f(z)$ 在圆环 $r_1 < |z| < r_2$ 内解析, 且在闭圆环上连续. 记 $M(r)$ 为 $|f(z)|$ 在圆周 $|z| = r$ 上的最大值. 证明:

$$M(r) \leqslant M(r_1)^{\alpha} M(r_2)^{1-\alpha}, \quad \text{其中 } \alpha = \frac{\ln r_2 - \ln r}{\ln r_2 - \ln r_1};$$

并讨论等号成立的情形.

(提示: 对 $\ln |f(z)|$ 和 $\ln |z|$ 的一个线性组合应用极值原理.)

2. 通过对 $\ln |1 + z|$ 应用均值公式, 计算积分

$$\int_0^{\pi} \ln(\sin\theta)\, \mathrm{d}\theta.$$

3. 设 $f(z)$ 在全平面解析, 且 $\lim\limits_{z \to \infty} (\operatorname{Re} f(z))/z = 0$. 试证 $f(z)$ 是常数.

(提示: 利用 Schwarz 公式.)

4. 设 $f(z)$ 在 ∞ 的一个邻域内解析, 且 $\lim\limits_{z \to \infty} (\operatorname{Re} f(z))/z = 0$. 试证 $\lim\limits_{z \to \infty} f(z)$ 存在.

(提示: 利用 Cauchy 积分公式证明 $f(z) = f_1(z) + f_2(z)$, 其中 $\lim\limits_{z \to \infty} f_2(z) = 0$, 而 $f_1(z)$ 在全平面解析.)

5. 设 $u(z)$ 在 $0 < |z| < \rho$ 内调和且有界, 证明原点是 $u(z)$ 的可去奇点.

6. 设 $u(z)$ 在 $0 < |z| < \rho$ 内调和, 且 $\lim\limits_{z \to 0} zu(z) = 0$. 试证存在常数 α 使得 $u(z) - \alpha \ln |z|$ 以原点为可去奇点.

7. 证明在上半平面调和且有界, 在实轴上连续的函数 $u(z)$ 可以表示为

$$u(z) = \frac{1}{\pi} \int_{-\infty}^{+\infty} \frac{y}{(x - \xi)^2 + y^2} u(\xi)\, \mathrm{d}\xi.$$

8. 设 $u(z)$ 在上半平面调和且有界, 在实轴上除去原点之外连续, 且 $\lim\limits_{x \to 0-} u(x) = 1$, $\lim\limits_{x \to 0+} u(x) = 0$. 证明

$$\lim\limits_{z \to 0} \left(u(z) - \frac{\arg z}{\pi} \right) = 0.$$

9. 设 C_1, C_2 为单位圆周去掉两点后余下的两段开弧. 试求单位圆盘内的有界调和函数 $u(z)$, 使得

$$\lim\limits_{z \to \xi \in C_1} u(z) = 1, \quad \lim\limits_{z \to \xi \in C_2} u(z) = 0.$$

并证明与 C_1 相对, 由过 z 点以及 C_1 的两端点的直线所截出的弧长度为 $2\pi u(z)$.

10. 设 $f(z)$ 在 $\mathbb{C}$ 上解析, 在实轴上取实值, 在虚轴上取纯虚数. 证明 $f(z)$ 是奇函数.

11. 证明: 关于实轴对称的区域 Ω 上的解析函数 $f(z)$, 可以分解为 $f(z) = f_1(z) + \mathrm{i}f_2(z)$, 使得 f_1, f_2 都在 Ω 上解析, 且在实轴上取实值.

12. 如果 $f(z)$ 在包含闭单位圆盘的区域上解析, 且把单位圆周映到自身, 证明 $f(z)$ 是有理函数.

13. 设 $u(z)$ 在上半平面调和, 且 $0 \leqslant u(z) \leqslant Ky$. 证明 $u(z) = ky$, 其中 $0 \leqslant k \leqslant K$.

(提示: 通过反射原理得到以 $u(z)$ 为实部的解析函数 $f(z)$, 再利用 Schwarz 公式证明 $f'(z)$ 是有界的.)

第八章

级数与乘积展开

在第三章 3.2 节, 我们通过幂级数构造了解析函数. 反之, 我们将在本章说明解析函数可以展开成幂级数或无穷乘积.

8.1　幂级数展开式

8.1.1　Weierstrass 定理

第三章我们已经介绍过幂级数, 本节我们研究一般的解析函数级数和序列. 为了使得解析函数序列的极限有更大的定义域, 我们有如下定义.

设 $\{f_n(z)\}$ 是区域 Ω_n 上的解析函数序列. 我们称它**内闭一致收敛**于区域 Ω 上的解析函数 $f(z)$, 是指对任意紧集 $E \subset \Omega$, 当 n 充分大时 $E \subset \Omega_n$, 且在 E 上 $\{f_n(z)\}$ 一致收敛于 $f(z)$.

定理 8.1 (Weierstrass)　设 $\{f_n(z)\}$ 是区域 Ω_n 上的解析函数序列. 如果 $\{f_n(z)\}$ 在区域 Ω 上内闭一致收敛于函数 $f(z)$, 则 $f(z)$ 在 Ω 为解析. 而且 $\{f'_n(z)\}$ 在 Ω 上内闭一致收敛于 $f'(z)$.

证明　任给点 $a \in \Omega$, 选取 $r > 0$ 使得闭圆盘 $|z - a| \leqslant r$ 包含于 ω 内. 由 Cauchy 积分公式, 当 n 充分大时, 对 $|z - a| < r$,

$$f_n(z) = \frac{1}{2\pi i} \int_{|\zeta - a| = r} \frac{f_n(\zeta)\,\mathrm{d}\zeta}{\zeta - z}.$$

由于 $\{f_n(z)\}$ 在闭圆盘 $|z - a| \leqslant r$ 上一致收敛于 $f(z)$, 有

$$f(z) = \frac{1}{2\pi i} \int_{|\zeta - a| = r} \frac{f(\zeta)\,\mathrm{d}\zeta}{\zeta - z}.$$

上式表明对 $|z - a| < r$, $f(z)$ 解析. 由 a 点的任意性, $f(z)$ 在 Ω 内解析.

应用公式

$$f'_n(z) = \frac{1}{2\pi i} \int_{|\zeta - a| = r} \frac{f_n(\zeta)\,\mathrm{d}\zeta}{(\zeta - z)^2},$$

同理得到对 $|z - a| \leqslant \rho < r$, $\{f'_n(z)\}$ 一致收敛于 $f'(z)$.

对任意闭集 $E \subset \Omega$, 它可以被有限个这样的开圆盘覆盖. 因此 $\{f'_n(z)\}$ 在 E 上一致收敛于 $f'(z)$.　　　　　　　　　　　　　　　　　　□

上述定理当然可以表示为级数形式. 这里不再赘述.

定理 8.2 (Hurwitz)　设 $\{f_n(z)\}$ 是区域 Ω 上的解析函数序列且没有零点. 如果 $\{f_n(z)\}$ 在区域 Ω 上内闭一致收敛于函数 $f(z)$, 则 $f(z)$ 或者恒为零或者没有零点.

证明　假设 $f(z)$ 不恒为零. 由零点的孤立性, 对任意点 $z_0 \in \Omega$, 存在 $r > 0$, 使得闭圆盘 $|z - z_0| \leqslant r$ 包含于 ω 内, 且 $f(z)$ 在这个闭圆盘除去 z_0 外不等于零. 因此 $|f(z)|$ 在圆周 $C = \{z : |z - z_0| = r\}$ 上有正的最小值. 这说明在 C 上 $\{1/f_n(z)\}$ 一致收敛于 $f(z)$. 于是

$$\lim_{n \to \infty} \frac{1}{2\pi i} \int_C \frac{f_n'(z)}{f_n(z)} \, \mathrm{d}z = \frac{1}{2\pi i} \int_C \frac{f'(z)}{f(z)} \, \mathrm{d}z.$$

由于 $f_n(z)$ 没有零点, 根据辐角原理, 左边积分为零. 再由辐角原理得到 $f(z_0) \neq 0$. □

推论 8.1　设 $\{f_n(z)\}$ 是区域 Ω 上的单叶解析函数序列. 如果 $\{f_n(z)\}$ 在区域 Ω 上内闭一致收敛于函数 $f(z)$, 则 $f(z)$ 或者为常数或者为单叶函数.

证明　任给 $z_0 \in \Omega$, $f_n(z) - f_n(z_0)$ 在区域 $\Omega \setminus \{z_0\}$ 上没有零点. 由 Hurwitz 定理, $f(z) - f(z_0)$ 或者恒为零, 或者没有零点. 前者说明 $f(z)$ 为常数, 后者表明 $f(z)$ 为单叶函数. □

8.1.2　Taylor 级数

设 $f(z)$ 是区域 Ω 上的解析函数. 由 Taylor 定理, 对 $z_0 \in \Omega$,

$$f(z) = f(z_0) + f'(z_0)(z - z_0) + \frac{f''(z_0)}{2!}(z - z_0)^2 + \cdots +$$
$$\frac{f^{(n)}(z_0)}{n!}(z - z_0)^n + f_{n+1}(z)(z - z_0)^{n+1}.$$

如果闭圆盘 $|z - z_0| \leqslant \rho$ 包含于 Ω 内, 对 $|z - z_0| < \rho$,

$$f_{n+1}(z) = \frac{1}{2\pi i} \int_{|z - z_0| = \rho} \frac{f(\zeta) \, \mathrm{d}\zeta}{(\zeta - z_0)^{n+1}(\zeta - z)}.$$

令 $M > 0$ 为 $|f(z)|$ 在圆周 $|z - z_0| = \rho$ 上的最大值. 则

$$|f_{n+1}(z)(z - z_0)^{n+1}| \leqslant \frac{M|z - z_0|^{n+1}}{\rho^n(\rho - |z - z_0|)}.$$

因此余项在闭圆盘 $|z - z_0| \leqslant r < \rho$ 上一致趋于零. 这样我们就证明了下面的定理.

定理 8.3 (Taylor 级数)　设 $f(z)$ 是区域 Ω 上的解析函数, $z_0 \in \Omega$. 则在 Ω 内以 z_0 为圆心的最大的开圆盘内,

$$f(z) = f(z_0) + f'(z_0)(z - z_0) + \frac{f''(z_0)}{z!}(z - z_0)^2 + \cdots + \frac{f^{(n)}(z_0)}{n!}(z - z_0)^n + \cdots,$$

即右边的级数在开圆盘内闭一致收敛于 $f(z)$.

前面我们已经知道下面的展开式

$$\mathrm{e}^z = 1 + z + \frac{z^2}{2!} + \cdots + \frac{z^n}{n!} + \cdots,$$

$$\cos z = 1 - \frac{z^2}{2!} + \frac{z^4}{4!} - \frac{z^6}{6!} + \cdots,$$

$$\sin z = z - \frac{z^3}{3!} + \frac{z^5}{5!} - \frac{z^7}{7!} + \cdots.$$

对幂函数和对数函数, 为方便起见, 不妨将变量作一个平移. 考虑函数 $(1+z)^\mu$ $(\mu \neq 0)$ 与 $\ln(1+z)$. 它们在平面除去水平射线 $(-\infty, -1]$ 有解析单值分支. 不妨取解析单值分支在原点的值分别等于 1 和 0. 直接计算得到

$$(1+z)^\mu = 1 + \mu z + \mathrm{C}_\mu^2 z^2 + \cdots + \mathrm{C}_\mu^n z^n + \cdots,$$

$$\ln(1+z) = z - \frac{z^2}{2} + \frac{z^3}{3} - \frac{z^4}{4} + \frac{z^5}{5} - \cdots,$$

其中的二项式系数定义为

$$\mathrm{C}_\mu^n = \frac{\mu(\mu-1)\cdots(\mu-n-1)}{1 \cdot 2 \cdot \ \cdots \ \cdot n}.$$

对反三角函数的级数展开, 较方便的办法是先求得它的导数的展开式. 由展开式

$$\frac{1}{1+z^2} = 1 - z^2 + z^4 - z^6 + \cdots,$$

经积分得到

$$\arctan z = z - \frac{z^3}{3} + \frac{z^5}{5} - \frac{z^7}{7} + \cdots.$$

取 $\sqrt{1-z^2}$ 在单位圆盘内的具有正实部的解析单值分支, 则它的展开式为

$$\frac{1}{\sqrt{1-z^2}} = 1 + \frac{1}{2}z^2 + \frac{1 \cdot 3}{2 \cdot 4}z^4 + \frac{1 \cdot 3 \cdot 5}{2 \cdot 4 \cdot 6}z^6 + \cdots,$$

积分后得到

$$\arcsin z = z + \frac{1}{2}\frac{z^3}{3} + \frac{1 \cdot 3}{2 \cdot 4}\frac{z^5}{5} + \frac{1 \cdot 3 \cdot 5}{2 \cdot 4 \cdot 6}\frac{z^7}{7} + \cdots.$$

对于初等函数的组合, 大多数情况下不可能找到系数的一般规律. 要计算前面几项的系数, 可以通过因子函数的系数求得. 比如对

$$f(z) = a_0 + a_1 z + a_2 z^2 + \cdots + a_n z^n = P_n(z) + [z^{n+1}],$$

$$g(z) = b_0 + b_1 z + b_2 z^2 + \cdots + b_n z^n = Q_n(z) + [z^{n+1}],$$

其中 P_n 与 Q_n 为由前 n 项组成的多项式, $[z^{n+1}]$ 表示前 n 项之和为零的一个幂级数. 则

$$f(z)g(z) = a_0 b_0 + (a_1 b_0 + a_0 b_1)z + \cdots + (a_0 b_n + a_1 b_{n-1} + \cdots + a_n b_0)z^n + [z^{n+1}],$$

$$f(g(z)) = P_n(Q_n(z)) + [z^{n+1}].$$

对于反函数以及两个函数的商, 通过上述方法可以得到关于前 n 项系数的代数方程组, 因此系数可以通过解方程得到.

8.1.3 Laurent 级数

考虑级数

$$\sum_{-\infty}^{\infty} a_n z^n = \sum_{n=0}^{\infty} a_n z^n + \sum_{n=1}^{\infty} a_{-n} z^{-n}.$$

等式右边的第一个级数为幂级数, 设它的收敛半径为 R_1. 第二个级数为关于 $w = 1/z$ 的幂级数, 设它关于 w 的收敛半径为 r_2. 则第二个级数在圆周 $|z| = R_2 = 1/r_2$ 的外部收敛. 因此如果 $R_2 < R_1$, 则整个级数在圆环 $R_2 < |z| < R_1$ 收敛.

反过来, 如果一个函数在圆环 $R_2 < |z| < R_1$ 解析, 我们将证明它可以表示为如上级数. 一般地, 设函数 $f(z)$ 在圆环 $R_2 < |z - a| < R_1$ 解析. 由 Cauchy 积分公式, 对 $R_2 < r_2 < |z - a| < r_1 < R_1$,

$$f(z) = \frac{1}{2\pi i} \int_{|\zeta-a|=r_1} \frac{f(\zeta)\,d\zeta}{\zeta - z} - \frac{1}{2\pi i} \int_{|\zeta-a|=r_2} \frac{f(\zeta)\,d\zeta}{\zeta - z}.$$

记

$$f_1(z) = \frac{1}{2\pi i} \int_{|\zeta-a|=r_1} \frac{f(\zeta)\,d\zeta}{\zeta - z}, \quad f_2(z) = -\frac{1}{2\pi i} \int_{|\zeta-a|=r_2} \frac{f(\zeta)\,d\zeta}{\zeta - z}.$$

则 $f_1(z)$ 在 $|z - a| < r_1$ 解析. 由 r_1 的选取, $f_1(z)$ 在 $|z - a| < R_1$ 解析. 同理 $f_2(z)$ 在 $|z - a| > R_2$ 解析. 且在圆环 $R_2 < |z| < R_1$ 内, $f(z) = f_1(z) + f_2(z)$.

$f_1(z)$ 的 Taylor 展开式为

$$f_1(z) = \sum_{n=0}^{\infty} A_n (z - a)^n,$$

其中

$$A_n = \frac{1}{2\pi i} \int_{|\zeta-a|=r} \frac{f(\zeta)\,d\zeta}{(\zeta - a)^{n+1}}, \quad R_2 < r < R_1 \tag{8.1}$$

为得到 $f_2(z)$ 的展开式, 作变换 $\zeta = a + 1/\zeta'$, $z = a + 1/z'$. 它把圆周 $|\zeta - a| = r$ 变为 $|\zeta'| = 1/r$, 且具有负的方向. 计算得到

$$f_2\left(a + \frac{1}{z'}\right) = \frac{1}{2\pi i} \int_{|\zeta'|=\frac{1}{r}} \frac{z'}{\zeta'} \frac{f\left(a + \frac{1}{\zeta'}\right) d\zeta'}{\zeta' - z'} = \sum_{n=1}^{\infty} B_n (z')^n,$$

其中

$$B_n = \frac{1}{2\pi i} \int_{|\zeta'|=\frac{1}{r}} \frac{f\left(a + \frac{1}{\zeta'}\right) d\zeta'}{(\zeta')^{n+1}} = \frac{1}{2\pi i} \int_{|\zeta-a|=r} f(\zeta)(\zeta - a)^{n-1}\,d\zeta.$$

于是

$$f_2(z) = \sum_{n=1}^{\infty} B_n (z - a)^{-n}.$$

当 $n < 0$ 时, 记 $A_n = B_{-n}$. 则等式 (8.1) 对所有 n 成立. 因此

$$f(z) = \sum_{n=-\infty}^{\infty} A_n (z-a)^n.$$

上式称为函数 $f(z)$ 的 **Laurent (洛朗) 展开式**.

如果 $R_2 = 0$, 则点 a 是 $f(z)$ 的孤立奇点, 而 A_{-1} 是 $f(z)$ 在 a 点的留数.

8.2   部分分式与因子分解

有理函数可以表示为分子与分母的因式分解, 也可以表示为部分分式. 这一节我们将对亚纯函数给出这样的表示.

8.2.1   部分分式

对平面上的亚纯函数, 如果所有极点的主部求和收敛, 则余下的是全平面上的解析函数. 如果不收敛, 我们需要对每一个主部减去一个适当的解析函数. 最简单的选择是多项式.

定理 8.4 (Mittag-Leffler (米塔–列夫勒))   设 $\{b_v\}$ 是一个互不相同的极限为无穷的复数序列, $P_v(\zeta)$ 是不含常数项的多项式. 则存在全平面上的亚纯函数以 b_v 为极点, 对应的极点主部为 $P_v(1/(z-b_v))$. 而且任意满足如上条件的亚纯函数都可以表示为

$$f(z) = \sum_v \left[P_v \left(\frac{1}{z-b_v} \right) - p_v(z) \right] + g(z),$$

其中 $p_v(z)$ 是多项式, $g(z)$ 是全平面上的解析函数.

上面的等式应理解为 $f(z)$ 与右边级数的差在全平面内闭一致收敛.

证明   我们只需证明对适当选取的 $p_v(z)$, 等式右边的级数在平面上不包含极点的任意紧集上一致收敛. 这时级数的极限是全平面的亚纯函数, 与 $f(z)$ 有相同的极点以及极点的主部. 因此极限与 $f(z)$ 的差为全平面上的解析函数.

为使得级数收敛, 自然的选择是选取 $p_v(z)$ 为 $P_v(1/(z-b_v))$ 在某一确定点的 Taylor 级数的部分和. 这一确定点的选择是任意的. 不妨选择为原点. 当 $b_v = 0$ 时, 选取 $p_v(z) = 0$. 当 $b_v \neq 0$ 时, 我们选取 $p_v(z)$ 为 $P_v(1/(z-b_v))$ 在原点的 Taylor 级数的前 n_v 项的部分和, 其中 n_v 待定. 由 Taylor 定理, 记 M_v 为 $|P_v(z)|$ 在闭圆盘 $|z| \leqslant |b_v|/2$ 上的最大值, 则当 $|z| \leqslant |b_v|/4$ 时, 有

$$\left| P_v \left(\frac{1}{z-b_v} \right) - p_v(z) \right| \leqslant 2 M_v \left(\frac{2|z|}{|b_v|} \right)^{n_v+1} \leqslant \frac{M_v}{2^{n_v}}.$$

从上式中可以看出, 为使得级数收敛, 我们可以选择 n_v 使得 $2^{n_v} \geqslant M_v 2^v$ 成立, 则上式右边不超过 $1/2^v$.

对任意闭圆盘 $|z| \leqslant R$, 将级数分成两部分: 满足 $|b_v| \leqslant 4R$ 的 v 只有有限项. 余下的每一项在闭圆盘 $|z| \leqslant R$ 上都满足

$$\left| P_v \left(\frac{1}{z - b_v} \right) - p_v(z) \right| \leqslant \frac{1}{2^v}.$$

因此除去有限项外, 级数在闭圆盘 $|z| \leqslant R$ 上一致收敛. □

例 8.1 求函数 $\pi^2 / \sin^2(\pi z)$ 的部分分式展开式.

解 这个函数以整数点 $z = n$ 为二阶极点. 在原点的主部为 $1/z^2$. 由公式 $\sin^2(\pi(z - n)) = \sin^2(\pi z)$ 可知在极点 $z = n$ 处的主部为 $1/(z - n)^2$. 级数

$$\sum_{n=-\infty}^{\infty} \frac{1}{(z - n)^2}$$

在不包含整数点的任意紧集上是一致收敛的. 这可以通过与收敛级数 $\sum(1/n^2)$ 的逐项比较得到. 因此有

$$\frac{\pi^2}{\sin^2(\pi z)} = \sum_{n=-\infty}^{\infty} \frac{1}{(z - n)^2} + g(z),$$

其中 $g(z)$ 是全平面上的解析函数.

注意上面公式中的级数以及等式左边都是周期为 1 的函数. 因此 $g(z)$ 也具有相同的周期. 记 $z = x + \mathrm{i}y$, 则

$$|\sin(\pi z)|^2 = \cosh^2(\pi y) - \cos^2(\pi x).$$

因此当 $|y| \to \infty$ 时, $\pi^2 / \sin^2(\pi z)$ 一致趋于零. 易证公式中的级数也有相同性质. 由此说明 $|g(z)|$ 在整个平面有界. 由 Liouville 定理, $g(z)$ 必须为常数. 由极限为零可知这个常数为零. 这样得到恒等式

$$\frac{\pi^2}{\sin^2(\pi z)} = \sum_{n=-\infty}^{\infty} \frac{1}{(z - n)^2}. \tag{8.2}$$

□

将这个公式积分可以得到另外一个恒等式. 等式的左边为 $-\pi \cot(\pi z)$ 的导数, 右边的项为 $-1/(z - n)$ 的导数. 为使得级数收敛, 我们需要对每一项调整一个合适的常数. 这样的常数可以选取为 $1/n$. 这是因为级数

$$\sum_{n \neq 0} \left(\frac{1}{z - n} + \frac{1}{n} \right) = \sum_{n \neq 0} \frac{z}{n(z - n)}$$

可以与级数 $\sum (1/n^2)$ 比较, 因此在不包含整数点的任意紧集上是一致收敛的. 这样得到

$$\pi \cot(\pi z) = \frac{1}{z} + \sum_{n \neq 0} \left(\frac{1}{z-n} + \frac{1}{n} \right) + C,$$

其中 C 为常数. 将第 n 项与第 $-n$ 项合并起来. 由于等式右边以及级数都是奇函数, 因此常数 $C = 0$. 最后得到

$$\pi \cot(\pi z) = \frac{1}{z} + \sum_{n=1}^{\infty} \frac{2z}{z^2 - n^2}. \tag{8.3}$$

反过来, 考虑级数

$$\lim_{m \to \infty} \sum_{n=-m}^{m} \frac{(-1)^n}{z-n} = \frac{1}{z} + \sum_{n=1}^{\infty} (-1)^n \frac{2z}{z^2 - n^2}.$$

它显然表示一个亚纯函数. 将奇偶项分开得到

$$\sum_{-(2k+1)}^{2k+1} \frac{(-1)^n}{z-n} = \sum_{n=-k}^{k} \frac{1}{z-2n} - \sum_{n=-(k+1)}^{k} \frac{1}{z-1-2n}.$$

与 (8.3) 比较可知极限为

$$\frac{\pi}{2} \cot \frac{\pi z}{2} - \frac{\pi}{2} \cot \frac{\pi(z-1)}{2} = \frac{\pi}{\sin(\pi z)},$$

于是得到

$$\frac{\pi}{\sin(\pi z)} = \lim_{m \to \infty} \sum_{n=-m}^{m} \frac{(-1)^n}{z-n}.$$

Bernoulli (伯努利) 数 B_k 由如下函数在原点处的 Taylor 展开式定义:

$$\frac{z}{\mathrm{e}^z - 1} = \sum_{k=0}^{\infty} B_k \frac{z^k}{k!} = 1 - \frac{1}{2}z + \frac{1}{6} \cdot \frac{z^2}{2!} - \frac{1}{30} \cdot \frac{z^4}{4!} + \cdots.$$

容易验证

$$\frac{z}{\mathrm{e}^z - 1} + \frac{1}{2}z$$

是偶函数. 因此对 $n \geqslant 1$, $B_{2n+1} = 0$.

例 8.2 通过比较 $\pi \cot(\pi z)$ 的 Laurent 展开式与部分分式展开的系数, 求 Bernoulli 数的级数表达式.

解 由定义,

$$\pi \cot(\pi z) = \pi \mathrm{i} + \frac{2\pi \mathrm{i}}{\mathrm{e}^{2\pi \mathrm{i} z} - 1}$$

$$= \pi i + \frac{1}{z}\left[1 - \frac{2\pi i z}{2} + \sum_{k=2}^{\infty} \frac{B_k}{k!}(2\pi i z)^k\right]$$

$$= \frac{1}{z} + \sum_{k=2}^{\infty} \frac{B_k}{k!}(2\pi i)^k z^{k-1}$$

$$= \frac{1}{z} + \sum_{n=1}^{\infty} \frac{B_{2n}}{(2n)!}(2\pi i)^{2n} z^{2n-1}.$$

由部分分式展开,

$$\pi \cot(\pi z) = \frac{1}{z} + \sum_{k=1}^{\infty} \frac{2z}{z^2 - k^2}.$$

结合这两个等式得到

$$\sum_{n=1}^{\infty} \frac{2z}{z^2 - n^2} = \sum_{n=1}^{\infty} \frac{B_{2n}}{(2n)!}(2\pi i)^{2n} z^{2n-1}.$$

两边除以 $2z$ 并用 z 代替 z^2, 经适当调整得到

$$\sum_{n=1}^{\infty} \frac{1}{n^2 - z} = \sum_{n=1}^{\infty} (-1)^{n-1} \frac{B_{2n}}{2(2n)!}(2\pi)^{2n} z^{n-1}.$$

对上式求 $m-1$ 次导数得到

$$\sum_{n=1}^{\infty} \frac{(m-1)!}{(n^2 - z)^m} = \sum_{n=m}^{\infty} (-1)^{n-1}(n-1)\cdots(n-m+1)(2\pi)^{2n}\frac{B_{2n}}{2(2n)!} z^{n-m}.$$

取 $z = 0$, 有

$$\sum_{n=1}^{\infty} \frac{(m-1)!}{n^{2m}} = (-1)^{m-1}(m-1)!(2\pi)^{2m}\frac{B_{2m}}{2(2m)!}.$$

最后得到, 对 $m \geqslant 1$,

$$\sum_{n=1}^{\infty} \frac{1}{n^{2m}} = (-1)^{n-1}\frac{(2\pi)^{2m}}{2(2m)!} B_{2m}. \qquad \square$$

8.2.2　典范乘积

全平面上的解析函数称为**整函数**. 类比于多项式的因子分解, 我们将把整函数分解为零点因子的乘积.

设 $f(z)$ 为整函数. 如果 $f(z) \neq 0$, 由推论 5.9, $\ln f(z)$ 有单值分支. 记 $g(z)$ 为 $\ln f(z)$ 的一个单值分支, 则 $f(z) = e^{g(z)}$.

如果 $f(z)$ 以原点为 m 阶零点, 其他零点分别为 $a_1, a_2, \cdots, a_N$, 重零点重复计数. 则 $f(z)$ 可以表示为

$$f(z) = z^m \mathrm{e}^{g(z)} \prod_{n=1}^{N} \left(1 - \frac{z}{a_n}\right).$$

如果 $f(z)$ 有无穷多个零点, 如上表达式将变为无穷乘积. 而这个无穷乘积绝对收敛当且仅当 $\sum 1/|a_n|$ 收敛. 一般情形我们需要应用收敛化因子.

定理 8.5　设 $\{a_n\}$ 为趋于无穷的非零复数序列. 则存在整函数以 a_n 为非零零点. 任意这样的整函数都可以表示为

$$f(z) = z^m \mathrm{e}^{g(z)} \prod_{n=1}^{\infty} \left(1 - \frac{z}{a_n}\right) \mathrm{e}^{p_{m_n}(z)},$$

其中 $g(z)$ 为整函数, m_n 为非负整数,

$$p_{m_n}(z) = \frac{z}{a_n} + \frac{1}{2}\left(\frac{z}{a_n}\right)^2 + \cdots + \frac{1}{m_n}\left(\frac{z}{a_n}\right)^{m_n}$$

为 $-\ln(1 - z/a_n)$ 的 Taylor 展开式的前 m_n 项之和.

证明　只需证明公式中的无穷乘积在任意闭圆盘 $|z| \leqslant R$ 上是绝对收敛的. 我们只需考察满足 $|a_n| > 2R$ 的项. 它等价于级数

$$\sum_{n=1}^{\infty} \left[\ln\left(1 - \frac{z}{a_n}\right) + p_{m_n}(z)\right]$$

的绝对收敛性.

记 $r_n(z) = \ln(1 - z/a_n) + p_{m_n}(z)$. 由 Taylor 展开式,

$$r_n(z) = -\frac{1}{m_n + 1}\left(\frac{z}{a_n}\right)^{m_n+1} - \frac{1}{m_n + 2}\left(\frac{z}{a_n}\right)^{m_n+2} - \cdots.$$

于是

$$|r_n(z)| \leqslant \frac{1}{m_n + 1}\left(\frac{R}{|a_n|}\right)^{m_n+1}\left(1 - \frac{R}{|a_n|}\right)^{-1} \leqslant \frac{1}{(m_n + 1)2^{m_n}}.$$

选取 $m_n = n$, 则级数绝对收敛.　□

推论 8.2　全平面上的亚纯函数必是两个整函数之商.

证明　设 $F(z)$ 为全平面上的亚纯函数. 由上面的定理, 存在整函数 $g(z)$ 以 $F(z)$ 的极点为零点, 且有相同的阶. 于是 $f(z) = F(z)g(z)$ 为整函数. 于是 $F(z) = f(z)/g(z)$.　□

在定理 8.5 中, 如果能选取所有的 m_n 都相等, 则表达式更为重要. 从证明中可以看出, 如果 $\sum (1/|a_n|^{h+1})$ 收敛, 则 m_n 可以选取为 h. 在上面的表达式中选取 m_n 为满足上面条件的最小的 h, 则表达式称为与序列 $\{a_n\}$ 相关的**典型乘积**, h 称为典范乘积的**亏格**.

例 8.3 求 $\sin(\pi z)$ 的乘积表示.

解 函数的零点为所有整数点 $z = n$. 由于 $\sum(1/n)$ 发散, 而 $\sum(1/n^2)$ 收敛, 故应取 $h = 1$. 于是

$$\sin(\pi z) = z e^{g(z)} \prod_{n \neq 0} \left(1 - \frac{z}{n}\right) e^{\frac{z}{n}}.$$

为了确定 $g(z)$, 两边作对数导数, 有

$$\pi \cot(\pi z) = \frac{1}{z} + g'(z) + \sum_{n \neq 0} \left(\frac{1}{z - n} + \frac{1}{n}\right).$$

将这个公式与 (8.3) 比较, 得到 $g'(z) = 0$. 因此 $g(z)$ 为常数. 再由 $\lim_{z \to 0} \sin(\pi z)/z = \pi$, 得到 $e^{g(z)} = \pi$. 于是

$$\sin(\pi z) = \pi z \prod_{n \neq 0} \left(1 - \frac{z}{n}\right) e^{\frac{z}{n}},$$

或者将因子合并得到

$$\sin(\pi z) = \pi z \prod_{n=1}^{\infty} \left(1 - \frac{z^2}{n^2}\right). \qquad \square$$

8.3　Γ 函数

8.3.1　Γ 函数的定义

令

$$G(z) = \prod_{n=1}^{\infty} \left(1 + \frac{z}{n}\right) e^{-\frac{z}{n}}. \tag{8.4}$$

则 $G(z)$ 为整函数, 以所有负整数为单零点. 通过与 $\sin(\pi z)$ 的无穷乘积比较, 得到

$$z G(z) G(-z) = \frac{\sin(\pi z)}{\pi}. \tag{8.5}$$

由于 $G(z - 1)$ 以原点和所有负整数为单零点. 因此

$$G(z - 1) = z e^{\gamma(z)} G(z),$$

其中 $\gamma(z)$ 为整函数. 为了确定 $\gamma(z)$, 两边取对数导数, 得到

$$\sum_{n=1}^{\infty} \left(\frac{1}{z - 1 + n} - \frac{1}{n}\right) = \frac{1}{z} + \gamma'(z) + \sum_{n=1}^{\infty} \left(\frac{1}{z + n} - \frac{1}{n}\right).$$

在左边的级数中, 用 $n+1$ 代替 n, 得到

$$\sum_{n=1}^{\infty}\left(\frac{1}{z-1+n}-\frac{1}{n}\right)$$

$$=\frac{1}{z}-1+\sum_{n=1}^{\infty}\left(\frac{1}{z+n}-\frac{1}{n+1}\right)$$

$$=\frac{1}{z}-1+\sum_{n=1}^{\infty}\left(\frac{1}{z+n}-\frac{1}{n}\right)+\sum_{n=1}^{\infty}\left(\frac{1}{n}-\frac{1}{n+1}\right).$$

最后一个级数的和为 1. 因此 $\gamma'(z)=0$, 即 $\gamma(z)$ 为常数, 记为 γ. 这样得到

$$G(z-1)=z\mathrm{e}^{\gamma}G(z).$$

常数 γ 也可以确定. 令 $z=1$, 则有 $1=G(0)=\mathrm{e}^{\gamma}G(1)$, 因此

$$\mathrm{e}^{-\gamma}=\prod_{n=1}^{\infty}\left(1+\frac{1}{n}\right)\mathrm{e}^{-\frac{1}{n}}.$$

这里前 n 项的乘积为

$$(n+1)\mathrm{e}^{-(1+\frac{1}{2}+\frac{1}{3}+\cdots+\frac{1}{n})}$$

于是得到

$$\gamma=\lim_{n\to\infty}\left(1+\frac{1}{2}+\frac{1}{3}+\cdots+\frac{1}{n}-\ln n\right).$$

常数 γ 称为 **Euler** 常数. 它的近似值为 $0.577\,22$.

为了消去 e^{γ}, 令 $H(z)=G(z)\mathrm{e}^{\gamma z}$, 则 $H(z-1)=zH(z)$. 令 $\Gamma(z)=1/[zH(z)]$. 它是全平面上的亚纯函数, 以原点和负整数点为单极点, 没有零点. 称为 **Euler** Γ 函数.

由 $H(z-1)=zH(z)$ 立即得到 $\Gamma(z)=(z-1)\Gamma(z-1)$ 或者

$$\Gamma(z+1)=z\Gamma(z). \tag{8.6}$$

由 $G(z)$ 的表示得到展开式

$$\Gamma(z)=\frac{1}{z\mathrm{e}^{\gamma z}}\prod_{n=1}^{\infty}\left(1+\frac{z}{n}\right)^{-1}\mathrm{e}^{\frac{z}{n}}. \tag{8.7}$$

由公式 (8.5) 得到

$$\Gamma(z)\Gamma(1-z)=\frac{\pi}{\sin(\pi z)}. \tag{8.8}$$

由定义, $\Gamma(1)=1/H(1)=1/H(0)=1/G(0)=1$. 由函数方程 (8.6) 得到 $\Gamma(2)=1$, $\Gamma(3)=1\cdot2$, 一般地, $\Gamma(n)=(n-1)!$. 因此 Γ 函数可以看成是阶乘的一种推广. 由 (8.8) 可得 $\Gamma(1/2)=\sqrt{\pi}$.

8.3.2　Legendre 加倍公式

由 (8.7) 可得

$$\frac{\mathrm{d}}{\mathrm{d}z}\left(\frac{\Gamma'(z)}{\Gamma(z)}\right)=\sum_{n=0}^{\infty}\frac{1}{(z+n)^2}.\tag{8.9}$$

于是

$$\frac{\mathrm{d}}{\mathrm{d}z}\left(\frac{\Gamma'(z)}{\Gamma(z)}\right)+\frac{\mathrm{d}}{\mathrm{d}z}\left[\frac{\Gamma'(z+1/2)}{\Gamma(z+1/2)}\right]$$

$$=\sum_{n=0}^{\infty}\frac{1}{(z+n)^2}+\sum_{n=0}^{\infty}\frac{1}{(z+n+1/2)^2}$$

$$=4\left[\sum_{n=0}^{\infty}\frac{1}{(2z+2n)^2}+\sum_{n=0}^{\infty}\frac{1}{(2z+2n+1)^2}\right]$$

$$=4\sum_{m=0}^{\infty}\frac{1}{(2z+m)^2}=2\frac{\mathrm{d}}{\mathrm{d}z}\left(\frac{\Gamma'(2z)}{\Gamma(2z)}\right).$$

积分后得到

$$\Gamma(z)\Gamma(z+1/2)=\mathrm{e}^{az+b}\Gamma(2z),$$

其中 a,b 为待定常数. 将 $z=1/2$ 及 $z=1$ 代入, 得到

$$\frac{1}{2}a+b=\ln\Gamma\left(\frac{1}{2}\right)=\frac{1}{2}\ln\pi,$$

$$a+b=\ln\Gamma\left(1+\frac{1}{2}\right)=\frac{1}{2}\ln\pi-\ln 2.$$

由此可得 $a=-2\ln 2,\ b=\frac{1}{2}\ln\pi+\ln 2$. 因此

$$\sqrt{\pi}\,\Gamma(2z)=2^{2z-1}\Gamma(z)\Gamma\left(z+\frac{1}{2}\right).$$

这个公式称为 **Legendre (勒让德) 加倍公式**.

8.3.3　Stirling 公式

为了研究 $\Gamma(z)$ 的渐近行为, 首先估计 $\ln\Gamma(z)$ 的二阶导数

$$\frac{\mathrm{d}}{\mathrm{d}z}\left(\frac{\Gamma'(z)}{\Gamma(z)}\right)=\sum_{n=0}^{\infty}\frac{1}{(z+n)^2}$$

的渐近行为. 注意 $\Gamma(z)$ 在区域 $\mathrm{Re}\,z>0$ 解析且不为零. 因此它的对数有单值解析分支. 将级数表示为线积分, 合适的被积函数是

$$\Phi(\zeta)=\frac{\pi\cot(\pi\zeta)}{(z+\zeta)^2},$$

其中 z 为参数, $\operatorname{Re} z > 0$.

$\Phi(\zeta)$ 在右半平面以整数点 $\zeta = v$ 为单极点, 留数为 $1/(z+v)^2$. 选取积分曲线为以 $-\mathrm{i}Y, n+1/2-\mathrm{i}Y, n+1/2+\mathrm{i}Y, \mathrm{i}Y$ 为顶点的矩形的边界 K (图 8.1). 由于原点是 $\Phi(\zeta)$ 的极点, 积分的 Cauchy 主值等于矩形内极点的留数之和以及原点留数的一半, 即

$$\mathrm{pr.v.}\ \frac{1}{2\pi\mathrm{i}} \int_K \Phi(\zeta)\,\mathrm{d}\zeta = -\frac{1}{2z^2} + \sum_{v=0}^{n} \frac{1}{(z+v)^2}.$$

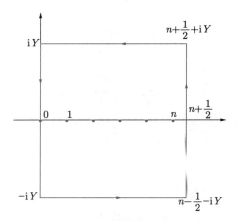

图 8.1 积分曲线 K

在水平边上, 当 $Y \to \infty$ 时, $\cot(\pi\zeta) \to \pm\mathrm{i}$. 因此积分趋于零. 在 $\operatorname{Re}\zeta = n+1/2$ 的边上, $|\cot(\pi\zeta)|$ 有界且不依赖于 n. 注意到在这条边上 $\bar{\zeta} = 2n+1-\zeta$, 应用留数定理可得

$$\int \frac{\mathrm{d}\zeta}{|\zeta+z|^2} = \int \frac{\mathrm{d}\zeta}{(\zeta+z)(2n+1-\zeta+\bar{z})} = \frac{2\pi\mathrm{i}}{2n+1+2x}.$$

因此当 $n \to \infty$ 时极限为零.

沿着虚轴从 $+\mathrm{i}\infty$ 到 $-\mathrm{i}\infty$ 的积分的 Cauchy 主值为

$$-\frac{1}{2}\int_0^{+\infty} \cot(\pi\mathrm{i}\eta)\left[\frac{1}{(\mathrm{i}\eta+z)^2} - \frac{1}{(\mathrm{i}\eta-z)^2}\right]\mathrm{d}\eta = \int_0^{+\infty} \coth(\pi\eta)\frac{2\eta z}{(\eta^2+z^2)^2}\,\mathrm{d}\eta.$$

代入公式得到

$$\frac{\mathrm{d}}{\mathrm{d}z}\left(\frac{\Gamma'(z)}{\Gamma(z)}\right) = \frac{1}{2z^2} + \int_0^{+\infty} \coth(\pi\eta)\frac{2\eta z}{(\eta^2+z^2)^2}\,\mathrm{d}\eta.$$

再由

$$\coth(\pi\eta) = 1 + \frac{2}{\mathrm{e}^{2\pi\eta}-1}, \qquad \int_0^{+\infty} \frac{2\eta z}{(\eta^2+z^2)^2}\,\mathrm{d}\eta = \frac{1}{z},$$

最后得到

$$\frac{\mathrm{d}}{\mathrm{d}z}\left(\frac{\Gamma'(z)}{\Gamma(z)}\right) = \frac{1}{z} + \frac{1}{2z^2} + \int_0^{+\infty} \frac{4\eta z}{(\eta^2+z^2)^2}\frac{\mathrm{d}\eta}{\mathrm{e}^{2\pi\eta}-1}. \tag{8.10}$$

将上式积分得到

$$\frac{\Gamma'(z)}{\Gamma(z)} = C + \ln z - \frac{1}{2z} - \int_0^{+\infty} \frac{2\eta}{\eta^2 + z^2} \frac{\mathrm{d}\eta}{\mathrm{e}^{2\pi\eta} - 1}, \tag{8.11}$$

其中 $\ln z$ 取对数主支, 而 C 是积分常数. 最后一项的积分对 z 取值于右半平面内的紧集上时是绝对收敛的, 因此积分与微分可交换.

为了再次积分, 利用分部积分, 将积分化为

$$-\int_0^{+\infty} \frac{2\eta}{\eta^2 + z^2} \frac{\mathrm{d}\eta}{\mathrm{e}^{2\pi\eta} - 1} = \frac{1}{\pi} \int_0^{+\infty} \frac{z^2 - \eta^2}{(\eta^2 + z^2)^2} \ln(1 - \mathrm{e}^{-2\pi\eta}) \, \mathrm{d}\eta.$$

继续积分得到

$$\ln \Gamma(z) = C' + Cz + \left(z - \frac{1}{2}\right) \ln z + J(z),$$
$$J(z) = \frac{1}{\pi} \int_0^{+\infty} \frac{z}{\eta^2 + z^2} \ln \frac{1}{1 - \mathrm{e}^{-2\pi\eta}} \, \mathrm{d}\eta, \tag{8.12}$$

其中 C' 为积分常数. 为确定常数 C 及 C', 我们需要研究当 $\operatorname{Re} z \geqslant X > 0$, 且 $z \to \infty$ 时, $J(z)$ 的渐近行为. 将积分区域分成 $[0, |z|/2)$ 与 $[|z|/2, +\infty)$ 两部分. 在区间 $[0, |z|/2)$ 内,

$$|\eta^2 + z^2| \geqslant |z|^2 - |z/2|^2 = 3|z|^2/4.$$

因此第一部分的积分 $J_1(z)$ 满足

$$|J_1(z)| \leqslant \frac{4}{3\pi|z|} \int_0^{+\infty} \ln \frac{1}{1 - \mathrm{e}^{-2\pi\eta}} \, \mathrm{d}\eta.$$

在区间 $[|z|/2, +\infty)$ 内,

$$|\eta^2 + z^2| = |z - \mathrm{i}\eta| \cdot |z + \mathrm{i}\eta| > X|z|.$$

因此第二部分的积分 $J_2(z)$ 满足

$$|J_2(z)| < \frac{1}{\pi X} \int_{|z|/2}^{+\infty} \ln \frac{1}{1 - \mathrm{e}^{-2\pi\eta}} \, \mathrm{d}\eta.$$

由于积分 $\int_0^{+\infty} \ln(1 - \mathrm{e}^{-2\pi\eta}) \, \mathrm{d}\eta$ 收敛, 当 $z \to \infty$ 时, 两个积分都趋于零.

将 (8.12) 代入函数方程 $\Gamma(z+1) = z\Gamma(z)$, 得到

$$C' + C(z+1) + \left(z + \frac{1}{2}\right) \ln(z+1) + J(z+1)$$
$$= C' + Cz + \left(z + \frac{1}{2}\right) \ln z + J(z),$$

$$C = -\left(z + \frac{1}{2}\right)\ln\left(1 + \frac{1}{z}\right) + J(z) - J(z+1).$$

令 $z \to \infty$, 得到 $C = -1$.

将 (8.12) 代入方程 $\Gamma(z)\Gamma(1-z) = \pi/\sin(\pi z)$, 并令 $z = 1/2 + \mathrm{i}y$, 得到

$$C' - (1/2 + \mathrm{i}y) + \mathrm{i}y\ln(1/2 + \mathrm{i}y) + J(1/2 + \mathrm{i}y) +$$

$$C' - (1/2 - \mathrm{i}y) - \mathrm{i}y\ln(1/2 - \mathrm{i}y) + J(1/2 - \mathrm{i}y)$$

$$= \ln\pi - \ln\cosh(\pi y).$$

令 $y \to \infty$, 有

$$\lim_{y\to\infty}[J(1/2 + \mathrm{i}y) + J(1/2 - \mathrm{i}y)] = 0,$$

$$\lim_{y\to\infty}\{\mathrm{i}y[\ln(1/2 + \mathrm{i}y) - \ln(1/2 - \mathrm{i}y)]\} = -\pi y + 1,$$

$$\lim_{y\to\infty}\ln\cosh(\pi y) = \pi y - \ln 2.$$

于是得到 $C' = \ln(2\pi)/2$. 这样我们就得到如下定理.

定理 8.6 (Stirling (斯特林))   当 $\operatorname{Re} z > 0$ 时,

$$\ln\Gamma(z) = \frac{\ln(2\pi)}{2} - z + \left(z - \frac{1}{2}\right)\ln z + J(z),$$

或者 $\Gamma(z) = \sqrt{2\pi}z^{z-\frac{1}{2}}\mathrm{e}^{-z}\mathrm{e}^{J(z)}$, 其中

$$J(z) = \frac{1}{\pi}\int_0^{+\infty}\frac{z}{\eta^2 + z^2}\ln\frac{1}{1 - \mathrm{e}^{-2\pi\eta}}\,\mathrm{d}\eta$$

为右半平面上的解析函数. 当 $\operatorname{Re} z \geqslant X > 0$ 且 $z \to \infty$ 时, $J(z) \to 0$.

上述表达式给出了阶乘 $n!$ 趋于无穷的速度. 另一方面, 由函数方程 $\Gamma(z+1) = z\Gamma(z)$, 上述估计控制了函数的整体渐近行为.

8.3.4   Γ 函数的积分表示

在右半平面 $\Gamma(z)$ 是解析的. 它可以通过积分表示出来.

定理 8.7   当 $\operatorname{Re} z > 0$ 时,

$$\Gamma(z) = \int_0^{+\infty}\frac{t^{z-1}}{\mathrm{e}^t}\,\mathrm{d}t.$$

证明   容易证明积分是收敛的. 记积分所定义的函数为 $F(z)$, 由分部积分,

$$F(z+1) = \int_0^{+\infty}\mathrm{e}^{-t}t^z\,\mathrm{d}t = -\int_0^{+\infty}t^z\,\mathrm{d}\mathrm{e}^{-t} = zF(z).$$

因此

$$\frac{F(z+1)}{\Gamma(z+1)} = \frac{F(z)}{\Gamma(z)}.$$

由于 $\Gamma(z)$ 在右半平面解析且没有零点, 因此 $F(z)/\Gamma(z)$ 是周期为 1 的周期解析函数. 由

$$|F(z)| \leqslant \int_0^{+\infty} \mathrm{e}^{-t} t^{x-1}\,\mathrm{d}t = F(x),$$

得到 $|F(z)|$ 在带域 $1 \leqslant x \leqslant 2$ 有界. 由 Stirling 公式,

$$\ln|\Gamma(z)| = \frac{1}{2}\ln(2\pi) - x + \left(x - \frac{1}{2}\right)\ln|z| - y\arg z + \operatorname{Re} J(z).$$

在带域 $1 \leqslant x \leqslant 2$ 上, $\ln(2\pi)/2 - x$ 有界, $(x-1/2)\ln|z| \geqslant 0$, $|\arg z| \leqslant \pi/2$, $\operatorname{Re} J(z)$ 是有界的. 因此存在常数 $C > 0$ 使得

$$\frac{|F(z)|}{|\Gamma(z)|} \leqslant C\mathrm{e}^{\frac{\pi}{2}|y|}.$$

考虑函数

$$g(\zeta) = \frac{F}{\Gamma}\left(\frac{\ln\zeta}{2\pi\mathrm{i}}\right).$$

函数 F/Γ 的周期性保证了 $g(\zeta)$ 是平面除去原点上的解析函数. 由上面的估计,

$$|g(\zeta)| \leqslant C\mathrm{e}^{\frac{\pi}{2}|\operatorname{Im}\frac{\ln\zeta}{2\pi\mathrm{i}}|} \leqslant C\mathrm{e}^{\frac{|\ln|\zeta||}{4}}.$$

因此当 $|\zeta| > 1$ 时, $|g(\zeta)| \leqslant C|\zeta|^{\frac{1}{4}}$; 当 $|\zeta| < 1$ 时, $|g(\zeta)| \leqslant C|\zeta|^{-\frac{1}{4}}$. 这说明原点和无穷远点都是可去奇点, 从而 F/Γ 为常数. 再由

$$F(1) = \int_0^{+\infty} \mathrm{e}^{-t}\,\mathrm{d}t = 1,$$

得到这个常数为 1. 因此 $F(z) \equiv \Gamma(z)$. □

8.4　Riemann ζ 函数

在半平面 $\operatorname{Re} s > 1$, 级数

$$\zeta(s) = \sum_{n=1}^{\infty} \frac{1}{n^s} \tag{8.13}$$

是内闭一致收敛的, 因此是半平面上的解析函数, 称为 **Riemann ζ 函数**. 它在数论中起到了核心作用. 由例 8.2,

$$\zeta(2m) = \sum_{n=1}^{\infty} \frac{1}{n^{2m}} = (-1)^{m-1}\frac{(2\pi)^{2m}}{2(2m)!}B_{2m}.$$

8.4.1　乘积展开

定理 8.8　　令 $\{p_n\}$ 为素数递增序列. 对 $\sigma = \operatorname{Re} s > 1$,

$$\frac{1}{\zeta(s)} = \prod_{n=1}^{\infty}(1 - p_n^{-s}). \tag{8.14}$$

证明　对 $\sigma \geqslant \sigma_0 > 1$, 级数 $\sum |p_n^{-s}| = \sum p_n^{-\sigma}$ 一致收敛. 因此公式中的无穷乘积一致收敛. 显然

$$\zeta(s)(1 - 2^{-s}) = \sum n^{-s} - \sum (2n)^{-s} = \sum m^{-s},$$

其中 m 取遍所有正奇数. 同理,

$$\zeta(s)(1 - 2^{-s})(1 - 3^{-s}) = \sum m^{-s},$$

其中 m 取遍所有不能被 2 或者 3 整除的正整数. 一般地,

$$\zeta(s)(1 - 2^{-s})(1 - 3^{-s}) \cdots (1 - p_N^{-s}) = \sum m^{-s}, \tag{8.15}$$

其中 m 取遍所有不包含素因子 $2, 3, \cdots, p_N$ 的正整数. 等式右边的和式中第一项为 1, 第二项为 p_{N+1}^{-s}. 所以除第一项之外的所有项的和在 $N \to \infty$ 时趋于零. 因此

$$\lim_{N \to \infty} \zeta(s) \prod_{n=1}^{N}(1 - p_n^{-s}) = 1. \qquad \square$$

8.4.2　$\zeta(s)$ 扩张到整个平面

回忆 Γ 函数的积分表示. 对 $\sigma = \operatorname{Re} s > 1$,

$$\Gamma(s) = \int_0^{+\infty} \frac{x^{s-1}}{\mathrm{e}^x}\, \mathrm{d}x.$$

在积分中, 以 nx 代替 x, 得到

$$n^{-s}\Gamma(s) = \int_0^{+\infty} \frac{x^{s-1}}{\mathrm{e}^{nx}}\, \mathrm{d}x.$$

再对 n 求和得到

$$\zeta(s)\Gamma(s) = \int_0^{+\infty} \frac{x^{s-1}}{\mathrm{e}^x - 1}\, \mathrm{d}x. \tag{8.16}$$

定理 8.9　　对 $\sigma = \operatorname{Re} s > 1$, 有

$$\zeta(s) = -\frac{\Gamma(1-s)}{2\pi \mathrm{i}} \int_C \frac{(-z)^{s-1}}{\mathrm{e}^z - 1}\, \mathrm{d}z, \tag{8.17}$$

其中 C 为图 8.2 中的曲线, $(-z)^{s-1} = \mathrm{e}^{(s-1)\ln(-z)}$ 定义在正实轴的余集上, 且 $-\pi < \operatorname{Im}\ln(-z) < \pi$.

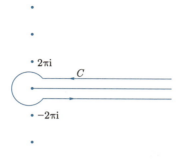

图 8.2 积分曲线 C

证明 积分收敛是显然的. 根据 Cauchy 定理, 它的值不依赖于曲线 C 的具体形状. 容易看出沿着圆周的积分随着半径趋于零. 这样就只剩下沿着正实轴来回的积分. 在上面的直线上 $(-z)^{s-1} = x^{s-1}\mathrm{e}^{-(s-1)\pi\mathrm{i}}$. 在下面的直线上 $(-z)^{s-1} = x^{s-1}\mathrm{e}^{(s-1)\pi\mathrm{i}}$. 因此

$$\int_C \frac{(-z)^{s-1}}{\mathrm{e}^z - 1}\,\mathrm{d}z = -\int_0^{+\infty} \frac{x^{s-1}\mathrm{e}^{-(s-1)\pi\mathrm{i}}}{\mathrm{e}^x - 1}\,\mathrm{d}x + \int_0^{+\infty} \frac{x^{s-1}\mathrm{e}^{(s-1)\pi\mathrm{i}}}{\mathrm{e}^x - 1}\,\mathrm{d}x$$

$$= [\mathrm{e}^{(s-1)\pi\mathrm{i}} - \mathrm{e}^{-(s-1)\pi\mathrm{i}}]\int_0^{+\infty} \frac{x^{s-1}}{\mathrm{e}^x - 1}\,\mathrm{d}x$$

$$= 2\mathrm{i}\sin[(s-1)\pi]\zeta(s)\Gamma(s) = -2\mathrm{i}\sin(s\pi)\zeta(s)\Gamma(s).$$

由于 $\Gamma(s)\Gamma(1-s) = \dfrac{\pi}{\sin(s\pi)}$, 因此上式蕴涵 (8.17). $\qquad\square$

在上述定理中, 等式右边的积分为全平面上解析函数. 而 $\Gamma(1-s)$ 是亚纯函数, 以所有正整数点为单极点. 由于已知 $\zeta(s)$ 在半平面 $\sigma > 1$ 解析, 因此除去 $s = 1$, 极点与积分的零点相抵消. 点 $s = 1$ 为 $-\Gamma(1-s)$ 的单极点, 留数为 1. 另一方面, 由留数定理,

$$\frac{1}{2\pi\mathrm{i}}\int_C \frac{\mathrm{d}z}{\mathrm{e}^z - 1} = 1,$$

因此 $\zeta(s)$ 以 $s = 1$ 为单极点, 留数为 1. 这样我们得到如下推论.

推论 8.3 ζ 函数可以扩充为全平面的亚纯函数, 其唯一的极点是 $s = 1$ 处的单极点, 其留数为 1.

ζ 函数在原点和负整数点的值也可以明确计算. 由上述定理,

$$\zeta(-n) = (-1)^n \frac{n!}{2\pi\mathrm{i}}\int_C \frac{z^{-n-1}}{\mathrm{e}^z - 1}\,\mathrm{d}z.$$

由展开式

$$\frac{z}{\mathrm{e}^z - 1} = \sum_{k=0}^{\infty} \frac{B_k}{k!}z^k = 1 - \frac{1}{2}z + \frac{1}{6}\cdot\frac{z^2}{k!} - \frac{1}{30}\cdot\frac{z^4}{4!} + \cdots,$$

其中 B_k 为 Bernoulli 数, 代入得到

$$\zeta(-n) = (-1)^n \frac{B_{n+1}}{n+1}.$$

特别地,

$$\zeta(0) = B_1 = -\frac{1}{2}, \quad \zeta(-2m) = \frac{B_{2m+1}}{2m+1} = 0, \quad \zeta(-2m+1) = -\frac{B_{2m}}{2m}.$$

点 $s = -2m$ 称为 ζ 函数的**平凡零点**.

8.4.3 函数方程与 ζ 函数的零点

定理 8.10
$$\zeta(s) = 2^s \pi^{s-1} \sin \frac{\pi s}{2} \Gamma(1-s) \zeta(1-s). \tag{8.18}$$

证明 函数 $(-z)^{s-1}/(\mathrm{e}^z - 1)$ 以 $\pm 2m\pi\mathrm{i}$ 为单极点, 留数为 $(\mp 2m\pi\mathrm{i})^{s-1}$. 考虑由直线 $t = \pm(2n+1)\pi$ 和 $\sigma = \pm(2n+1)\pi$ 所界定的正方形的边界 C_n (图 8.3). 闭链 $C_n - C$ 关于单极点 $\pm 2m\pi\mathrm{i}$ ($1 \leqslant m \leqslant n$) 的环绕数为 1. 因此

$$
\begin{aligned}
&\frac{1}{2\pi\mathrm{i}} \int_{C_n - C} \frac{(-z)^{s-1}}{\mathrm{e}^z - 1} \, \mathrm{d}z \\
&= \sum_{m=1}^{n} [(-2m\pi\mathrm{i})^{s-1} + (2m\pi\mathrm{i})^{s-1}] \\
&= 2 \sum_{m=1}^{n} (2m\pi)^{s-1} \sin \frac{\pi s}{2} = 2^s \pi^{s-1} \sin \frac{\pi s}{2} \sum_{m=1}^{n} m^{s-1}.
\end{aligned}
\tag{8.19}
$$

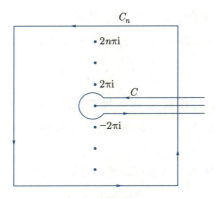

图 8.3 积分曲线 C 与 C_n

在 C_n 上, 由于 $-\pi < \operatorname{Im} \ln(-z) < \pi$,

$$|(-z)^{s-1}| = |z|^{\sigma-1} \mathrm{e}^{-t \operatorname{Im} \ln(-z)} \leqslant |z|^{\sigma-1} \mathrm{e}^{\pi|t|},$$

$|e^z - 1|$ 不小于一个正常数, 而 C_n 的长度不超过 n 的一个常数倍, 因此当 $\sigma < 0$, t 包含于一个有界开区间 (t_1, t_2) 时, 存在常数 $A < \infty$, 使得

$$\left| \frac{1}{2\pi i} \int_{C_n} \frac{(-z)^{s-1}}{e^z - 1} \, \mathrm{d}z \right| \leqslant An^\sigma.$$

上式当 $n \to \infty$ 时趋于零. 因此沿着 $C_n - C$ 的积分将趋于沿着 $-C$ 的积分. 由定理 8.9, 等式 (8.19) 左端趋于 $\zeta(s)/\Gamma(1-s)$. 而级数 $\sum m^{s-1}$ 收敛于 $\zeta(1-s)$. 这样我们就在区域 $\sigma < 0, t_1 < t < t_2$ 内证明了等式 (8.18). 又由于两个亚纯函数在一个非空开集上相等蕴涵整体相等, 因此等式 (8.18) 对所有 s 都成立. $\qquad \square$

推论 8.4 函数

$$\xi(s) = \frac{1}{2}s(1-s)\pi^{-\frac{s}{2}}\Gamma\left(\frac{s}{2}\right)\zeta(s)$$

是整函数, 且满足 $\xi(s) = \xi(1-s)$.

证明 因子 $1-s$ 抵消了 $\zeta(s)$ 的极点, 而因子 s 与 $\zeta(s)$ 的平凡零点抵消了 $\Gamma(s/2)$ 的极点. 因此 $\xi(s)$ 是整函数.

将恒等式 $\Gamma(s)\Gamma(1-s) = \pi/\sin(\pi s)$ 代入函数方程 (8.18), 得到

$$\zeta(1-s) = 2^{1-s}\pi^{-s}\cos\frac{\pi s}{2}\Gamma(s)\zeta(s).$$

这样方程 $\xi(s) = \xi(1-s)$ 等价于

$$\pi^{-s/2}\Gamma(s/2)\zeta(s) = \pi^{(s-1)/2}\Gamma\left(\frac{1-s}{2}\right)\zeta(1-s)$$
$$= 2^{1-s}\pi^{-(s+1)/2}\Gamma(s)\Gamma\left(\frac{1-s}{2}\right)\zeta(s)\cos\frac{\pi s}{2},$$

或者

$$\cos\frac{\pi s}{2}\Gamma(s)\Gamma\left(\frac{1-s}{2}\right) = 2^{s-1}\pi^{1/2}\Gamma\left(\frac{s}{2}\right).$$

由于

$$\Gamma\left(\frac{1-s}{2}\right)\Gamma\left(\frac{1+s}{2}\right) = \frac{\pi}{\cos\frac{\pi s}{2}},$$

故上式等价于

$$\pi^{1/2}\Gamma(s) = 2^{s-1}\Gamma\left(\frac{s}{2}\right)\Gamma\left(\frac{1+s}{2}\right).$$

这恰好是 Legendre 加倍公式. $\qquad \square$

由 ζ 函数的乘积展开我们知道 $\zeta(s)$ 在半平面 $\sigma > 1$ 没有零点, 再由函数方程可知它在半平面 $\sigma < 0$ 内的零点都是平凡零点. 因此所有非平凡零点都位于**临界带** $0 \leqslant \sigma \leqslant 1$ 内. 上面的推论说明整函数 $\xi(s)$ 的零点与 $\zeta(s)$ 非平凡零点一致. Riemann 猜测断言, $\zeta(s)$ 的所有非平凡零点都位于**临界直线** $\sigma = 1/2$ 上.

8.5   正规族

本节我们考察函数序列的收敛性. 对解析函数序列的收敛性, 我们通常采用欧氏度量; 而对亚纯函数序列则采用球面度量. 为统一这两种情形, 我们在更一般的设定下考察这一问题.

定义 8.1   设 $\mathscr{F}$ 是定义于区域 $\Omega \subset \mathbb{C}$ 到度量空间 S 的一个函数族. 我们称 $\mathscr{F}$ 是一个**正规族**, 是指 $\mathscr{F}$ 中的任意函数序列都包含一个内闭一致收敛的子序列.

注意定义中收敛子序列的极限并不要求包含于 $\mathscr{F}$ 中.

8.5.1   Arzelà-Ascoli 定理

我们知道连续函数序列的内闭一致收敛的极限也是连续的. 注意到紧集上的连续函数是一致连续的, 一个连续函数组成的正规族在紧子集上的连续性也应该满足某种一致性.

定义 8.2   设 $\mathscr{F}$ 是区域 $\Omega \subset \mathbb{C}$ 到度量空间 S 的一个连续函数族. 我们称 $\mathscr{F}$ 在子集 $E \subset \Omega$ 上是**等度连续**的, 是指任给 $\varepsilon > 0$, 存在 $\delta > 0$, 使得对 E 中的任意两点 z_1, z_2, 只要 $|z_1 - z_2| < \delta$, 对任意的 $f(z) \in \mathscr{F}$, 有

$$d(f(z_1), f(z_2)) < \varepsilon,$$

其中 $d(\cdot, \cdot)$ 表示度量空间 S 中的距离.

定理 8.11 (Arzelà-Ascoli (阿尔泽拉–阿斯科利))   区域 Ω 到度量空间 S 的一个连续函数族 $\mathscr{F}$ 是正规族, 当且仅当

(1) $\mathscr{F}$ 在任意紧子集 $E \subset \Omega$ 上等度连续;

(2) 对任一点 $z \in \Omega$, 集合 $\{f(z), f \in \mathscr{F}\}$ 包含于 S 的一个紧子集中.

证明   我们用反证法来证明 (1) 的必要性. 如果 $\mathscr{F}$ 在 E 上不是等度连续的, 则存在 $\varepsilon > 0$, 点对序列 $\{(z_n, z_n')\}$ 及函数序列 $f_n \in \mathscr{F}$, 使得对所有 n, 有 $d(f_n(z_n), f_n(z_n')) \geqslant \varepsilon$, 而 $|z_n - z_n'| \to 0$. 由于 E 是紧集, 存在序列 $\{z_n\}$ 及 $\{z_n'\}$ 的子序列, 它们收敛于同一极限 $z'' \in E$. 又由于 $\mathscr{F}$ 是正规族, $\{f_n\}$ 有子序列在 E 上一致收敛. 依次取子序列, 最后得到的子序列仍然记为 $\{z_n\}, \{z_n'\}$ 及 $\{f_n\}$.

记 f 为 $\{f_n\}$ 的极限. 则当 n 充分大时,

$$d(f_n(z_n), f(z_n)) < \varepsilon/3, \quad d(f_n(z_n'), f(z_n')) < \varepsilon/3.$$

由于 f 是连续的, 当 n 充分大时, $d(f(z_n), f(z_n')) < \varepsilon/3$. 结合这些不等式, 存在充分大的 n, 使得

$$d(f_n(z_n), f_n(z_n')) \leqslant d(f_n(z_n), f(z_n)) + d(f(z_n), f(z_n')) + d(f_n(z_n'), f(z_n')) < \varepsilon.$$

这与假设 $d(f_n(z_n), f_n(z'_n)) \geqslant \varepsilon$ 矛盾.

下面我们证明 (2) 的必要性. 由定理 2.6, 我们只需证明 $\{f(z), f \in \mathscr{F}\}$ 中的任一序列 $\{w_n\}$ 都有子序列收敛. 序列 $\{w_n\}$ 确定了一个函数序列 $\{f_n\}$ 使得 $f_n(z) = w_n$. $\mathscr{F}$ 的正规性蕴涵 $\{w_n\}$ 有子序列收敛.

充分性证明可用著名的 Cantor (康托尔) 对角线法则. 设 $\{f_n\}$ 是 $\mathscr{F}$ 中的一个序列. 首先选取 $\{\zeta_k\}$ 为 Ω 中的一个处处稠密的序列, 比如 Ω 中所有实部和虚部都是有理数的复数组成的序列. 由条件 (2), 存在 $\{f_n\}$ 的子序列 $\{f_{n_{1,j}}\}$ 使得 $\{f_{n_{1,j}}(\zeta_1)\}$ 收敛. 进一步存在 $\{f_{n_{1,j}}\}$ 的子序列 $\{f_{n_{2,j}}\}$ 使得 $\{f_{n_{2,j}}(\zeta_2)\}$ 收敛. 一般地, 存在 $\{f_{n_{k-1,j}}\}$ 的子序列 $\{f_{n_{k,j}}\}$ 使得 $\{f_{n_{k,j}}(\zeta_k)\}$ 收敛. 这样对所有点 ζ_k, 对角线序列 $\{f_{n_{j,j}}(\zeta_k)\}$ 收敛. 为方便起见, 记 $n_{j,j} = n_j$.

任给紧子集 $E \subset \Omega$, 我们要证明 $\{f_{n_j}\}$ 在 E 上一致收敛. 只需证明任给 $\varepsilon > 0$, 存在 $j_0 > 0$, 使得当 $i, j > j_0$ 时, 对任意点 $z \in E$,

$$d(f_{n_i}(z), f_{n_j}(z)) < \varepsilon. \tag{8.20}$$

由条件 (2), $f_{n_j}(z)$ 包含于 S 的一个紧子集中, 因此 $\{f_{n_j}\}$ 在 E 上一致收敛.

由条件 (1), 存在 $\delta > 0$, 使得对 $z, z' \in E$ 及 $f \in \mathscr{F}$, $|z - z'| < \delta$ 蕴涵 $d(f(z), f(z')) < \varepsilon/3$. 由于 E 是紧致的, 存在有限个圆心在 E 内, 半径为 $\delta/2$ 的开圆盘覆盖整个 E. 由于 $\{\zeta_k\}$ 在 Ω 中稠密, 每一个这样的开圆盘一定包含一点 ζ_k. 这样我们就得到由这有限个 ζ_k 组成的有限集 Z. 由于 $\{f_{n_j}\}$ 在 Z 上收敛, 存在 j_0, 使得只要 $i, j > j_0$, 对 $\zeta \in Z$,

$$d(f_{n_i}(\zeta), f_{n_j}(\zeta)) < \varepsilon/3.$$

任给 $z \in E$, 存在 $\zeta \in Z$, 使得 $|z - \zeta| < \delta$. 因此

$$d(f_{n_i}(z), f_{n_i}(\zeta)) < \varepsilon/3, \quad d(f_{n_j}(z), f_{n_j}(\zeta)) < \varepsilon/3.$$

结合上述三个不等式得到 (8.20). $\qquad\qquad\qquad\qquad\qquad\qquad\qquad\qquad\qquad\qquad\quad\square$

最后我们需要指出, 函数族可以作为一个适当的度量空间中的子集. 这时函数族的正规性等价于它的闭包的紧致性.

设 $\mathscr{F}$ 是区域 Ω 到度量空间 S 的一个函数族. 首先我们需要构造 Ω 中的一个紧子集序列 $\{E_k\}$, 使得 $E_k \subset E_{k+1}$ 且 $\bigcup_k E_k = \Omega$. 这样的序列可以通过如下方式构造: 取一点 $a \in \Omega$, 令

$$E_k = \{z \in \Omega : |z - a| \leqslant k, \text{ 且对任意的 } b \in \partial\Omega, |z - b| \geqslant 1/k\}.$$

则 E_k 满足如上条件. 考虑所有 Ω 到 S 的函数组成的空间 $\mathscr{S}$. 定义

$$\rho(f, g) = \sum_{k=1}^{\infty} \frac{\delta_k(f, g)}{2^k},$$

其中

$$\delta_k(f,g) = \sup_{z \in E_k} \frac{\mathrm{d}(f(z), g(z))}{1 + \mathrm{d}(f(z), g(z))}.$$

则 $(\mathscr{S}, \rho)$ 就成为一个度量空间. 其中的函数序列 $\{f_n\}$ 内闭一致收敛于 g 当且仅当 $\rho(f_n, g) \to 0$. 由定理 2.7, 函数族 $\mathscr{F}$ 是正规的当且仅当它在 $(\mathscr{S}, \rho)$ 中的闭包是紧致的.

8.5.2   解析函数族

应用 Arzelà-Ascoli 定理于解析函数族, 度量空间 S 当然就取为 $S = \mathbb{C}$, 其中的度量选取为欧氏度量.

定理 8.12   区域 Ω 上的一个解析函数族 $\mathscr{F}$ 是正规的, 当且仅当 $\mathscr{F}$ 在 Ω 的任意紧集上一致有界.

证明   先证必要性. 设 $E \subset \Omega$ 为紧集. 由定理 8.11 中的条件 (2), $\mathscr{F}$ 中函数在每一点 $z \in \Omega$ 上的取值都包含于一个有界集. 其界可能依赖于点 z. 对每一点 $z_0 \in \Omega$, 取闭圆盘 $|z - z_0| \leqslant \rho$ 包含于 Ω 内. 由条件 (1), $\mathscr{F}$ 在这个闭圆盘上等度连续. 因此 $\mathscr{F}$ 中函数在这个闭圆盘上的取值也包含于一个有界集. 由于 E 可以被有限个这样的闭圆盘的内部覆盖, 因此 $\mathscr{F}$ 中函数在 E 上的取值包含于一个有界集.

对充分性, 我们只需证明 $\mathscr{F}$ 在任意紧子集 $E \subset \Omega$ 上是等度连续的. 任给 $z_0 \in E$, 存在 $\rho > 0$, 使得闭圆盘 $D = \{|z - z_0| \leqslant \rho\}$ 包含于 Ω 内. 对 D 内任意两点 z_1, z_2 及 $f \in \mathscr{F}$, 由 Cauchy 积分公式,

$$f(z_1) - f(z_2) = \frac{z_1 - z_2}{2\pi \mathrm{i}} \int_{\partial D} \frac{f(\zeta) \, \mathrm{d}\zeta}{(\zeta - z_1)(\zeta - z_2)}.$$

如果在 ∂D 上 $|f(z)| \leqslant M$, 且 z_1, z_2 包含于半径为 $\rho/2$ 的同心圆盘内, 则

$$|f(z_1) - f(z_2)| \leqslant \frac{4M}{\rho} |z_1 - z_2|. \tag{8.21}$$

开圆盘 $|z - z_0| < \rho/4$ 组成 E 的一个开覆盖, 因此有有限子覆盖. 记这有限个闭圆盘 D_k 的圆心为 z_k, 半径为 r_k. 则存在 $M_k > 0$, 使得对 $z \in D_k, f \in \mathscr{F}$, 有 $|f(z)| \leqslant M_k$. 记 $r = \min\{r_k\}$ 及 $M = \max\{M_k\}$. 任给 $\varepsilon > 0$, 令 $\delta = \min\{r/4, (\varepsilon r)/(4M)\}$. 如果 $|z_1 - z_2| < \delta$, 选取 ζ_k 使得 $|z_1 - \zeta_k| < r_k/4$, 则 $|z_2 - \zeta_k| < \delta + r_k/4 \leqslant r_k/2$. 因此可应用 (8.21) 得到

$$|f(z_1) - f(z_2)| \leqslant \frac{4M_k\delta}{r_k} \leqslant \frac{4M\delta}{r} \leqslant \varepsilon. \qquad \square$$

8.5.3   亚纯函数族

当我们考察亚纯函数序列的收敛性时, 采取球面度量是方便的. 当然解析函数序列也可以采用球面度量, 但是在两种度量下的收敛性是不同的.

引理 8.1 如果亚纯函数序列内闭一致收敛, 则极限函数或者是亚纯函数, 或者恒等于 ∞. 特别地, 如果解析函数序列在相同意义下收敛, 则极限函数或者是解析函数, 或者恒等于 ∞.

证明 设区域 Ω 上的亚纯函数序列 $\{f_n(z)\}$ 内闭一致收敛于 $f(z)$. 则 $f(z)$ 在球面度量下是连续的. 任给 $z_0 \in \Omega$. 如果 $f(z_0) \neq \infty$, 则存在包含 z_0 的开圆盘 Δ, 使得 $\overline{\Delta} \subset \Omega$, 且 $|f(z)| \leqslant |f(z_0)| + 1$ 在 Δ 上成立. 因此当 n 充分大时, $|f_n(z)| \leqslant |f(z_0)| + 2$ 在 Δ 上成立. 这说明 $f_n(z)$ 是 Δ 上的解析函数. 通过比较球面度量与欧氏度量, 可知在 $\overline{\Delta}$ 上 $\{f_n(z)\}$ 在欧氏度量下一致收敛于 $f(z)$. 由 Weierstrass 定理, $f(z)$ 在 Δ 上解析.

如果 $f(z_0) = \infty$, 由于 $1/f(z)$ 是 $1/f_n(z)$ 在球面度量下的极限, 同理可证 $1/f(z)$ 在包含 z_0 的一个开圆盘 $\Delta \subset \Omega$ 上解析, 且在 Δ 上 $1/f(z)$ 或者以 z_0 为唯一零点, 或者恒等于零. 在第一种情形下 $f(z)$ 是 Δ 上的亚纯函数.

令 $E \subset \Omega$ 由满足如下性质的点 z_0 组成: $f(z)$ 在 z_0 点的一个小邻域内恒等于 ∞. 则 E 是开集. 上面的讨论说明 $\Omega \setminus E$ 也是开集. 由于 Ω 是连通的, 或者 $E = \Omega$, 或者 E 是空集. 在第一种情形下 $f(z)$ 恒等于 ∞, 在第二种情形下 $f(z)$ 是 Ω 上的亚纯函数.

假设 $\{f_n(z)\}$ 是解析函数序列, 且 $f(z)$ 不恒等于 ∞. 我们要证 $f(z)$ 是解析函数. 如果 $f(z_0) = \infty$, 则 $1/f(z)$ 在包含 z_0 的一个开圆盘 $\Delta \subset \Omega$ 上解析, 且在 Δ 上 $1/f(z)$ 以 z_0 为唯一零点. 由于 $1/f_n(z)$ 在 Δ 上没有零点, 由 Hurwitz 定理, 在 Δ 上 $1/f(z)$ 恒等于零. 矛盾. □

亚纯函数 $f(z)$ 的**球面导数**定义为

$$\rho(f) = \frac{2\,f'(z)|}{1 + |f(z)|^2}.$$

显然除去极点之外 $\rho(f)$ 是连续的. 如果 z_0 是 $f(z)$ 的 k 阶极点, 则在 z_0 的一个邻域内, $f(z) = g(z)/(z - z_0)^k$, 其中 $g(z)$ 是解析的, 且 $g(z_0) \neq 0$. 于是

$$\frac{f'(z)}{f(z)} = \frac{g'(z)}{g(z)} + \frac{k}{z - z_0}.$$

由此得到

$$\lim_{z \to z_0} \rho(f)(z) = \lim_{z \to z_0} \frac{2|f'(z)|}{1 + |f(z)|^2} = \lim_{z \to z_0} \frac{k|z - z_0|^{k-1}}{|g(z_0)|}.$$

这说明 $\rho(f)$ 在整个区域上是连续的. 直接验证可知 $\rho(f) = \rho(1/f)$.

定理 8.13 亚纯函数族是正规的, 当且仅当球面导数在区域内的任意紧子集上一致有界.

证明 先证充分性. 由球面度量的定义,

$$d(f(z_1), f(z_2)) = \frac{2|f(z_1) - f(z_2)|}{\sqrt{1 + |f(z_1)|^2} \cdot \sqrt{1 + |f(z_2)|^2}}.$$

记 γ 为连接 z_1 与 z_2 的线段, 则

$$d(f(z_1), f(z_2)) \leqslant \int_\gamma \rho(f)(z)|\,\mathrm{d}z|.$$

因此, 如果 $\rho(f) \leqslant M$, 则 $d(f(z_1), f(z_2)) \leqslant M|z_1 - z_2|$. 因此 $\rho(f)$ 在紧子集上一致有界蕴涵等度连续性.

我们用反证法来证明必要性. 假设 $\mathscr{F}$ 是正规的, 且 $\rho(f)$ 在一个紧子集 E 上不是一致有界的. 于是存在 $\mathscr{F}$ 中的一个序列 $\{f_n\}$, 使得 $\rho(f_n)$ 在 E 上的最大值趋于 ∞. 由正规性, 我们可以假设 $\{f_n\}$ 在 E 上收敛于亚纯函数 f.

任给一点 $z_0 \in E$, 存在以 z_0 为圆心且包含于 Ω 的闭圆盘, 使得在这个闭圆盘上或者 $f(z)$ 解析, 或者 $1/f(z)$ 解析. 在第一种情形下, 由 Weierstrass 定理, 在稍小一点的同心闭圆盘上 $\{\rho(f_n)\}$ 收敛于 $\rho(f)$. 同理在第二种情形下, $\{\rho(1/f_n) = \rho(f_n)\}$ 收敛于 $\rho(1/f) = \rho(f)$. 因此在两种情形下都有 $\{\rho(f_n)\} \to \rho(f)$. 由于 $\rho(f)$ 是连续的, $\rho(f_n)$ 在较小的圆盘上有界. 这与假设矛盾. $\square$

习题八

1. 对 $\ln(1 + z/n)$ 的一个解析单值分支应用 Taylor 定理, 证明

$$\lim_{n\to\infty} \left(1 + \frac{z}{n}\right)^n = \mathrm{e}^z$$

在所有紧集上是一致的.

2. 证明级数

$$\zeta(z) = \sum_{n=1}^\infty n^{-z}$$

在 $\operatorname{Re} z > 1$ 时收敛, 并将其导数表示为级数形式.

3. 证明

$$(1 - 2^{1-z})\zeta(z) = 1^{-z} - 2^{-z} + 3^{-z} - \cdots.$$

并证明右边的级数当 $\operatorname{Re} z > 0$ 时是 z 的解析函数.

4. 证明

$$\sum_{n=1}^\infty \frac{nz^n}{1-z^n} = \sum_{n=1}^\infty \frac{z^n}{(1-z^n)^2}$$

对 $|z| < 1$ 成立. (提示: 展开成二重级数并交换求和顺序.)

5. 将 $1/(1+z^2)$ 展开为 $z - a$ 的幂级数, 其中 a 为实数, 求系数的通项公式.

6. Legendre 多项式定义为下述展开式中的系数 $P_n(\alpha)$:

$$(1 - 2\alpha z + z^2)^{-1/2} = 1 + P_1(\alpha)z + P_2(\alpha)z^2 + \cdots.$$

试求 P_1, P_2, P_3, P_4.

7. 试将 $\ln(\sin z/z)$ 展开为 z 的幂级数, 写到前 6 项.

8. Fibonacci (斐波那契) 数列定义为 $c_0 = 0, c_1 = 1$,

$$c_n = c_{n-1} + c_{n-2}.$$

证明 c_n 是一个有理函数的 Taylor 展开式的系数, 并求出这个有理函数.

9. 函数

$$S_f(z) = \frac{f'''(z)}{f'(z)} - \frac{3}{2}\left(\frac{f''(z)}{f'(z)}\right)^2$$

称为 $f(z)$ 的 Schwarz 导数. 求 S_f 在 $f(z)$ 的重零点或者重极点处的 Laurent 展开式的首项.

10. 试以 Bernoulli 数表示 $\tan z$ 的 Taylor 展开式以及 $\cot z$ 的 Laurent 展开式.

11. 求 $1/\cos(\pi z)$ 的部分分式展开式, 并由此证明

$$\frac{\pi}{4} = 1 - \frac{1}{3} + \frac{1}{5} - \frac{1}{7} + \cdots.$$

12. 求

$$\sum_{n=-\infty}^{\infty} \frac{1}{(z+n)^2 + a^2}.$$

13. 证明

$$\prod_{n=2}^{\infty}\left(1 - \frac{1}{n^2}\right) = \frac{1}{2}.$$

14. 证明对 $|z| < 1$, 有

$$(1+z)(1+z^2)(1+z^4)\cdots = \frac{1}{1-z}.$$

15. 证明

$$\prod_{n=1}^{\infty}\left(1 + \frac{z}{n}\right)\mathrm{e}^{-\frac{z}{n}}$$

在任意紧集上绝对一致收敛.

16. 证明绝对收敛的无穷乘积在因子重新排列后值不变.

17. 证明函数

$$\theta(z) = \prod_{n=1}^{\infty}(1 + h^{2n-1})(1 + h^{2n-1}\mathrm{e}^{-z})$$

在全平面解析, 并满足函数方程 $\theta(z + 2\ln h) = h^{-1}\mathrm{e}^{-z}\theta(z)$, 其中 $|h| < 1$.

18. 设 $\{a_n\}$ 为由互不相同的复数组成的趋于 ∞ 的序列, $\{A_n\}$ 为任意复数序列. 证明存在整函数 $f(z)$ 使得 $f(a_n) = A_n$.

(提示: 设 $g(z)$ 是以 a_n 为单零点的函数. 证明存在复数序列 $\{\gamma_n\}$, 使得级数

$$\sum_{n=1}^{\infty} g(z)\frac{\mathrm{e}^{\gamma_n(z-a_n)}}{z - a_n} \cdot \frac{A_n}{g'(a_n)}$$

收敛.)

19. 证明

$$\sin(z+\alpha) = \mathrm{e}^{\pi z \cot(\pi\alpha)} \prod_{-\infty}^{\infty} \left(1 + \frac{z}{n+\alpha}\right) \mathrm{e}^{-\frac{z}{n+\alpha}},$$

只要 α 不是整数. (提示: 将典范乘积前的因子记为 $g(z)$, 然后确定 $g'(z)/g(z)$.)

20. 设 $f(z)$ 是亏格为 0 或者 1 而且具有实零点的函数. 如果 $f(z)$ 在实轴上取实值, 证明 $f'(z)$ 的所有零点也是实数. (提示: 考虑 $\mathrm{Im}\,(f'(z)/f(z))$.)

21. 证明 Gauss 公式:

$$(2\pi)^{\frac{n-1}{2}} \Gamma(z) = n^{z-\frac{1}{2}} \Gamma\left(\frac{z}{n}\right) \Gamma\left(\frac{z+1}{n}\right) \cdots \Gamma\left(\frac{z+n-1}{n}\right).$$

22. 证明:

$$\Gamma\left(\frac{1}{6}\right) = 2^{-\frac{1}{3}} \left(\frac{3}{\pi}\right)^{\frac{1}{2}} \Gamma\left(\frac{1}{3}\right)^2.$$

23. 求 $\Gamma(z)$ 在极点 $z = -n$ 处的留数.

24. 利用 Cauchy 定理与 $\Gamma(z)$ 的积分表示计算 Fresnel (菲涅耳) 积分

$$\int_0^{+\infty} \sin(x^2)\,\mathrm{d}x, \quad \int_0^{+\infty} \cos(x^2)\,\mathrm{d}x.$$

(提示: 由 $\Gamma(z)$ 的积分表示可以计算如下概率积分:

$$\int_0^{+\infty} \mathrm{e}^{-t^2}\,\mathrm{d}t = \frac{1}{2}\int_0^{+\infty} \mathrm{e}^{-x} x^{-\frac{1}{2}}\,\mathrm{d}x = \frac{1}{2}\Gamma\left(\frac{1}{2}\right) = \frac{1}{2}\sqrt{\pi}.)$$

25. 证明具有正实部的解析函数族是正规族.

26. 证明 $\{z^n\}$ (n 为非负整数) 在单位圆盘内是正规族. 在单位圆盘外是球面度量意义下的正规族. 但是在包含单位圆周上一点的任意邻域内不正规.

27. 设 $f(z)$ 是整函数. 证明 $\{f(kz)\}$ (k 为实数) 组成的函数族在圆环 $r_1 < |z| < r_2$ 正规, 当且仅当 $f(z)$ 是多项式.

28. 如果解析函数 (或者亚纯函数) 族 $\mathscr{F}$ 在区域 Ω 内不是正规的, 则存在 $z_0 \in \Omega$, 使得 $\mathscr{F}$ 在 z_0 的任意一个邻域内都不是正规的.

第九章

共形映射与
Dirichlet问题

本章我们考察一般区域上的共形映射. 我们将通过区域的几何性质推导出映射函数的解析性质. 在多连通区域情形下则借助调和函数来构造共形映射. 对应的给定边界值的调和函数的存在性问题称为 Dirichlet (狄利克雷) 问题.

9.1　单连通区域上的共形映射

9.1.1　Riemann 映射定理

定理 9.1　设 $\Omega \subsetneq \mathbb{C}$ 为单连通区域, $z_0 \in \Omega$. 则存在唯一的一个共形映射 $f(z)$ 将 Ω 映为单位圆盘 D, 使得 $f(z_0) = 0$, 且 $f'(z_0) > 0$.

证明　唯一性是容易证明的. 如果有两个这样的映射 $f_1(z), f_2(z)$, 则 $S = f_1 \circ f_2^{-1}$ 把单位圆盘共形映射到自身. 由例 5.5, $S(z)$ 一定是分式线性变换. 由于 $S(0) = 0$ 且 $S'(0) > 0$, $S(z)$ 一定是恒等映射.

为证明存在性, 考虑 Ω 上满足如下性质的单叶解析函数组成的函数族:

$$\mathscr{F} = \{g : \Omega \to D : g(z_0) = 0 \text{ 且 } g'(z_0) > 0\}.$$

首先我们证明 $\mathscr{F}$ 是非空的.

由假设, 存在 $a \in \mathbb{C} \setminus \Omega$. 由于 Ω 单连通, 在 Ω 内可以定义 $\sqrt{z-a}$ 的一个解析单值分支 $h(z)$. 由于 $h(\Omega)$ 与 $-h(\Omega)$ 不相交, 存在 $\rho > 0$, 使得 $h(\Omega)$ 与闭圆盘 $|w + h(z_0)| \leqslant \rho$ 不相交. 令 $A(z)$ 为闭圆盘 $|w + h(z_0)| \leqslant \rho$ 的外部映为单位圆盘的分式线性变换. 则 $A(h(\Omega)) \subset D$. 再令 $B(z)$ 是单位圆盘映到自身的分式线性变换, 满足 $B \circ A \circ h(z_0) = 0$, 且 $(B \circ A \circ h)'(z_0) > 0$. 则 $B \circ A \circ h \in \mathscr{F}$.

令 $M = \sup\{g'(z_0) : g \in \mathscr{F}\}$. 存在序列 $g_n \in \mathscr{F}$, 使得 $g_n'(z_0) \to M$. 由定理 8.12, $\mathscr{F}$ 是正规族. 因此存在子序列, 仍然记为 $\{g_n\}$, 使得 $\{g_n\}$ 内闭一致收敛于一个解析函数 $f(z)$. 显然 $|f(z)| \leqslant 1$, $f(z_0) = 0$ 且 $f'(z_0) = M > 0$. 由推论 8.1, $f \in \mathscr{F}$.

下证 $f : \Omega \to D$ 是满射. 假设存在一点 $w_0 \in D \setminus f(\Omega)$. 由推论 5.9, 存在解析单值分支

$$F(\zeta) = \sqrt{\frac{\zeta - w_0}{1 - \overline{w_0}\zeta}}.$$

将 $f(\Omega)$ 单叶地映射到 D 的内部, $F(0) = \sqrt{-w_0}$. 作规范化得到

$$G(\zeta) = \frac{|F'(0)|}{F'(0)} \cdot \frac{F(\zeta) - F(0)}{1 - \overline{F(0)}F(\zeta)}.$$

于是 $G(0) = 0$; 当 $\zeta \in f(\Omega)$ 时, $|G(\zeta)| < 1$. 经过计算得到

$$G'(0) = \frac{|F'(0)|}{1 - |F(0)|^2} = \frac{1 + |w_0|}{2\sqrt{|w_0|}} > 1.$$

因此 $G \circ f(z) \in \mathscr{F}$, 但是 $(G \circ f)'(z_0) > f'(z_0) = M$. 这是一个矛盾. 最后得到 $f : \Omega \to D$ 是满射. □

利用如上定义的单叶函数 $G(\zeta)$ 可以构造逼近共形映射的一个单叶函数序列. 设 $\Omega_0 \subset D$ 是一个包含原点的单连通区域, 且 $D \setminus \Omega_0$ 非空. 在 $D \setminus \Omega_0$ 内取一点 w_0, 使得 $|w_0|$ 达到最小值. 令 $G_0(z)$ 是如上定义的 Ω_0 上的单叶函数, 则对 $z \in \Omega_0$, $|G_0(z)| < 1$, $G_0(0) = 0$, 且 $G_0'(0) = (1 + |w_0|)/(2\sqrt{|w_0|})$.

令 $\Omega_1 = G_0(\Omega_0)$. 在 $D \setminus \Omega_1$ 内取一点 w_1, 使得 $|w_1|$ 达到最小值. 令 $G_1(z)$ 是如上定义的 Ω_1 上的单叶函数, 则对 $z \in \Omega_1$, $|G_1(z)| < 1$, $G_1(0) = 0$, 且 $G_1'(0) = (1 + |w_1|)/(2\sqrt{|w_1|})$.

重复以上过程, 我们得到区域 $\Omega_n = G_{n-1}(\Omega_{n-1})$ 上的单叶函数 $G_n(z)$ 以及点列 $w_n \in D \setminus \Omega_n$, 使得对 $z \in \Omega_n$, $|G_n(z)| < 1$, $G_n(0) = 0$, 且 $G_n'(0) = (1 + |w_n|)/(2\sqrt{|w_n|})$. 可以验证 Ω_0 上的单叶函数序列 $\{G_n \circ G_{n-1} \circ \cdots \circ G_0\}$ 有子序列内闭一致收敛于 Ω_0 到 D 的一个共形映射.

9.1.2 边界对应

引理 9.1　设 $f : \Omega \to D$ 为共形映射. 则当 $z \to \partial\Omega$ 时, $|f(z)| \to 1$.

证明　如果结论不成立, 则存在序列 $\{z_n\} \in \Omega$, 使得 $\{z_n\}$ 趋于 $\partial\Omega$, 而 $w_n = f(z_n)$ 收敛于点 $w' \in D$. 由于 $f(z)$ 是同胚, $z_n = f^{-1}(w_n)$ 收敛于 $z' = f^{-1}(w') \in D$. 这与 $\{z_n\}$ 趋于 $\partial\Omega$ 矛盾. □

设 Ω 的边界包含一条线段 $\gamma = (a, b)$. 我们称 γ 是一条**自由边界线段**, 是指对任意点 $c \in \gamma$, 存在小圆盘 $D = \{|z - c| < r\}$, 使得 $D \cap \gamma$ 为 D 的一条直径, 且 $D \cap \partial\Omega = D \cap \gamma$. 此时 $D \setminus \gamma$ 中的两个半圆盘或者都包含于 Ω 内, 或者恰好只有一个包含于 Ω 内. 前一种情形我们称 γ 是一条**双边自由边界线段**, 而后一种情形称为**单边自由边界线段**.

定理 9.2　设单连通区域 Ω 的边界包含一条线段 γ 作为它的单边自由线段, 则共形映射 $f : \Omega \to D$ 可以延拓为包含 $\Omega \cup \gamma$ 的一个区域上的共形映射.

证明　任给 $\zeta_0 \in \gamma$, 令 Δ 是以 ζ_0 为圆心的一个小圆盘, 使得 $D \cap \gamma$ 为 D 的一条直径, 且 $D \cap \partial\Omega = D \cap \gamma$. 不妨假设 Δ 不包含 $f^{-1}(0)$. 于是在半圆盘 $\Delta \cap \Omega$ 内, $\ln f(z)$ 有一个单值解析分支. 由引理 9.1, 它的实部在 z 趋于 γ 时趋于零. 由反射原理, $\ln f(z)$ 可以对称延拓为 Δ 上的解析函数. 因此 $f(z)$ 可以延拓为 Δ 上的解析函数.

所有这些小圆盘 Δ 以及 Ω 的并构成包含 $\Omega \cup \gamma$ 的一个区域 Ω'. 在小圆盘重叠的点得到的解析延拓相互重合. 这样我们就得到了 Ω' 上的解析函数. 由局部对应定理可

知 $f'(z)$ 在 γ 上没有零点. 因此 $f(z)$ 可以延拓为包含 $\Omega \cup \gamma$ 的一个区域上的共形映射. □

一条 Jordan 曲线 $\gamma: S^1 \to \mathbb{C}$ 称为**正则解析曲线**, 是指 γ 可以扩充为包含单位圆周 S^1 的一个区域上的共形映射. 一条 Jordan 弧 $\gamma: (a,b) \to \mathbb{C}$ 称为**正则解析弧**, 是指 γ 可以扩充为包含区间 (a,b) 的一个区域上的共形映射. 类似上面的讨论, 我们也可以定义**单边自由的正则解析弧**. 上述定理对单边自由的正则解析弧仍然成立. 这里我们只陈述定理, 证明留给读者.

定理 9.3 设单连通区域 Ω 的边界包含一条单边自由的正则解析弧 γ. 则共形映射 $f: \Omega \to D$ 可以延拓为包含 $\Omega \cup \gamma$ 的一个区域上的共形映射. 特别地, 如果 $\partial\Omega$ 是正则解析曲线, 则 $f(z)$ 可以延拓为包含 $\overline{\Omega}$ 的一个区域上的共形映射.

9.2 多边形上的共形映射

9.2.1 Schwarz-Christoffel 公式

当单连通区域是多边形时, 其到单位圆盘的共形映射的逆映射可以通过积分表示出来.

设 Ω 为有界的多边形区域. 其顶点按照正的方向排列分别为 $z_1, z_2, \cdots, z_n$, 在顶点 z_k 处的角度为

$$0 < \alpha_k\pi = \arg \frac{z_{k-1} - z_k}{z_{k+1} - z_k} < 2\pi,$$

其中 $z_0 = z_n, z_{n+1} = z_1$. 对应的外角为 $\beta_k\pi = (1-\alpha_k)\pi$, 满足 $\beta_1 + \beta_2 + \cdots + \beta_n = 2\pi$. 多边形是凸的当且仅当 $\beta_k > 0$.

设 $f: \Omega \to D$ 为共形映射. 由定理 9.2, $f(z)$ 可以延拓为包含任一条边 (除去顶点) 的一个区域上的共形映射. 下面我们证明这些边的像是互不相交的, 它们的并为整个圆周除去 n 个点.

任给顶点 z_k, 取圆心在 z_k 的一个小圆盘 Δ_k, 使得它只与以 z_k 为端点的两条边相交. 则 $S_k = \Omega \cap \Delta_k$ 为一个扇形. 函数 $\zeta = (z - z_k)^{\frac{1}{\alpha_k}}$ 的一个单值解析分支将 S_k 映为一个半圆盘 S'_k, 它的反函数为 $z_k + \zeta^{\alpha_k}$ 的一个单值分支. 于是函数 $g(\zeta) = f(z_k + \zeta^{\alpha_k})$ 将 S'_k 映到单位圆盘内, 且当 ζ 趋于半圆盘的直径时, $|g(\zeta)| \to 1$. 应用反射原理, 可知 $g(\zeta)$ 可以延拓到整个圆盘上的共形映射. 当 $z \to z_k$ 时, $f(z)$ 趋于圆周上一点 w_k, 且把以 z_k 为端点的两条边映为以 w_k 为公共端点的两条弧 (图 9.1).

应用定理 9.2, 我们就将 $f(z)$ 延拓为 $\overline{\Omega}$ 到闭单位圆盘的连续映射. 最后应用留数

定理或者拓扑讨论, 可以证明 $f(z)$ 是从 $\overline{\Omega}$ 到闭单位圆盘的同胚.

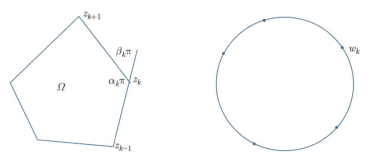

图 **9.1**　多边形上的共形映射

定理 9.4 (Schwarz-Christoffel (施瓦茨–克里斯托费尔) 公式)　设 F 是从单位圆盘 D 到角度为 $\alpha_k\pi$ $(1 \leqslant k \leqslant n)$ 的多边形区域的共形映射. 则 $F(w)$ 必有形式

$$F(w) = C \int_0^w \prod_{k=1}^n (w - w_k)^{-\beta_k}\, \mathrm{d}w + C', \tag{9.1}$$

其中 $\beta_k = 1 - \alpha_k$, w_k 是单位圆周上的点, C 与 C' 是复常数.

　　证明　我们已经知道函数 $w = g(\zeta) = f(z_k + \zeta^{\alpha_k})$ 在原点的一个邻域内是单叶的. 它的反函数的 Taylor 展开式具有形式

$$\zeta = \sum_{m=1}^{\infty} b_m (w - w_k)^m,$$

其中 $b_1 \neq 0$. 于是 $F(w)$ 可以表示为

$$F(w) - z_k = \zeta^{\alpha_k} = (w - w_k)^{\alpha_k} G_k(w),$$

其中 $G_k(w)$ 在 w_k 的一个邻域内解析且没有零点. 等式两边乘 $(w - w_k)^{-\alpha_k}$, 然后求导得到

$$F'(w)(w - w_k)^{\beta_k} = \alpha_k G_k(w) + (w - w_k)G_k'(w).$$

因此 $F'(w)(w - w_k)^{\beta_k}$ 在 w_k 的一个邻域内解析且不等于零. 最后得到

$$H(w) = F'(u) \prod_{k=1}^n (w - w_k)^{\beta_k}$$

在包含闭单位圆盘的一个区域上解析且不等于零.

　　我们断言 $H(w)$ 是一个常数. 考察当 $w = \mathrm{e}^{\mathrm{i}\theta}$ 位于单位圆周上介于 $w_k = \mathrm{e}^{\mathrm{i}\theta_k}$ 与 $w_{k+1} = \mathrm{e}^{\mathrm{i}\theta_{k+1}}$ 之间时 $H(w)$ 的辐角. 我们知道 $\arg F'(\mathrm{e}^{\mathrm{i}\theta})$ 等于单位圆周在 $\mathrm{e}^{\mathrm{i}\theta}$ 的切线与

它的像在 $F(\mathrm{e}^{\mathrm{i}\theta})$ 的切线之间的夹角. 前者为 $\theta + \pi/2$, 后者为常数. 因此 $\arg F'(\mathrm{e}^{\mathrm{i}\theta})$ 与 $-\theta$ 相差一个常数. 由

$$w - w_k = \mathrm{e}^{\mathrm{i}\theta} - \mathrm{e}^{\mathrm{i}\theta_k} = 2\mathrm{i}\mathrm{e}^{\mathrm{i}\frac{\theta+\theta_k}{2}} \sin\frac{\theta-\theta_k}{2},$$

得到 $\arg(w - w_k)$ 与 $\theta/2$ 相差一个常数. 注意到 $\beta_1 + \beta_2 + \cdots + \beta_n = 2$, 我们得到 $\arg\prod(w - w_k)^{\beta_k}$ 与 θ 相差一个常数. 最后得到 $\arg H(w)$ 在 w_k 与 w_{k+1} 之间为常数.

由于 $H(w)$ 在包含闭单位圆盘的一个区域上解析且不等于零. 因此 $\arg H(w)$ 是连续的. 所以它在整个单位圆周上都是常数. 由极值原理, 调和函数 $\arg H(w) = \mathrm{Im} \ln H(w)$ 在单位圆盘内是常数. 因此 $H(w)$ 是常数.

这样我们得到在单位圆盘内

$$F'(w) = C \prod_{k=1}^{n} \frac{1}{(w - w_k)^{\beta_k}},$$

其中 C 为常数. 积分即得到公式 (9.1). $\qquad\square$

给定单位圆周上互不相同的点 $w_1, w_2, \cdots, w_n$, 以及 $\beta_1, \beta_2, \cdots, \beta_n \in (-1, 1)$, 满足 $\beta_1 + \beta_2 + \cdots + \beta_n = 2$. 可以验证公式 (9.1) 所确定的解析函数 $F(w)$ 把单位圆周映为一条闭折线. 它不一定不自交. 如果这条闭曲线不自交, 则利用辐角原理可以证明 $F(w)$ 把单位圆盘共形映射为一个多边形区域.

可以验证当 $n \leqslant 5$ 时, $F(w)$ 一定是共形的. 当 $n = 6$ 时, 有反例表明 $F(w)$ 不一定是共形的 (图 9.2).

对退化的多边形, 上述定理的证明仍然有效. 只需确定外角即可. 如果在一个有界顶点处的两条边重合, 则有 $\beta = -1$. 如果多边形以 ∞ 为顶点, 则对应的外角满足 $1 \leqslant \beta \leqslant 3$. 比如由线段 $[\mathrm{i}, -\mathrm{i}]$, 从点 i 出发的辐角为 $\theta \in [0, \pi]$ 的射线及其共轭射线所围的包含正实轴的区域 Ω (图 9.3). 对应的外角为 $(\pi/2 - \theta, \pi/2 - \theta, \pi + 2\theta)$.

图 9.2 $F(w)$ 不是共形映射

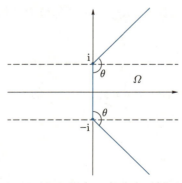

图 9.3 退化多边形

9.2.2　三角形和矩形上的共形映射

分式线性变换 $A(\zeta) = (\zeta - \mathrm{i})(\zeta + \mathrm{i})$ 将上半平面映为单位圆盘, 且 $A(\infty) = 1$. 假设在公式 (9.1) 中, $w_k \neq 1$. 将 $w = A(\zeta)$ 代入公式, 我们就得到把上半平面映为多边形区域的共形映射的表达式

$$F(\zeta) = C \int_{\mathrm{i}}^{\zeta} \prod_{k=1}^{n} (\zeta - x_k)^{-\beta_k}\, \mathrm{d}\zeta + C', \tag{9.2}$$

其中 $x_k = A^{-1}(w_k)$. 另外积分下限也可以取为 $\zeta = 0$. 即使对某个 $x_k = 0$, 积分仍然是收敛的. 如果 $w_n = 1$, 则得到

$$F(\zeta) = C \int_{0}^{\zeta} \prod_{k=1}^{n-1} (\zeta - x_k)^{-\beta_k}\, \mathrm{d}\zeta + C', \tag{9.3}$$

其中 $x_k = A^{-1}(w_k)$ $(1 \leqslant k < n)$. 这时 β_n 在公式中并不出现.

当 $n = 3$ 时, 我们作上半平面到自身的分式线性变换, 将 (x_1, x_2, x_3) 映到 $(0, 1, \infty)$. 因此对正参数 $\alpha_1, \alpha_2, \alpha_3$, 满足 $\alpha_1 + \alpha_2 + \alpha_3 = 1$, 函数

$$F(\zeta) = \int_{0}^{\zeta} \zeta^{\alpha_1 - 1}(\zeta - 1)^{\alpha_2 - 1}\, \mathrm{d}\zeta$$

将上半平面映为一个三角形, 其角为 $\alpha_1\pi, \alpha_2\pi, \alpha_3\pi$.

如果这三个角具有形式 $\pi/n_1, \pi/n_2, \pi/n_3$, 其中分母 n_i 为正整数, 则 $F(\zeta)$ 的反函数 $f(z)$ 可以逐次对称开拓为全平面上的亚纯函数. 由

$$\frac{1}{n_1} + \frac{1}{n_2} + \frac{1}{n_3} = 1$$

可知这样的三角形只有三种, 对应的 (n_1, n_2, n_3) 的值分别为 $(3,3,3), (2,4,4)$ 及 $(2,3,6)$. 这样的亚纯函数 $f(z)$ 称为 **Schwarz 三角形函数**.

如果 Ω 是矩形, 可以在公式 (9.3) 中选取 $x_1 = 0, x_2 = 1, x_3 = \rho > 1$. 这样映射可以表示为

$$F(\zeta) = \int_{0}^{\zeta} \frac{\mathrm{d}\zeta}{\sqrt{\zeta(\zeta - 1)(\zeta - \rho)}}.$$

我们也可以将矩形的顶点对应于 $\pm 1, \pm 1/k$, 其中 $0 < k < 1$. 于是映射为

$$F(\zeta) = \int_{0}^{\zeta} \frac{\mathrm{d}\zeta}{\sqrt{(1 - \zeta^2)(1 - k^2\zeta^2)}}.$$

这两个表示都是椭圆积分. 由于 Ω 是矩形, 它们的反函数可以逐次对称开拓为全平面上的双周期亚纯函数.

9.3 Dirichlet 问题

Dirichlet 问题, 即求解给定边界值的调和函数问题, 是调和函数理论中最重要的问题. Poisson 公式给出了圆盘情形的解. 本节我们考察一般区域.

9.3.1 具有均值性质的函数

设 $u(z)$ 是区域 Ω 上的实值连续函数. 我们称它满足**均值性质**, 是指任给 $z_0 \in \Omega$, 存在 $r_0 > 0$, 使得圆盘 $|z - z_0| < r_0$ 包含于 Ω 内, 且对 $0 < r < r_0$, 有

$$u(z_0) = \frac{1}{2\pi} \int_0^{2\pi} u(z_0 + re^{i\theta}) \, d\theta. \tag{9.4}$$

容易证明具有均值性质的连续函数满足极值原理.

定理 9.5   具有均值性质的连续函数是调和的.

证明   设 $u(z)$ 是区域 Ω 上满足均值性质的连续函数. 如果圆盘 $|z - z_0| \leqslant \rho$ 包含于 Ω, 应用 Poisson 公式我们可以得到这个圆盘内的调和函数 $v(z)$, 使得它在圆周上的边界值等于 $u(z)$. 对 $u(z) - v(v)$ 应用极值原理, 可知在圆盘内 $u(z) = v(z)$. 因此 $u(z)$ 是调和的.   □

9.3.2 Harnack 原理

设 $u(z)$ 是区域 Ω 上的非负调和函数. 设闭圆盘 $|z| \leqslant \rho$ 包含于 Ω. 由 Poisson 公式,

$$u(z) = \frac{1}{2\pi} \int_0^{2\pi} \frac{\rho^2 - r^2}{|\rho e^{i\theta} - z|^2} u(\rho e^{i\vartheta}) \, d\theta,$$

其中 $|z| = r < \rho$. 由初等不等式

$$\frac{\rho - r}{\rho + r} \leqslant \frac{\rho^2 - r^2}{|\rho e^{i\theta} - z|^2} \leqslant \frac{\rho + r}{\rho - r},$$

以及条件 $u(z) \geqslant 0$, 得到

$$\frac{1}{2\pi} \frac{\rho - r}{\rho + r} \int_0^{2\pi} u \, d\theta \leqslant u(z) \leqslant \frac{1}{2\pi} \frac{\rho + r}{\rho - r} \int_0^{2\pi} u \, d\theta,$$

再由均值公式得到

$$\frac{\rho - r}{\rho + r} u(0) \leqslant u(z) \leqslant \frac{\rho + r}{\rho - r} u(0) \tag{9.5}$$

这个公式称为 **Harnack (哈纳克) 不等式**.

定理 9.6 (Harnack) 调和函数的递增序列或者内闭一致收敛于一个调和函数, 或者内闭一致趋于 ∞.

证明 设调和函数递增序列 $\{u_n(z)\}$ 的极限为 $u(z)$. 任给 $z_0 \in \Omega$, 取闭圆盘 $|z - z_0| \leqslant \rho$ 包含于 Ω 内. 记 $\Delta = \{z : |z - z_0| < \rho/2\}$. 对 $u_n - u_1$ 应用 Harnack 不等式, 当 $z \in \Delta$ 时, 有

$$[u_n(z_0) - u_1(z_0)]/3 \leqslant u_n(z) - u_1(z) \leqslant 3[u_n(z_0) - u_1(z_0)].$$

如果 $u(z_0) = \infty$, 则 $u_n(z)$ 在 Δ 上一致趋于 ∞. 因此在 Δ 上 $u(z) = \infty$. 如果 $u(z_0) < \infty$, 则 $u(z)$ 在 Δ 上有界.

根据 $u(z)$ 是否等于 ∞ 可将区域 Ω 分解成两个不相交的子集. 上述讨论说明它们都是开集. 由于 Ω 连通, 其中的一个必须是空集. 因此或者 $u \equiv \infty$, 或者 $u(z) \neq \infty$.

如果 $u \equiv \infty$, 我们已经证明 $\{u_n\}$ 在每个圆盘 Δ 上一致趋于 ∞. 由于 Ω 内的任意紧子集可以被有限个这样的圆盘覆盖, 因此 $\{u_n\}$ 内闭一致趋于 ∞. 如果 $u(z) \neq \infty$, 对 $u_n - u_m$ $(n > m)$ 应用 Harnack 不等式, 对 $z \in \Delta$, 有

$$u_n(z) - u_m(z) \leqslant 3[u_n(z_0) - u_m(z_0)].$$

因此 $\{u_n\}$ 在 Δ 上一致收敛于 $u(z)$. 从而 $\{u_n\}$ 内闭一致收敛于 $u(z)$. 显然 $u(z)$ 满足均值性质, 因此是调和的. $\square$

9.3.3 次调和函数

区域 Ω 上的实值连续函数 $v(z)$ 称为**次调和函数**, 是指对任意子区域 $\Omega' \subset \Omega$ 以及其上任意的调和函数 $u(z)$, 差 $v(z) - u(z)$ 在 Ω' 内满足极值原理. 即如果 $v(z) - u(z)$ 不恒等于常数, 则在 Ω' 内没有最大值.

应当注意这个定义是局部的. 即如果 $v(z)$ 在区域内每个点的一个邻域内是次调和的, 则它在整个区域是次调和的.

显然调和函数是次调和的. 对应于调和函数的 Laplace 方程, 当 $v(z)$ 具有二阶连续偏导数时, $v(z)$ 次调和当且仅当 $\Delta u \geqslant 0$. 我们这里并不需要这个结果. 证明留做练习. 对应于调和函数的均值性质, 次调和函数也可以用下面的均质不等式来定义.

定理 9.7 区域 Ω 上的连续函数 $v(z)$ 是次调和的, 当且仅当任给 $z_0 \in \Omega$, 存在 $r_0 > 0$, 使得圆盘 $|z - z_0| < r_0$ 包含于 Ω 内, 且对 $0 < r < r_0$, 有

$$v(z_0) \leqslant \frac{1}{2\pi} \int_0^{2\pi} v(z_0 + re^{i\theta}) \, d\theta. \tag{9.6}$$

证明 设 $v(z)$ 满足上述均值不等式. 对任意子区域 $\Omega' \subset \Omega$ 以及其上任意的调和函数 $u(z)$, 差 $v(z) - u(z)$ 也满足均值不等式. 如果 $v(z) - u(z)$ 在 $z_0 \in \Omega'$ 达到最大值, 由均值不等式, $v(z) - u(z)$ 在 z_0 的一个邻域上必为常数 C.

令 $E = \{z \in \Omega' : v(z) - u(z) = C\}$. 则 E 为 Ω' 中的闭集. 任给 $z_1 \in E$, 同样由均值不等式, 得到 $v(z) - u(z)$ 在 z_1 的一个邻域上必为常数 C. 这说明 E 为 Ω' 中的开集. 由于 Ω' 连通, 必有 $E = \Omega'$. 因此 $v(z) - u(z)$ 在 Ω' 中为常数. 这样我们就证明了 $v(z)$ 是次调和的.

反过来, 设 $v(z)$ 是次调和的. 在圆盘 $|z - z_0| < r_0$ 中以 $v(z)$ 为边界值作 Poisson 积分 $P_v(z)$. 则函数 $v - P_v$ 在圆盘内没有最大值, 除非它是常数. 注意到 $v - P_v$ 在圆周上为零, 得到 $v \leqslant P_v$. 特别地, $v(z_0) \leqslant P_v(z_0)$. 这就是均值不等式. $\square$

显然, 如果 v 是次调和的, 则对常数 $k \geqslant 0$, kv 也是次调和的. 如果 v_1, v_2 都是次调和的, 则 $v_1 + v_2$ 也是次调和的.

设 v 在 Ω 内次调和, Δ 为 Ω 内的一个闭圆盘. 记 P_v 为 Δ 内以 v 为边界值的 Poisson 积分. 定义

$$P_{v,\Delta}(z) = \begin{cases} P_v(z), & z \in \Delta, \\ v(z), & z \in \Omega \setminus \Delta. \end{cases}$$

引理 9.2 $P_{v,\Delta}$ 是次调和的.

证明   由 Schwarz 定理, $P_{v,\Delta}$ 是连续的. 我们已经证明在 Δ 内有 $v \leqslant P_v$. 因此 $v \leqslant P_{v,\Delta}$. 显然在 Δ 的内部和外部, $P_{v,\Delta}$ 是次调和的. 对 $z_0 \in \partial\Delta$, $P_{v,\Delta}(z_0) = v(z_0)$. 因此不等式 $v \leqslant P_{v,\Delta}$ 表明 $P_{v,\Delta}$ 在点 z_0 成立均值不等式. 因此 $P_{v,\Delta}$ 是次调和的. $\square$

引理 9.3   如果 v_1, v_2 都是次调和的, 则 $\max\{v_1, v_2\}$ 也是次调和的.

证明   令 $v(z) = \max\{v_1(z), v_2(z)\}$, 则 $v(z)$ 连续. 对任意子区域 $\Omega' \subset \Omega$ 以及其上任意的调和函数 $u(z)$, 如果 $v - u$ 在 $z_0 \in \Omega'$ 达到最大值, 不妨设 $v(z_0) = v_1(z_0)$, 则对 $z \in \Omega'$,

$$v_1(z) - u(z) \leqslant v(z) - u(z) \leqslant v(z_0) - u(z_0) = v_1(z_0) - u(z_0).$$

因此 $v_1 - u$ 在 Ω' 内是常数. 上述不等式同时表明 $v - u$ 也是常数. 因此 v 是次调和的. $\square$

9.3.4   Perron 方法

Perron (佩龙) 方法是利用次调和函数构造调和函数的方法.

设 Ω 是有界区域, $f(\zeta)$ 是 $\partial\Omega$ 上的实值函数, 且 $|f(\zeta)| \leqslant M < \infty$. 记 $\mathscr{P}$ 为满足下述条件的次调和函数 $v(z)$ 组成的函数族: 任给 $\zeta \in \partial\Omega$,

$$\varlimsup_{z \to \zeta} v(z) \leqslant f(\zeta).$$

显然 $\mathscr{P}$ 非空. 令 $u(z) = \sup\{v(z), v \in \mathscr{P}\}$.

引理 9.4   函数 $u(z)$ 在 Ω 内调和.

证明 由极值原理, 对 $v \in \mathscr{P}$, $v \leqslant M$. 令 Δ 为其闭包包含于 Ω 内的一个圆盘. 任给 $z_0 \in \Delta$, 存在序列 $v_n \in \mathscr{P}$, 使得 $v_n(z_0)$ 收敛于 $u(z_0)$. 令

$$V_n = \max\{v_1, v_2, \cdots, v_n\}.$$

则 V_n 组成 $\mathscr{P}$ 中的一个递增序列. 由引理 9.2, $P_{V_n,\Delta}$ 仍然为 $\mathscr{P}$ 中的递增序列. 不等式

$$v_n(z_0) \leqslant V_n(z_0) \leqslant P_{V_n,\Delta}(z_0) \leqslant u(z_0)$$

表明 $P_{V_n,\Delta}$ 仍然收敛于 $u(z_0)$. 由 Harnack 原理, 序列 $\{P_{V_n,\Delta}\}$ 在 Δ 上内闭一致收敛于一个调和函数 U, 满足 $U \leqslant u$, 且 $U(z_0) = u(z_0)$.

对 Δ 中的另外一点 z_1 我们也做同样的过程. 存在序列 $w_n \in \mathscr{P}$, 使得 $w_n(z_1)$ 收敛于 $u(z_1)$. 令

$$W_n = \max\{v_1, w_1, v_2, w_2, \cdots, v_n, w_n\}.$$

则 W_n 组成 $\mathscr{P}$ 中的一个递增序列, 且 $V_n \leqslant W_n$. 同理序列 $\{P_{W_n,\Delta}\}$ 在 Δ 上内闭一致收敛于一个调和函数 U_1, 满足 $U \leqslant U_1$, 且 $U_1(z_1) = u(z_1)$. 由于 $U_1(z_0) = u(z_0)$, $U - U_1$ 在 z_0 点达到最大值. 从而在 Δ 上 $U \equiv U_1$. 这样我们就证明了对任意点 $z_1 \in \Delta$, $u(z_1) = U(z_1)$. 即 u 在圆盘 Δ 上调和. 从而 u 在 Ω 上调和. $\square$

引理 9.5 设有界边值函数 $f(\zeta)$ 在一点 $\zeta_0 \in \partial\Omega$ 连续. 如果存在在 Ω 内调和, 且在 $\overline{\Omega}$ 上连续的函数 $\omega(z)$, 使得 $\omega(\zeta_0) = 0$ 而对 $\zeta \neq \zeta_0$, $\omega(\zeta) > 0$. 则

$$\lim_{z \to \zeta_0} u(z) = f(\zeta_0).$$

证明 我们只需证明, 任给 $\varepsilon > 0$,

$$\overline{\lim_{z \to \zeta_0}} u(z) \leqslant f(\zeta_0) + \varepsilon, \quad \underline{\lim_{z \to \zeta_0}} u(z) \geqslant f(\zeta_0) - \varepsilon.$$

设 $|f(\zeta)| \leqslant M < \infty$. 由于 $f(\zeta)$ 在 ζ_0 连续, 存在 ζ_0 的一个邻域 Δ, 使得对 $\zeta \in \Delta \cap \partial\Omega$, $|f(\zeta) - f(\zeta_0)| < \varepsilon$. 记 ω_0 为 $\omega(z)$ 在 $\Omega \setminus \Delta$ 中的最小值. 则 $\omega_0 > 0$. 令

$$W(z) = f(\zeta_0) + \varepsilon + \frac{\omega(z)}{\omega_0}[M - f(\zeta_0)].$$

对 $\zeta \in \Delta \cap \partial\Omega$, 有 $W(\zeta) \geqslant f(\zeta_0) + \varepsilon > f(\zeta)$, 而对 $\zeta \in \partial\Omega \setminus \Delta$, 有 $W(\zeta) \geqslant M + \varepsilon > f(\zeta)$. 由极值原理, 对 $v \in \mathscr{P}$, 有 $v(z) < W(z)$. 由此可知 $u(z) \leqslant W(z)$, 因而

$$\overline{\lim_{z \to \zeta_0}} u(z) \leqslant W(\zeta_0) = f(\zeta_0) + \varepsilon.$$

反过来, 考察调和函数

$$V(z) = f(\zeta_0) - \varepsilon - \frac{\omega(z)}{\omega_0}[M + f(\zeta_0)].$$

对 $\zeta \in \Delta \cap \partial\Omega$, 有 $V(\zeta) \leqslant f(\zeta_0) - \varepsilon < f(\zeta)$, 而对 $\zeta \in \partial\Omega \setminus \Delta$, 有 $V(\zeta) \leqslant -M - \varepsilon < f(\zeta)$, 因此 $V \in \mathscr{P}$, 从而 $u(z) \geqslant V(z)$,

$$\varliminf_{z \to \zeta_0} u(z) \geqslant f(\zeta_0) - \varepsilon. \qquad \square$$

应用这个引理, 我们可以得到 Dirichlet 问题可解的区域的刻画.

定理 9.8   如果有界区域 Ω 的每个边界点都是 $\mathbb{C} \setminus \overline{\Omega}$ 内一条线段的端点, 则关于 Ω 的 Dirichlet 问题可解. 即对任意连续的边值函数 $f(\zeta)$, 存在 Ω 内的调和函数 $u(z)$, 使得它可以连续扩充到边值函数 $f(\zeta)$.

证明   任给 $\zeta_0 \in \partial\Omega$, 设线段 (ζ_0, ζ_1) 与 $\overline{\Omega}$ 不相交. 则分式线性变换

$$A(z) = \frac{z - \zeta_0}{z - \zeta_1}$$

将 $\overline{\mathbb{C}} \setminus [\zeta_0, \zeta_1]$ 映为平面去掉负实轴. 因此 $\sqrt{A(z)}$ 在 $\mathbb{C} \setminus [\zeta_0, \zeta_1]$ 上有解析单值分支 $h(z)$, 使得它的像为右半平面. 显然 $h(z)$ 在 $\overline{\Omega}$ 上连续. 令 $\omega(z) = \operatorname{Re} h(z)$. 它满足引理 9.5 的条件. 由引理 9.4 及引理 9.5, 关于区域 Ω 的 Dirichlet 问题可解. $\qquad \square$

9.4   多连通区域的典范映射

Riemann 映射定理说明平面上除 $\mathbb{C}$ 之外的任意单连通区域都是共形等价的. 这个结论对多连通区域并不成立. 因此有必要求得一类典范域, 使得任意多连通区域恰与一个典范域共形等价. 典范域的选择有多种方式, 本节我们将给出其中的两个模型. 作为本节的基本工具, 我们将引入两类典型的调和函数: 调和测度与 Green (格林) 函数.

设 Ω 是一个 n 连通域 $(1 < n < \infty)$, 且它的每一个余集分支都不是单点. 记 $E_1, E_2, \cdots, E_n$ 为它的余集分支, 使得 $\infty \in E_n$. 由 Riemann 映射定理, 存在共形映射 h_n 将 $\overline{\mathbb{C}} \setminus E_n$ 映为单位圆盘. 同理存在共形映射 h_{n-1} 将 $\mathbb{C} \setminus h_n(E_{n-1})$ 映为单位圆盘外部. 这时 $h_{n-1} \circ h_n$ 在 $\overline{\mathbb{C}} \setminus (E_n \cup E_{n-1})$ 上共形, 它的像是由单位圆周和一条正则解析曲线所界定的区域.

将这一方法继续下去, 我们最后得到 Ω 上的一个共形映射 h, 使得 $h(\Omega)$ 的边界由 n 条互不相交的正则解析曲线组成. 由于我们只考察 Ω 上的共形映射的性质, 因此本节假设多连通区域 Ω 的边界由 n 条互不相交的正则解析曲线组成.

9.4.1   调和测度

设 Ω 是一个 n 连通域 $(1 < n < \infty)$, 且它的边界由 n 条互不相交的正则解析曲线 $C_1, C_2, \cdots, C_n$ 组成. 不妨设 Ω 的包含 C_n 的余集分支包含 ∞. 在边界曲线 C_k 上取正

的定向, 即 Ω 总是位于 C_k 的左边. 或者说对 $z \in \Omega$, 环绕数 $n(C_n, z) = 1$, 而如果 z_k 与 C_k 包含于 Ω 的同一个余集分支且 $z_k \notin C_k$, 则环绕数 $n(C_k, z_k) = -1$. 因此对任意包含 $\overline{\Omega}$ 的区域 Ω', 闭链 $C_1 + C_2 + \cdots + C_n$ 关于 Ω' 同调于零.

由定理 9.8, 关于区域 Ω 的 Dirichlet 问题可解. 取边界值如下: 在 C_k 上为 1 而在其他边界点为零. 这时 Dirichlet 问题的解 $\omega_k(z)$ 称为 C_k 关于 Ω 的**调和测度**.

由于 C_k 是正则解析曲线, 由反射原理, ω_k 在包含 $\overline{\Omega}$ 的一个区域上调和. 显然对 $z \in \Omega, 0 < \omega_k(z) < 1$, 且

$$\omega_1(z) + \omega_2(z) + \cdots + \omega_n(z) \equiv 1. \tag{9.7}$$

记共轭微分沿着 C_j 的周期为

$$a_{kj} = \int_{C_j} {}^*\mathrm{d}\omega_k.$$

由定理 7.2 可知 $a_{ij} = a_{ji}$.

引理 9.6 *齐次线性方程组*

$$\begin{cases} a_{11}\lambda_1 + a_{21}\lambda_2 + \cdots + a_{n-1,1}\lambda_{n-1} = 0, \\ a_{12}\lambda_1 + a_{22}\lambda_2 + \cdots + a_{n-1,2}\lambda_{n-1} = 0, \\ \qquad\qquad \cdots\cdots\cdots\cdots \\ a_{1,n-1}\lambda_1 + a_{2,n-1}\lambda_2 + \cdots + a_{n-1,n-1}\lambda_{n-1} = 0 \end{cases} \tag{9.8}$$

只有平凡解 $\lambda_i = 0$.

证明 假设上述齐次线性方程组有非平凡解 $(\lambda_1, \lambda_2, \cdots, \lambda_{n-1})$. 考察调和函数

$$\omega = \lambda_1\omega_1 + \lambda_2\omega_2 + \cdots + \lambda_{n-1}\omega_{n-1}.$$

由方程得到共轭微分 ${}^*\mathrm{d}\omega$ 沿着 $C_1, C_2, \cdots, C_{n-1}$ 的周期都为零. 因此它有共轭调和函数, 即 ω 是 Ω 上的一个解析函数 $f(z)$ 的实部. 由反射原理, $f(z)$ 在包含 $\overline{\Omega}$ 的一个区域上解析. 因此 $f(z)$ 的实部在 C_i $(1 \leqslant i < n)$ 上恒等于 λ_i, 而在 C_n 上恒等于零. 这说明 $f(z)$ 把每条曲线 C_i 都映为一条竖直线段. 由辐角原理, 如果 w_0 不在这些线段上, 则 $f(z)$ 在 ω 内不能取值 w_0. 由开映射定理, $f(z)$ 必须为常数. 由此得到 $f(z)$ 的实部恒等于零. 这与 $\lambda_1, \lambda_2, \cdots, \lambda_{n-1}$ 不全为零矛盾. $\qquad\square$

上述引理说明方程组

$$\begin{cases} \lambda_1 a_{11} + \lambda_2 a_{21} + \cdots + \lambda_{n-1} a_{n-1,1} = 2\pi, \\ \lambda_1 a_{12} + \lambda_2 a_{22} + \cdots + \lambda_{n-1} a_{n-1,2} = 0, \\ \qquad\qquad \cdots\cdots\cdots\cdots \\ \lambda_1 a_{1,n-1} + \lambda_2 a_{2,n-1} + \cdots + \lambda_{n-1} a_{n-1,n-1} = 0 \end{cases} \tag{9.9}$$

有唯一解. 由 (9.7) 得到

$$\lambda_1 a_{1n} + \lambda_2 a_{2n} + \cdots + \lambda_{n-1} a_{n-1,n} = -2\pi. \tag{9.10}$$

令 $u(z) = \lambda_1 \omega_1 + \lambda_2 \omega_2 + \cdots + \lambda_{n-1} \omega_{n-1}$. 取一点 $z_0 \in \Omega$, 令

$$v(z, \gamma) = \int_\gamma {}^* \mathrm{d}u,$$

其中 γ 是 Ω 内连接 z_0 与 z 的曲线. 由方程组 (9.9) 及式 (9.10), 只要 γ_1 与 γ_2 有相同的端点, $v(z, \gamma_1) - v(z, \gamma_2)$ 是 2π 的整数倍. 因此

$$F(z) = \mathrm{e}^{u(z) + \mathrm{i} v(z, \gamma)}$$

不依赖于 γ 的选取, 从而是 Ω 上的解析函数.

定理 9.9   函数 $F(z)$ 把 Ω 共形映射为 $A \backslash \bigcup\limits_{i=2}^{n} \gamma_i$, 其中 $A = \{w | 1 < |w| < \mathrm{e}^{\lambda_1}\}$, 每个 γ_i 是圆周 $\{w | |w| = \mathrm{e}^{\lambda_i}\}$ ($2 \leqslant i < n$) 上的一段圆弧 (图 9.4).

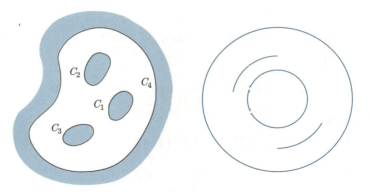

图 9.4   具有同心圆弧裂纹的圆环

证明   由 $F(z)$ 的定义, 在边界曲线 C_i ($i = 1, 2, \cdots, n-1$) 上, $|F(z)| = \mathrm{e}^{\lambda_i}$. 在 C_n 上, $|F(z)| = 1$. 由辐角原理, 对不在 $F(\partial\Omega)$ 上的点 w_0, 方程 $F(z) = w_0$ 的根的个数为

$$\frac{1}{2\pi\mathrm{i}} \int_{C_1} \frac{F'(z)\,\mathrm{d}z}{F(z) - w_0} + \frac{1}{2\pi\mathrm{i}} \int_{C_2} \frac{F'(z)\mathrm{d}z}{F(z) - w_0} + \cdots + \frac{1}{2\pi\mathrm{i}} \int_{C_n} \frac{F'(z)\,\mathrm{d}z}{F(z) - w_0}. \tag{9.11}$$

对 $w_0 = 0$, 上式中的各项分别为

$$\frac{1}{2\pi\mathrm{i}} \int_{C_1} \frac{F'(z)\,\mathrm{d}z}{F(z)} = \frac{1}{2\pi} \int_{C_1} {}^* \mathrm{d}u = 1,$$

$$\frac{1}{2\pi\mathrm{i}} \int_{C_2} \frac{F'(z)\,\mathrm{d}z}{F(z)} = \frac{1}{2\pi} \int_{C_2} {}^* \mathrm{d}u = 0,$$

$$\cdots,$$

$$\frac{1}{2\pi \mathrm{i}} \int_{C_{n-1}} \frac{F'(z)\,\mathrm{d}z}{F(z)} = \frac{1}{2\pi} \int_{C_{n-1}} {}^*\mathrm{d}u = 0,$$

$$\frac{1}{2\pi \mathrm{i}} \int_{C_n} \frac{F'(z)\,\mathrm{d}z}{F(z)} = \frac{1}{2\pi} \int_{C_n} {}^*\mathrm{d}u = -1.$$

对 $|w_0| < \mathrm{e}^{\lambda_1}$, 沿 C_1 的积分等于 1; 而对 $|w_0| > \mathrm{e}^{\lambda_1}$, 沿 C_1 的积分等于 0. 同理, 沿 C_n 的积分当 $|w_0| < 1$ 时等于 -1; 而当 $|w_0| > 1$ 时等于 0. 对所有的 w_0, 只要 $|w_0| \neq \mathrm{e}^{\lambda_k}(1 < k < n)$, 则沿 C_k 的积分都等于 0.

取一点 $w_0 \in F(\Omega)$ 使得 $|w_0| \neq \mathrm{e}^{\lambda_k}$, 这时表达式 (9.11) 的值必须是正的. 这只有在 $1 < |w_0| < \mathrm{e}^{\lambda_1}$ 时才可能. 而且表达式 (9.11) 的值一定等于 1. 因此 $\lambda_1 > 0$, 且 $0 \leqslant \lambda_i \leqslant \lambda_1$.

证明的最后部分可用解析函数的局部性质推导. 显然 F 把 C_1 与 C_n 分别映为整个圆周. 且在圆周上是单射. F 把其他边界映为这两个圆周所界定的圆环内部. 圆环内部的点 w_0 在 Ω 内最多只有一个原像, 否则它附近的点也会有多个原像, 这与当 $|w_0| \neq \mathrm{e}^{\lambda_k}$ 时只有一个原像点矛盾. 因此 $F(z)$ 在 Ω 内是单射. 从而 F 把其他边界映为圆环内部的一段同心圆弧. □

9.4.2　Green 函数

设 Ω 是一个 n 连通域 $(1 \leqslant n < \infty)$, 且它的边界由 n 条互不相交的正则解析曲线 $C_1, C_2, \cdots, C_n$ 组成. 对 $z_0 \in \Omega$, 令 $G(z)$ 为 Ω 上以 $\ln|\zeta - z_0|$ 为边界值的 Dirichlet 问题的解. 函数 $g(z, z_0) = G(z) - \ln|z - z_0|$ 称为 Ω 关于 z_0 的 **Green 函数**. 它在除去 z_0 之外是调和的, 在边界上为零, 而在 z_0 的一个邻域内与 $-\ln|z - z_0|$ 相差一个调和函数. 根据这些性质可以得到 Green 函数是唯一的, 且 $g(z, z_0) > 0$.

共形映射保持 Green 函数不变. 明确地说, 设 $f : \Omega \to \Omega'$ 为共形映射, $g(w, w_0)$ 是 Ω' 关于 $w_0 = f(z_0) \in \Omega'$ 的 Green 函数, 则 $g(f(z), w_0)$ 是 Ω 关于 z_0 的 Green 函数.

由 Riemann 映射定理可以得到单连通区域上的 Green 函数. 如果 $f : \Omega \to D$ 为共形映射, 且 $f(z_0) = 0$, 则 $-\ln|f(z)|$ 是 Ω 关于 z_0 的 Green 函数.

定理 9.10　Green 函数是对称的, 即 $g(z_1, z_2) = g(z_2, z_1)$.

证明　记 $g_1(z) = g(z, z_1)$, $g_2(z) = g(z, z_2)$. 由定理 7.2, 微分 $g_1 {}^*\mathrm{d}g_2 - g_2 {}^*\mathrm{d}g_1$ 在 $\Omega \setminus \{z_1, z_2\}$ 上是局部恰当的. 令 c_1, c_2 为圆心分别在 z_1, z_2 的取正向的小圆周. 记 $C = C_1 + C_2 + \cdots + C_n$ 是由 Ω 的边界所组成的同调于零的闭链. 由于在 C 上 g_1, g_2 都等于零, 故有

$$\int_{c_1+c_2} (g_1 {}^*\mathrm{d}g_2 - g_2 {}^*\mathrm{d}g_1) = 0.$$

令 $G_1 = g_1 + \ln|z - z_1|$, 则 $^*dg_1 = {}^*dG_1 - d\arg(z - z_1)$, 于是

$$\int_{c_1} (g_1 \, {}^*dg_2 - g_2 \, {}^*dg_1)$$

$$= \int_{c_1} (G_1 \, {}^*dg_2 - g_2 \, {}^*dG_1) - \int_{c_1} \ln|z - z_1| \, {}^*dg_2 +$$

$$\int_{c_1} g_2 \, d\arg(z - z_1).$$

上式右边的第一个积分为零, 因为 G_1 与 g_2 在 c_1 的内部调和. 第二个积分也等于零, 因为 $|z - z_1|$ 在 c_1 上是常数, 而 $^*dg_2$ 在 z_1 的一个小邻域内是恰当的. 由调和函数的均值性质得到最后一个积分等于 $2\pi g_2(z_1)$. 同理可得沿 c_2 的积分为 $-2\pi g_1(z_2)$. 这就证明了 $g_1(z_2) = g_2(z_1)$.   □

Green 函数的共轭微分的周期可以用调和测度表示出来. 记 ω_k 为 C_k 关于 Ω 的调和测度.

定理 9.11   Green 函数的共轭微分沿着边界曲线 C_k 的周期为

$$P_k(z_0) = \int_{C_k} {}^*dg(z, z_0) = 2\pi\omega_k(z_0).$$

证明   令 c 为圆心在 z_0 的取正向的小圆周. 于是局部恰当微分 $\omega_k \, {}^*dg - g \, {}^*d\omega_k$ 沿 $C - c$ 的积分为零. 沿 C 的积分为 $P_k(z_0)$. 利用上面同样的方法可知沿 c 的积分为 $2\pi\omega_k(z_0)$.   □

9.4.3 平行割线区域

类似 Green 函数, 对 $z_0 \in \Omega$, 令 $u_0(z)$ 为 Ω 上以 $-\mathrm{Re}\,(1/(\zeta - z_0))$ 为边界值的 Dirichlet 问题的解. 则函数 $U_0(z) = u_0(z) + \mathrm{Re}\,(1/(z - z_0))$ 在 $\Omega \setminus \{z_0\}$ 内调和, 在 z_0 的一个邻域内与 $\mathrm{Re}\,(1/(z - z_0))$ 相差一个调和函数, 而在边界上为零.

调和函数 $U_0(z)$ 可以用 Green 函数 $g(z, z_0)$ 表示. 令 $G(z, z_0) = g(z, z_0) + \ln|z - z_0|$. 对实参数 h, 考察

$$Q(z, h) = \frac{G(z, z_0 + h) - G(z, z_0)}{h}.$$

它是关于 z 的调和函数, 边界值为 $(\ln|\zeta - z_0 + h| - \ln|\zeta - z_0|)/h$. 当 $h \to 0$ 时, 边界值一致趋于

$$\frac{\partial}{\partial x_0}\left(\ln|\zeta - z_0|\right) = -\mathrm{Re}\,(1/(\zeta - z_0)).$$

由极值原理可知, $Q(z, h)$ 在 Ω 上一致趋于调和函数 $\dfrac{\partial}{\partial x_0} G(z, z_0)$. 因此 $\dfrac{\partial}{\partial x_0} G(z, z_0) = u_0(z)$. 代入得到

$$\frac{\partial}{\partial x_0} g(z, z_0) = U_0(z).$$

令 A_k 为共轭微分 $*dU_0$ 沿着曲线 C_k 的周期. 由引理 9.6, 存在常数 $\lambda_1, \lambda_2, \cdots, \lambda_{n-1}$, 使得

$$\lambda_1 a_{1k} + \lambda_2 a_{2k} + \cdots + \lambda_{n-1} a_{n-1,k} = A_k \quad (k = 1, 2, \cdots, n-1),$$

即调和函数

$$U = U_0 - (\lambda_1 \omega_1 + \lambda_2 \omega_2 + \cdots + \lambda_{n-1} \omega_{n-1})$$

的共轭微分在曲线 C_k 上的周期为零. 由于在 z_0 的一个邻域内它与 $\mathrm{Re}\,(1/(z-z_0))$ 相差一个调和函数, 因此它的共轭微分是整体恰当的. 这说明存在 Ω 内的亚纯函数 $p(z)$, 实部等于 $U(z)$, 以 z_0 为唯一极点, 在极点的主部为 $1/(z-z_0)$.

定理 9.12　亚纯函数 $p(z)$ 在 Ω 上是共形映射. 它的像为平行割线区域, 即它的余集由有限条互不相交的竖直线段组成.

证明　定理的证明与定理 9.9 的证明类似. 这时

$$\sum_{k=1}^{n} \frac{1}{2\pi i} \int_{C_k} \frac{p'(z)\,\mathrm{d}z}{p(z) - w_0}$$

表示 $p(z) - w_0$ 的零点个数减去极点个数. 如果 w_0 不在边界对应的线段上, 则上式为零. 因此 $p(z) - w_0$ 在 Ω 内有唯一的根. 利用解析函数的局部性质即可证明余下的部分. □

习题九

　　1. 用 Schwarz-Christoffel 公式导出将单位圆盘映为水平带域以及其具有正实部的半带域的共形映射.

　　2. 用 Schwarz-Christoffel 公式导出将单位圆盘映为扩充复平面除去一条线段或者射线的共形映射.

　　3. 证明

$$F(w) = \int_0^w (1 - w^n)^{-\frac{2}{n}}\,\mathrm{d}w$$

将单位圆盘映为正 n 边形的内部.

　　4. 试求将上半平面映为区域

$$\Omega = \{z = x + iy : x > 0, y > 0, \min\{x, y\} < 1\}$$

的共形映射.

　　5. 设 E 是区域 Ω 内的紧集. 证明存在只依赖于 E 及 Ω 的常数 $M < \infty$, 使得对 Ω 内任意非负调和函数 $u(z)$, 以及任意两点 $z_1, z_2 \in E$, 有 $u(z_2) \leqslant Mu(z_1)$.

6. 证明函数 $|x|$, $|z|^\alpha$ $(\alpha > 0)$, $\ln(1 + |z|^2)$ 都是次调和的.

7. 如果 $f(z)$ 是解析函数, 证明 $|f(z)|^\alpha$ $(\alpha > 0)$ 及 $\ln(1 + |f(z)|^2)$ 都是次调和的.

8. 如果 $v(z)$ 具有二阶连续偏导数, 证明 $v(z)$ 是次调和的当且仅当 $\Delta v \geqslant 0$.

9. 证明次调和函数在自变量的共形映射变换下仍然是次调和的.

10. 证明两个圆环共形等价, 当且仅当它们的半径之比相等.

第十章

解析延拓

区域上的解析函数有时可以扩展为更大区域上的解析函数. 这个扩展过程就称为**解析延拓**. 我们选择采用一种较自然的扩展方式来研究这个问题. 虽然这种方式也适用于 Riemann 曲面上的全纯函数, 简明起见, 我们仍然限制在平面区域内加以讨论.

10.1 圆盘上的解析延拓

我们首先考察圆盘上解析函数的解析延拓. 一个**解析函数芽**指一个有序对 (f, D), 其中 D 是一个开圆盘, f 是 D 上的一个解析函数.

设 (f, D) 是一个解析函数芽. 点 $\zeta \in \partial D$ 称为 $f(z)$ 的**正则点**, 是指存在以 ζ 为圆心的一个圆盘 D_0 以及其上的一个解析函数 $f_0(z)$, 使得 $f_0(z) = f(z)$ 在 $D_0 \cap D$ 上成立. 圆周 ∂D 上的非正则点称为 $f(z)$ 的**奇点**.

引理 10.1 设 (f_i, D_i) $(i = 0, 1, 2)$ 是解析函数芽, 满足 $D_0 \cap D_1 \cap D_2 \neq \varnothing$. 如果 $f_0(z) = f_1(z)$ 在 $D_0 \cap D_1$ 成立, $f_1(z) = f_2(z)$ 在 $D_1 \cap D_2$ 成立, 则 $f_0(z) = f_2(z)$ 在 $D_0 \cap D_2$ 成立.

证明 由 $f_0(z) = f_1(z)$ 在 $D_0 \cap D_1$ 成立, $f_1(z) = f_2(z)$ 在 $D_1 \cap D_2$ 成立, 得到 $f_0(z) = f_2(z)$ 在 $D_0 \cap D_1 \cap D_2$ 成立. 由解析函数零点的孤立性, $f_0(z) = f_2(z)$ 在 $D_0 \cap D_2$ 成立. $\qquad\square$

定理 10.1 设 (f, D) 是一个解析函数芽. 如果 $f(z)$ 在 ∂D 上没有奇点, 则 $f(z)$ 可以解析延拓到一个更大的同心圆盘上.

证明 如果圆周上的点都是 $f(z)$ 的正则点, 则任给 $\zeta \in \partial D$, 存在以 ζ 为圆心的一个圆盘 D_ζ 以及其上的一个解析函数 $g_\zeta(z)$, 使得 $f(z) = g_\zeta(z)$ 在 $D_\zeta \cap D$ 上成立. 圆盘 D_ζ 形成 ∂D 的一个开覆盖, 因此存在有限个这样的圆盘 D_{ζ_i} 盖住 ∂D.

如果 D_{ζ_i} 与 D_{ζ_j} 相交, 由引理 10.1, $g_{\zeta_i}(z) = g_{\zeta_j}(z)$ 在 $D_{\zeta_i} \cap D_{\zeta_j}$ 成立. 令 $\Omega = D \cup (\cup D_{\zeta_i})$. 则 Ω 包含比 D 更大的一个同心圆盘. 定义

$$F(z) = \begin{cases} f(z), & z \in D, \\ g_{\zeta_i}(z), & z \in D_{\zeta_i}. \end{cases}$$

则 $F(z)$ 是 Ω 上的解析函数. $\qquad\square$

应用 Taylor 定理, 解析函数芽的延拓也可以利用幂级数刻画.

推论 10.1 设幂级数 $f(z) = \sum a_n z^n$ 的收敛半径为 1. 则在单位圆周上存在 $f(z)$ 的奇点.

证明 如果 $f(z)$ 在单位圆周上没有奇点, 由定理 10.1, $f(z)$ 可以解析延拓到一个以原点为圆心, 半径大于 1 的圆盘上. 由 Taylor 定理, $f(z)$ 的幂级数的收敛半径大于 1.

矛盾.　　　　　　　　　　　　　　　　　　　　　　　　　　　　$\square$

10.2　沿曲线的解析延拓

将圆盘上的解析延拓进一步扩展, 我们作如下定义.

设 $(f, D), (\tilde{f}, \tilde{D})$ 是两个解析函数芽. 设 $\gamma : [0, 1] \to \mathbb{C}$ 是一条曲线, 使得 $\gamma(0)$ 是 D 的圆心, 而 $\gamma(1)$ 是 $\tilde{D}$ 的圆心. 称 $(\tilde{f}, \tilde{D})$ 是 (f, D) **沿曲线 γ 的一个解析延拓**, 是指存在解析函数芽序列

$$(f, D) = (g_0, U_0), (g_1, U_1), \cdots, (g_n, U_n) = (\tilde{f}, \tilde{D}),$$

以及区间 $[0, 1]$ 的一个分割 $0 = t_0 < t_1 < \cdots < t_n = 1$, 使得 $\gamma[t_i, t_{i+1}] \subset U_i$, 且 $g_i(z) = g_{i+1}(z)$ 在 $U_i \cap U_{i+1}$ 成立.

引理 10.2 (沿相同曲线的延拓)　设 (f, D) 是一个解析函数芽, γ 是一个起点为 D 的圆心的曲线. 如果 (f_0, D_0) 与 (f_1, D_1) 都是 (f, D) 沿曲线 γ 的解析延拓, 则 $f_0(z) = f_1(z)$ 在 $D_0 \cap D_1$ 成立.

证明　记 (f, D) 沿曲线 γ 延拓到 $(f_0, D_0), (f_1, D_1)$ 所经过的函数芽分别为

$$(g_i, U_i) \, (0 \leqslant i \leqslant n), \quad (h_j, V_j) \, (0 \leqslant j \leqslant m).$$

对应的区间分割点记为 $\{t_i\}$ 以及 $\{\tau_j\}$. 我们断言, 只要区间 $[t_i, t_{i+1}]$ 与 $[\tau_j, \tau_{j+1}]$ 相交, 就有 $g_i(z) = h_j(z)$ 在 $U_i \cap V_j$ 成立.

假设断言对数对 (i, j) 不成立, 且在断言不成立的数对中 $i + j$ 最小. 显然 $i + j > 0$. 不妨设 $t_i \geqslant \tau_j$, 则 $i \geqslant 1$. 由 $[t_i, t_{i+1}]$ 与 $[\tau_j, \tau_{j+1}]$ 相交, 得到 $t_i \in [\tau_j, \tau_{j+1}]$. 因此

$$\gamma(t_i) \in U_{i-1} \cap U_i \cap V_j.$$

$i + j$ 的最小性表明 $g_{i-1}(z) = h_j(z)$ 在 $U_{i-1} \cap V_j$ 成立. 由引理 10.1, $g_i(z) = h_j(z)$ 在 $U_i \cap V_j$ 成立. 这与假设矛盾. 因此断言成立. 应用断言于 $i = n, j = m$ 就证明了引理.　　　　　　　　　　　　　　　　　　　　　　　　　　　$\square$

设 $\gamma_0, \gamma_1 : I = [0, 1] \to \mathbb{C}$ 是具有相同端点的两条曲线. 连续映射 $\Gamma : I \times I \to \mathbb{C}$ 称为从 γ_0 到 γ_1 的**同伦**, 是指

(a) 对 $t \in I$, $\Gamma(t, 0) = \gamma_0(t)$, $\Gamma(t, 1) = \gamma_1(t)$;

(b) 对 $s \in I$, $\Gamma(0, s) = \gamma_0(0)$, $\Gamma(1, s) = \gamma_0(1)$.

称曲线 γ_0, γ_1 **在区域 Ω 内同伦**, 是指满足 $\Gamma(I \times I) \subset \Omega$.

引理 10.3(沿同伦曲线的延拓) 设 (f, D) 是一个解析函数芽, Γ 是一个起点为 D 的圆心的曲线同伦. 如果对所有 $s \in I$, (f, D) 能沿曲线 $\gamma_s(t) = \Gamma(t, s)$ 解析延拓到 (f_s, D_s), 则 $f_0 = f_1$ 在 $D_0 \cap D_1$ 成立.

证明 任给 $s \in I$, 记 (f, D) 沿曲线 γ_s 延拓到 (f_s, D_s) 所经过的函数芽为 (g_i, U_i), 对应的分割点记为 $\{t_i\}$. 记 d_i 为闭集 $\gamma_s[t_i, t_{i+1}]$ 与 ∂U_i 的距离. 则 $\varepsilon = \min\{d_i\} > 0$. 由 $\Gamma(t, s)$ 的一致连续性, 存在 $\delta_s > 0$, 使得只要 $|s' - s| < \delta_s$, 就有 $|\gamma_{s'}(t) - \gamma_s(t)| < \varepsilon$ 对 $t \in I$ 成立. 因此

$$\gamma_{s'}[t_i, t_{i+1}] \subset U_i.$$

这说明 (f_s, D_s) 也是 (f, D) 沿曲线 $\gamma_{s'}$ 的一个解析延拓. 由引理 10.2, 只要 $|s' - s| < \delta_s$, 就有 $f_{s'} = f_s$ 在 $D_{s'} \cap D_s$ 成立.

区间 $I_s = \{s' \in I : |s' - s| < \delta_s\}$ 构成紧集 I 的一个开覆盖. 因此存在有限个这样的区间覆盖 I. 这样经过有限步以后, 我们就得到 $f_0 = f_1$ 在 $D_0 \cap D_1$ 成立. $\qquad\square$

10.3 单值性定理

单连通区域可以通过曲线同伦来定义. 事实上单连通性的曲线同伦定义是一般性的, 而通过余集的定义只适用于平面区域.

定理 10.2(单连通性的拓扑刻画) 平面区域 Ω 是单连通的, 当且仅当 Ω 中任意两条具有相同端点的曲线在 Ω 内同伦.

虽然这个定理与复分析无关, 但是利用复分析方法可以给出简化的证明. 首先我们对任意闭曲线定义环绕数.

设 $\gamma : [0, 1] \to \mathbb{C}$ 是一条闭曲线, 点 a 不在 γ 上. 记 $d(\gamma, a)$ 为点 a 到曲线 γ 的距离. 由于 γ 一致连续, 存在 $\delta > 0$, 使得只要 $|t - t'| < \delta$, 就有 $|\gamma(t) - \gamma(t')| < d(\gamma, a)$. 因此对任意区间 $[t_0, t_1] \subset I$ 以及其中的任意有限个点

$$t_0 = \tau_0 < \tau_1 < \cdots < \tau_n = t_1,$$

只要 $|t_1 - t_0| < \delta$, 线段 $[\gamma(\tau_{i-1}), \gamma(\tau_i)]$ 以及 $[\gamma(t_0), \gamma(t_1)]$ 都包含于以 $\gamma(t_0)$ 为圆心, 半径为 $d(\gamma, a)$ 的圆盘内. 由于这个圆盘不包含 a, 函数 $\ln(z - a)$ 在这个圆盘内有解析单值分支. 因此

$$\sum_{i=1}^n \int_{\gamma(\tau_{i-1})}^{\gamma(\tau_i)} \frac{\mathrm{d}z}{z - a} = \int_{\gamma(t_0)}^{\gamma(t_1)} \frac{\mathrm{d}z}{z - a} = \ln \frac{\gamma(t_1) - a}{\gamma(t_0) - a},$$

其中每条积分曲线都是线段, 对数的虚部介于 $-\pi/2, \pi/2$ 之间.

区间 $[0,1]$ 的一个分割 $0 = t_0 < t_1 < \cdots < t_n = 1$ 称为 δ **分割**, 是指 $t_i - t_{i-1} < \delta$ 对 $1 \leqslant i \leqslant n$ 成立.

引理 10.4 对区间 $[0,1]$ 的任意 δ 分割 $\{t_i\}$,

$$n(\gamma, a; \{t_i\}) \overset{\text{def}}{=\!=} \sum_i \int_{\gamma(t_{i-1})}^{\gamma(t_i)} \frac{\mathrm{d}z}{z-a}$$

不依赖于分割 $\{t_i\}$ 的选取.

记 $n(\gamma, a) = n(\gamma, a; \{t_i\})$, 称为曲线 γ 关于点 a 的**环绕数**. 显然, 当曲线分段可微时与以前的定义一致.

证明 设 $\{t_i\}$ 与 $\{t_j'\}$ 是两个 δ 分割. 则由这两个分割点集的并集作为分割点集形成一个新的 δ 分割 $\{\tau_k\}$. 记 $t_{i-1} = \tau_{k_{i-1}} < \cdots < \tau_{k_i} = t_i$ 为 $[t_{i-1}, t_i]$ 中所有 $\{\tau_k\}$ 的点, 则

$$\int_{\gamma(t_{i-1})}^{\gamma(t_i)} \frac{\mathrm{d}z}{z-a} = \sum_{k=k_{i-1}}^{k_i-1} \int_{\gamma(\tau_k)}^{\gamma(\tau_{k+1})} \frac{\mathrm{d}z}{z-a}.$$

因此 $n(\gamma, a; \{t_i\}) = n(\gamma, a; \{\tau_k\})$. 同理 $n(\gamma, a; \{t_j'\}) = n(\gamma, a; \{\tau_k\})$. 因此 $n(\gamma, a; \{t_i\})$ 不依赖于分割 $\{t_i\}$ 的选取. □

引理 10.5 设 $\Gamma : I \times I \to \mathbb{C}$ 是一个闭曲线同伦, $a \notin \Gamma(I \times I)$. 则闭曲线 $\gamma_s = \Gamma(\cdot, s)$ 关于 a 的环绕数是常数.

证明 由 Γ 的一致连续性, 存在 $\delta > 0$, 使得只要 $|t - t'| + |s - s'| < \delta$, 就有 $|\Gamma(t, s) - \Gamma(t', s')| < d(\Gamma, a)/2$.

设 $\{t_i\}_{i=0}^n$ 是 I 的一个 δ 分割. 由引理 10.4, 对 $s \in I$,

$$n(\gamma_s, a) = n(\gamma_s, a; \{t_i\}).$$

再次由 Γ 的一致连续性, 存在 $\varepsilon > 0$, 使得只要 $|s - s'| < \varepsilon$, 就有 $|\gamma_s(t) - \gamma_{s'}(t)| < d(\Gamma, a)/(4n)$ 对 $t \in I$ 成立. 于是

$$
\begin{aligned}
n(\gamma_s, a) - n(\gamma_{s'}, a) &= \sum_{i=1}^n \left(\int_{\gamma_s(t_{i-1})}^{\gamma_s(t_i)} \frac{\mathrm{d}z}{z-a} - \int_{\gamma_{s'}(t_{i-1})}^{\gamma_{s'}(t_i)} \frac{\mathrm{d}z}{z-a} \right) \\
&= \sum_{i=1}^n \left(\ln \frac{\gamma_s(t_i) - a}{\gamma_s(t_{i-1}) - a} - \ln \frac{\gamma_{s'}(t_i) - a}{\gamma_{s'}(t_{i-1}) - a} \right) \\
&= \sum_{i=1}^n \left(\ln \frac{\gamma_s(t_i) - a}{\gamma_{s'}(t_i) - a} - \ln \frac{\gamma_s(t_{i-1}) - a}{\gamma_{s'}(t_{i-1}) - a} \right),
\end{aligned}
$$

其中对数的虚部介于 $-\pi/2, \pi/2$ 之间. 由于

$$\left| \frac{\gamma_s(t_i) - \gamma_{s'}(t_i)}{\gamma_{s'}(t_i) - a} \right| < \frac{1}{4n},$$

而当 $|z| < 1/2$ 时, $|\ln(1+z)| < 2|z|$, 我们有

$$\left| \ln \frac{\gamma_s(t_i) - a}{\gamma_{s'}(t_i) - a} \right| < 2 \left| \frac{\gamma_s(t_i) - \gamma_{s'}(t_i)}{\gamma_{s'}(t_i) - a} \right| < \frac{1}{2n}.$$

最后得到 $|n(\gamma_s, a) - n(\gamma_{s'}, a)| < 1$. 由环绕数为整数得到 $n(\gamma_s, a) = n(\gamma_{s'}, a)$.

这个等式说明任给 $s \in I$, 环绕数 $n(\gamma_s, a)$ 在 s 的一个邻域上是常数, 由 I 的紧性得到在整个 I 上是常数. $\qquad\square$

定理 10.2 的证明   设 $\overline{\mathbb{C}} \setminus \Omega$ 连通, $\gamma_0, \gamma_1 : [0,1] \to \Omega$ 是两条具有相同端点的曲线. 首先假设 $\Omega = \mathbb{C}$ 或者单位圆盘 D. 则

$$\Gamma(t, s) = (1-s)\gamma_0(t) + s\gamma_1(t)$$

是 Ω 内从 γ_0 到 γ_1 的一个同伦.

当 $\Omega \neq \mathbb{C}$ 时, 由 Riemann 映射定理, 存在从 Ω 到 D 的共形映射 $f(z)$. 于是 $f(\gamma_0), f(\gamma_1)$ 是 D 中两条具有相同端点的曲线. 令 Γ 是如上定义的是从 $f(\gamma_0)$ 到 $f(\gamma_1)$ 的一个同伦. 则 $f^{-1}(\Gamma)$ 是 Ω 内从 γ_0 到 γ_1 的同伦.

反过来, Ω 中任意闭曲线 γ 都同伦于一个常数曲线. 由引理 10.5, γ 关于 $a \notin \Omega$ 的环绕数为零. 由定理 5.19, $\overline{\mathbb{C}} \setminus \Omega$ 连通. $\qquad\square$

本章的主要定理如下.

定理 10.3 (单值性定理)   设 $\Omega \subset \mathbb{C}$ 是单连通区域, (f, D) 是一个解析函数芽, $D \subset \Omega$. 如果 (f, D) 能沿 Ω 内任意一条起点为 D 的圆心的曲线解析延拓, 则存在 Ω 上的解析函数 $F(z)$, 使得 $F(z) = f(z)$ 在 D 内成立.

证明   任给 $z \in \Omega$, 存在 Ω 内起点为 D 的圆心, 终点为 z 的曲线 β, 记 (f_β, D_β) 为 (f, D) 沿 β 的一个解析延拓. 由于 Ω 是单连通区域, 如果曲线 α 与 β 具有相同的端点, 则它们是同伦的. 由引理 10.3, $f_\beta = f_\alpha$ 在 $D_\beta \cap D_\alpha$ 成立.

定义 $F(z) = f_\beta(z)$. 上面的讨论说明这个定义是合理的.

任给 $z_1 \in D_\beta$, 取以 z_1 为圆心的一个圆盘 $D' \subset D_\beta$. 则 (f_β, D') 可以看成是从 (f_β, D_β) 沿线段 $[z, z_1]$ 的解析延拓. 因此 (f_β, D') 是 (f, D) 沿曲线 $\gamma = \beta \cup [z, z_1]$ 的解析延拓, 曲线 γ 的起点为 D 的圆心, 终点为 z_1. 根据定义, $F(z_1) = f_\beta(z_1)$. 因此 $F(z) = f_\beta(z)$ 在 D_β 内成立. 这样我们就证明了 $F(z)$ 是 Ω 内的解析函数, 且 $F(z) = f(z)$ 在 D 内成立. $\qquad\square$

10.4   单值分支

单值性定理的条件看起来是不易满足的. 但是对求解析函数反函数的单值分支的问题, 恰好可以应用单值性定理.

设 $f: \Omega_0 \to \Omega$ 是区域之间的一个连续满映射. 如果任给 $w \in \Omega$, 存在包含 w 的一个开圆盘 $D \subset \Omega$, 使得 $f(z)$ 在 $f^{-1}(D)$ 的任意一个连通分支 U 上都可以表示为

$$f(z) = w(\zeta^k(z)) \quad (k \geqslant 1 是整数),$$

其中 $\zeta(z)$ 是从 U 到单位圆盘的同胚, 而 $w(\zeta)$ 是从单位圆盘到 D 的同胚, 满足 $w(0) = w$. 则 $f(z)$ 称为**分歧覆盖**. 当 $k \geqslant 2$ 时, 点 $\zeta^{-1}(0) \in U$ 称为 $f(z)$ 的 $k-1$ **阶分歧点**. 没有分歧点的分歧覆盖就称为**覆盖**.

记 C_f 是分歧覆盖 $f(z)$ 的分歧点集. 则 C_f 在 Ω_0 内没有聚点. 记 $V_f = f(C_f)$. 则 $f: \Omega_0 \setminus f^{-1}(V_f) \to \Omega \setminus V_f$ 是覆盖.

设 $f: \Omega_0 \to \Omega$ 是覆盖. 任给 $w \in \Omega$, 存在包含 w 的一个开圆盘 $D \subset \Omega$, 使得 $\# f^{-1}(w)$ 在 D 上是常数. 再由 Ω 的连通性, 得到 $\# f^{-1}(w)$ 在 Ω 上是常数. 称为**覆盖重数**.

例 10.1 (1) 指数函数 e^z 是从 $\mathbb{C}$ 到 $\mathbb{C} \setminus \{0\}$ 的无穷次覆盖;

(2) 幂函数 z^n $(n \geqslant 1)$ 是从 $\mathbb{C}$ 到自身的 n 次分歧覆盖.

设 $f: \Omega_0 \to \Omega$ 是一个连续满映射. 如果 Ω 中的紧子集的原像是紧集. 则 $f(z)$ 称为**逆紧映射**.

引理 10.6 设 $f: \Omega_0 \to \Omega$ 是逆紧映射. 如果 Ω_0 中的一个点列 $\{z_n\}$ 趋于 $\partial \Omega_0$, 则 $\{f(z_n)\}$ 趋于 $\partial \Omega$.

证明 否则 $\{f(z_n)\}$ 有子序列收敛于一点 $w^* \in \Omega$. 不妨设 $w^* \neq \infty$. 当 $\delta > 0$ 足够小时, 闭圆盘 $E = \{|w - w^*| \leqslant \delta\}$ 是 Ω 中的紧集. 由于 $f(z)$ 是逆紧映射, $f^{-1}(E)$ 是 Ω_0 中的紧集. 另一方面, 当 n 足够大时, $f(z_n) \in E$. 因此 $z_n \in f^{-1}(E)$. 这与 $\{z_n\}$ 趋于 $\partial \Omega_0$ 矛盾. □

定理 10.4 逆紧亚纯函数是分歧覆盖.

证明 设 $f: \Omega_0 \to \Omega$ 是逆紧亚纯函数. 任给 $w \in \Omega$, $f^{-1}(w)$ 只包含有限个点, 记为 $a_1, a_2, \cdots, a_n$. 不妨设 $a_i \neq \infty$. 应用定理 5.14 和推论 5.7, 存在以 a_i 为中心, 半径为 $\varepsilon > 0$ 的开圆盘 $\Delta_i \subset \Omega_0$, 以及以 w 为中心, 半径为 $\delta > 0$ 的开圆盘 $D \subset \Omega$, 使得 Δ_i 互不相交, 且限制在 $D_i = \Delta_i \cap f^{-1}(D)$ 上, $f(z)$ 可以表示为

$$f(z) = w(\zeta^k(z)) \quad (k \geqslant 1 是整数),$$

其中 $\zeta(z)$ 是从 D_i 到单位圆盘的同胚, 而 $w(\zeta)$ 是从单位圆盘到 D 的同胚, 满足 $w(0) = w$.

我们断言当 $\delta > 0$ 足够小时, $f^{-1}(D) = \cup D_i$. 否则在 Ω_0 中存在点列 $\{z_n\}$, 使得 $\{f(z_n)\}$ 收敛于 w, 而 $z_n \notin \cup \Delta_i$. 点列 $\{z_n\}$ 在 $\overline{\mathbb{C}}$ 中有子序列收敛到一点 $z^* \in \overline{\Omega_0}$. 如果 $z^* \in \Omega_0$, 则 $f(z^*) = w$. 这与 $z^* \notin \cup \Delta_i$ 矛盾. 如果 $z^* \in \partial \Omega_0$, 这与 $f(z)$ 是逆紧映射矛盾. 于是 $f^{-1}(D) = \cup D_i$. 因此 $f(z)$ 是分歧覆盖. □

非常数有理函数是 $\mathbb{C}$ 上的逆紧亚纯函数. 这样我们就得到上述定理的一个直接推论.

推论 10.2　非常数有理函数是分歧覆盖.

下面我们考察解析覆盖的反函数的解析单值分支. 设 $f: \Omega_0 \to \Omega$ 是解析覆盖. 任给 $a \in \Omega_0$, 存在以 $f(a)$ 为圆心的圆盘 $D_0 \subset \Omega$, 使得 $f(z)$ 限制在 $f^{-1}(D_0)$ 的包含 a 的连通分支 U 上是共形映射. 记 g_0 为 $f: U \to D_0$ 的逆映射, 则 (g_0, D_0) 是一个解析函数芽.

引理 10.7 (沿曲线解析延拓的存在性)　任给以 $f(a)$ 为起点的一条曲线 $\gamma \subset \Omega$, 存在解析函数芽 (g_0, D_0) 沿曲线 γ 的解析延拓 (g_1, D_1), 且 $f \circ g_1$ 是恒等映射.

证明　任给 $w \in \gamma$, 存在以 w 为圆心, 半径为 δ_w 的圆盘 $D(w, \delta_w)$, 使得 $f(z)$ 限制在 $f^{-1}(D(w, \delta_w))$ 的每个连通分支上都是共形映射. $\{D(w, \delta_w/2)\}$ 形成 γ 的一个开覆盖, 因此存在有限个这样的圆盘 $D(w_1, \delta_{w_1}/2), D(w_2, \delta_{w_2}/2), \cdots, D(w_m, \delta_{w_m}/2)$ 盖住 γ. 记 $\delta = \min\{\delta_{w_j}/2\}$. 则任给 $w \in \gamma$, $D(w, \delta) \subset D(w_j, \delta_{w_j})$. 因此 $f(z)$ 限制在 $f^{-1}(D(w, \delta))$ 的每个连通分支上都是共形映射.

由于 γ 一致连续, 存在 $\varepsilon > 0$, 使得只要 $|t - t'| < \varepsilon$, 就有 $|\gamma(t) - \gamma(t')| < \delta$. 令 $\{t_i\}$ 为区间 I 的一个 ε 分割, 使得 $\gamma[t_0, t_1] \subset D_0$. 令 D_i 为以 $\gamma(t_i)$ 为圆心, 半径为 δ 圆盘, 则 $\gamma[t_i, t_{i+1}] \subset D_i$.

函数 $f(z)$ 限制在 $f^{-1}(D_1)$ 的每个连通分支上都是共形映射. 其中只有一个逆映射 g_1 满足 $g_1 = g_0$ 在 $D_0 \cap D_1$ 上成立. 按同样的要求, 我们可以依次定义 D_i 上 $f(z)$ 的逆映射 g_i, 使得 $g_{i+1} = g_i$ 在 $D_i \cap D_{i+1}$ 上成立. 这样就得到了 (g_0, D_0) 沿曲线 γ 的解析延拓 (g_1, D_1), 且 $f \circ g_1$ 是恒等映射. □

令 $\tilde{\gamma}(t) = g_i(\gamma(t))$, 当 $t \in [t_i, t_{i+1}]$ 时. 则 $\tilde{\gamma}: I \to \mathbb{C}$ 是一条曲线, 它由 γ 以及起点 a 唯一确定, 满足 $f \circ \tilde{\gamma}(t) = \gamma(t)$, 称为曲线 γ 在 a 点的**提升**.

结合单值性定理以及引理 10.7, 我们立即得到

定理 10.5 (单连通区域上的单值分支)　设 $f: \Omega_0 \to \Omega$ 是解析覆盖. 任给 $a \in \Omega_0$ 以及包含 $f(a)$ 的一个单连通区域 $D \subset \Omega$, 存在 D 上唯一的解析函数 $G(z)$, 使得 $f \circ G$ 是恒等映射, 且 $G(f(a)) = a$.

定理 10.6 (解析函数的提升)　设 $f_0: \Omega_0 \to \Omega$ 是解析覆盖, $f_1: \Omega_1 \to \Omega$ 是解析函数. 设 $a_0 \in \Omega_0, a_1 \in \Omega_1$, 满足 $f_0(a_0) = f_1(a_1)$. 如果 Ω_1 是单连通区域, 则存在唯一的解析函数 $H: \Omega_1 \to \Omega_0$, 使得 $f_1 = f_0 \circ H$, 且 $H(a_1) = a_0$.

证明　存在以 $a \overset{\text{def}}{=} f_1(a_1)$ 为圆心的圆盘 $D \subset \Omega$, 使得 $f_0(z)$ 限制在 $f_0^{-1}(D)$ 的包含 a_0 的连通分支 U 上是共形映射. 记 g_0 为 $f_0: U \to D$ 的逆映射. 则 (g_0, D) 是解析函数芽, 且 $g_0(a) = a_0$.

任给以 a_1 为起点的一条曲线 $\gamma_1: I \to \Omega_1$, $\gamma \overset{\text{def}}{=} f_1 \circ \gamma_1$ 是 Ω 内以 a 为起点的曲线. 由引理 10.7, 存在解析函数芽 (g_0, D) 沿曲线 γ 的解析延拓 (g_1, D), 且 $f_0 \circ g_1$ 是恒

好

等映射. 记这个延拓所经过的解析函数芽为 $(h_i, U_i)\,(0 \leqslant j \leqslant n)$, 对应的区间分割点为 $\{t_i\}$. 则 $\gamma[t_i, t_{i+1}] \subset U_i$.

记 $\delta = \min\{d(\gamma[t_i, t_{i+1}], \partial V_i), \delta_1 = d(\gamma_1, \Omega_1)$. 由于 f_1 在紧集

$$\{z \in \Omega_1 : d(z, \gamma_1) \leqslant \delta_1/2\}$$

上一致连续, 存在 $0 < \varepsilon_1 < \delta_1/2$, 使得只要 $z_1 \in \gamma_1, d(z, z_1) < \varepsilon_1$, 就有 $d(f_1(z), f_1(z_1)) < \delta$. 由于 $\gamma_1(t)$ 一致连续, 存在 $\varepsilon > 0$, 使得只要 $|t - t'| < \varepsilon$, 就有 $|\gamma_1(t) - \gamma_1(t')| < \varepsilon_1$.

令 $\{\tau_j\}$ 为区间 I 的一个 ε 分割. 令 V_j 为以 $\gamma_1(\tau_j)$ 为圆心, 半径为 ε_1 的圆盘. 则 $V_j \subset \Omega_1$. 如果 $\tau_j \in [t_i, t_{i+1}]$, 则 $f_1(V_j) \subset U_i$. 令 $\tilde{h}_j = h_i \circ f_1$, 则 $(\tilde{h}_j, V_j)$ 构成沿曲线 γ_1 的一个解析延拓, 且 $f_0 \circ \tilde{h}_1 = f_1$.

如果 Ω_1 是单连通区域, 由单值性定理, 我们得到解析函数 $H : \Omega_1 \to \Omega_0$, 使得 $f_1 = f_0 \circ H$, 且 $H(a_1) = a_0$. $\qquad\square$

推论 10.3 在定理 10.6 中, 如果 f_1 是覆盖, 则 $H : \Omega_1 \to \Omega_0$ 是解析覆盖. 如果 Ω_0 也是单连通的, 则 H 是共形映射.

证明 首先我们证明 H 是满射. 任给 $\zeta \in \Omega_0$, 令 γ_0 是 Ω_0 内起点为 a_0, 终点为 ζ 的一条曲线. 则 $\gamma = f_0 \circ \gamma_1$ 是 Ω 内起点为 a, 终点为 $f_0(\zeta)$ 的一条曲线. 由于 f_1 是覆盖, γ 可以提升为 Ω_1 内以 a_1 为起点的曲线 γ_1. 最后得到 $H \circ \gamma_1 = \gamma_0$. 因此 H 是满射.

任给 $\zeta \in \Omega_0$, 记 $w = f_0(\zeta)$. 存在以 w 为圆心的开圆盘 D, 使得对 $k = 0, 1$, f_k 限制在 $f_k^{-1}(D)$ 的每个连通分支上都是共形映射. 则对 $f_1^{-1}(D)$ 的每个连通分支 U_i, $H(U_i)$ 是 $f_0^{-1}(D)$ 的一个连通分支. 令 V 是 $f_0^{-1}(D)$ 的包含 ζ 的连通分支. 则 $H^{-1}(V)$ 是 $f_0^{-1}(D)$ 的与 $H^{-1}(\zeta)$ 相交的连通分支的并. 因此 H 是覆盖.

如果 Ω_0 也是单连通的, 则存在覆盖 $H_0 : \Omega_0 \to \Omega_1$, 使得 $f_0 = f_1 \circ H_0$, 且 $H(a_1) = a_0$. 对如上定义的曲线 γ_0, γ_1, 有 $H_0 \circ \gamma_0 = \gamma_1$. 这说明 $H_0 \circ H$ 是恒等映射. 因此 H 是共形映射. $\qquad\square$

由定理 10.5, 我们可以给出 Riemann-Hurwitz 公式 (定理 3.3) 的一个组合证明. 以下是证明概要.

设 $R(z)$ 是次数为 $d \geqslant 2$ 的有理函数. 取一条穿过所有临界值的由有线条线段组成的 Jordan 曲线 γ, 则 $\overline{\mathbb{C}} \setminus \gamma$ 由两个不相交的单连通区域组成. 由定理 10.5, $\overline{\mathbb{C}} \setminus R^{-1}(\gamma)$ 恰好有 $2d$ 个连通分支, 每个都是单连通的. 另一方面, $R^{-1}(\gamma)$ 上分叉点的个数 (计重数) 的一半等于临界点的个数 (计重数). 当 $d = 1$ 时没有临界点. $R^{-1}(\gamma)$ 的余集分支的个数 $2d$ 每增加 2 个, 分叉点一定会增加 4 个. 因此临界点增加 2 个. 这就说明临界点的个数 (计重数) 是 $2d - 2$.

习题十

1. 设幂级数 $f(z) = \sum a_n z^n$ 的收敛半径为 1, 且 $a_n \geqslant 0$. 试证 $\zeta = 1$ 是 $f(z)$ 的奇点 (提示: 将 $f(z)$ 展开为 $z - 1/2$ 的幂级数.)

2. 试证函数

$$f(z) = \sum_{n=0}^{\infty} z^{2^n} = z + z^2 + z^4 + z^8 + \cdots$$

在单位圆周上没有正则点.

3. 设 $(f, D), (g, D)$ 是两个解析函数芽, $P(\cdot, \cdot)$ 是两个变量的多项式, 且在 D 内 $P(f, g) = 0$. 如果 $(f, D), (g, D)$ 能沿一条曲线分别解析延拓到 (f_1, D_1) 和 (g_1, D_1), 试证在 D_1 内 $P(f_1, g_1) = 0$.

4. 设 $f(z)$ 在区域 Ω 上解析, 且存在一点 $a \in \Omega$, 使得

$$\varliminf_{z \to \partial\Omega} |f(z)| > |f(a)|.$$

试证如果 a 是 $f(z) - f(a)$ 的 k 阶零点, 则 $f(z)$ 在 Ω 内至少有 k 个零点 (计重数).

第十一章

椭圆函数

椭圆函数理论始于对椭圆积分的研究. 后来发现它与很多数学分支, 如复分析、组合、数论等有密切的联系. 本章将介绍椭圆函数的一些基本结果.

11.1　周期函数

亚纯函数 $f(z)$ 称为**周期**的, 是指存在 $\omega \neq 0$ 使得 $f(z+\omega) = f(z)$. 记

$$M = \{\omega \in \mathbb{C} : f(z+\omega) = f(z)\}.$$

显然有限个 M 中元素的整系数线性组合仍然包含于 M 中, 我们称 M 为 $f(z)$ 的**周期模**. 如果 $f(z)$ 非常数, 由零点的孤立性, M 是离散的.

定理 11.1　离散的周期模 M 或者只包含零; 或者由一个非零复数的整数倍组成; 或者由两个非零复数 ω_1 与 ω_2 的整系数线性组合组成, 且 ω_1/ω_2 不是实数.

证明　假设 M 包含非零复数. 由 M 的离散性, 存在非零复数 $\omega_1 \in M$, 使得 $|\omega_1|$ 取到 M 中非零元素的绝对值的最小值.

如果 M 由 ω_1 的整数倍组成, 则结论成立. 否则取 $\omega_2 \in M$, 使得 ω_2 不是 ω_1 的整数倍, 且其绝对值在所有不能表示为 ω_1 的整数倍的 M 中的复数的绝对值中最小. 我们断言 ω_2/ω_1 不是实数. 否则存在整数 n 使得 $n < \omega_2/\omega_1 < n+1$. 这样将有 $0 < |\omega_2 - n\omega_1| < |\omega_1|$. 这与 ω_1 的选取矛盾.

现在我们断言 M 中的复数都可以表示为 $n_1\omega_1 + n_2\omega_2$, 其中 n_1, n_2 为整数. 由于 ω_2/ω_1 不是实数, 所有复数 ω 都可以唯一地表示为

$$\omega = \lambda_1\omega_1 + \lambda_2\omega_2,$$

其中 λ_1, λ_2 为实数. 如果 $\omega \in M$, 取整数 m_1, m_2 使得 $|\lambda_1 - m_1| \leqslant 1/2$, $|\lambda_2 - m_2| \leqslant 1/2$. 则 $\omega' = \omega - m_1\omega_1 - m_2\omega_2 \in M$. 于是

$$|\omega'| < \frac{1}{2}|\omega_1| + \frac{1}{2}|\omega_2| \leqslant |\omega_2|.$$

这与 ω_2 的选取矛盾. □

11.2　模群

设 ω_1/ω_2 非实数. 设 ω_1', ω_2' 是由 ω_1, ω_2 生成的模的另外一组生成元. 则存在整数 a, b, c, d, 使得

$$\begin{pmatrix} \omega_1' \\ \omega_2' \end{pmatrix} = \begin{pmatrix} a & b \\ c & d \end{pmatrix} \begin{pmatrix} \omega_1 \\ \omega_2 \end{pmatrix}.$$

对复共轭, 同样的关系成立, 这样就有

$$\begin{pmatrix} \omega_1' & \bar{\omega}_1' \\ \omega_2' & \bar{\omega}_2' \end{pmatrix} = \begin{pmatrix} a & b \\ c & d \end{pmatrix} \begin{pmatrix} \omega_1 & \bar{\omega}_1 \\ \omega_2 & \bar{\omega}_2 \end{pmatrix}.$$

由于 ω_1', ω_2' 也生成同一个模, 类似得到

$$\begin{pmatrix} \omega_1 & \bar{\omega}_1 \\ \omega_2 & \bar{\omega}_2 \end{pmatrix} = \begin{pmatrix} a' & b' \\ c' & d' \end{pmatrix} \begin{pmatrix} \omega_1' & \overline{\omega_1'} \\ \omega_2' & \overline{\omega_2'} \end{pmatrix}.$$

结合起来得到

$$\begin{pmatrix} \omega_1 & \bar{\omega}_1 \\ \omega_2 & \bar{\omega}_2 \end{pmatrix} = \begin{pmatrix} a' & b' \\ c' & d' \end{pmatrix} \begin{pmatrix} a & b \\ c & d \end{pmatrix} \begin{pmatrix} \omega_1 & \bar{\omega}_1 \\ \omega_2 & \bar{\omega}_2 \end{pmatrix}.$$

由 ω_2/ω_1 不是实数, 得到 $\omega_2\bar{\omega}_1 - \omega_1\bar{\omega}_2 \neq 0$. 所以

$$\begin{pmatrix} a' & b' \\ c' & d' \end{pmatrix} \begin{pmatrix} a & b \\ c & d \end{pmatrix} = \begin{pmatrix} 1 & 0 \\ 0 & 1 \end{pmatrix}.$$

由于矩阵的元素都是整数, 得到

$$\begin{vmatrix} a & b \\ c & d \end{vmatrix} = \begin{vmatrix} a' & b' \\ c' & d' \end{vmatrix} = \pm 1.$$

满足上述条件的矩阵或者线性变换称为**幺模**. 它们形成的群称为**模群**.

11.3 椭圆函数的一般性质

全平面上的非常数亚纯函数称为**双周期函数**或者**椭圆函数**, 是指它的周期模至少包含两个比为非实数的非零复数.

设 $f(z)$ 为椭圆函数. 记 M 为 $f(z)$ 的周期模. 对任意复数 z_1, z_2, 如果 $z_1 - z_2 \in M$, 称 z_1 **同余**于 z_2, 记为 $z_1 \equiv z_2 \pmod{M}$. 如果 a 是 $f(z)$ 的零点或者极点, 则与 a 同余的点也是零点或者极点.

取非零复数 $\omega_1, \omega_2 \in M$, 使得 $\operatorname{Im}(\omega_2/\omega_1) > 0$. 任给复数 $a \in \mathbb{C}$, 记 P_a 为以 $a, a+\omega_1, a+\omega_2, a+\omega_1+\omega_2$ 为顶点的平行四边形. 则 ∂P_a 的正向为由点序 $(a, a+\omega_1, a+\omega_1+\omega_2, a+\omega_2)$ 所确定的方向. 由于 $f(z)$ 在同余的点上取相同的值, 只需考虑 $f(z)$ 在 P_a 上的取值. 当周期模离散时, 可以选取适当的 a 使得 P_a 的边界上没有极点和零点.

定理 11.2   非常数椭圆函数必有极点.

证明   如果非常数椭圆函数 $f(z)$ 没有极点, 则它在 P_a 的闭包上有界, 从而在全平面有界. 由 Liouville 定理, 它必为常数.   □

定理 11.3   椭圆函数 $f(z)$ 在 P_a 内的极点的留数之和为零.

证明   由留数定理, P_a 内的极点的留数之和为

$$\frac{1}{2\pi i} \int_{\partial P_a} f(z)\, dz.$$

由 $f(z)$ 的周期性, 对边积分相互抵消, 因此积分为零.   □

定理 11.4   椭圆函数 $f(z)$ 在 P_a 内的零点个数等于极点个数.

证明   函数 $f'(z)/f(z)$ 与 $f(z)$ 有相同的周期. 对 $f'(z)/f(z)$ 应用留数定理即可证明.   □

对任意常数 $c \in \mathbb{C}$, $f(z)-c$ 与 $f(z)$ 有相同的极点. 因此方程 $f(z)=c$ 在 P_a 内的根的个数不依赖于 c 的选取. 我们称这个数为椭圆函数的**阶**.

定理 11.5   记 $f(z)$ 在 P_a 内的零点为 $a_1, a_2, \cdots, a_n$, 极点为 $b_1, b_2, \cdots, b_n$. 则

$$a_1 + a_2 + \cdots + a_n \equiv b_1 + b_2 + \cdots + b_n \pmod{M}.$$

证明   考察积分

$$\frac{1}{2\pi i} \int_{\partial P_a} \frac{z f'(z)}{f(z)}\, dz.$$

由留数定理, 积分等于 $(a_1+a_2+\cdots+a_n) - (b_1+b_2+\cdots+b_n)$. 考察从 a 到 $a+\omega_1$ 以及从 $a+\omega_2$ 到 $a+\omega_1+\omega_2$ 的边, 沿着这两条边的积分可以写成

$$\frac{1}{2\pi i}\left(\int_a^{a+\omega_1} \frac{z f'(z)}{f(z)}\, dz - \int_{a+\omega_2}^{a+\omega_1+\omega_2} \frac{z f'(z)}{f(z)}\, dz\right) = (-\omega_2) \cdot \frac{1}{2\pi i} \int_a^{a+\omega_1} \frac{f'(z)}{f(z)}\, dz.$$

右端的第二个因子表示当 z 从 a 变到 $a+\omega_1$ 时 $f(z)$ 所描述的闭曲线关于原点的环绕数. 因此它必是一个整数. 同理可证另一组对边的情形. 因此积分的值属于周期模.   □

11.4 Weierstrass $\mathscr{P}$ 函数

最简单的椭圆函数是二阶的, 它们或者具有一个二重极点, 或者有两个单极点. 首先我们考虑具有一个二重极点的椭圆函数.

不妨设椭圆函数的周期模由 ω_1 与 ω_2 生成, 且以原点为二阶极点. 除相差一个常数和一个常数因子外, 它必须具有以下形式:

$$\mathscr{P}(z) = \frac{1}{z^2} + \sum_{\omega \neq 0} \left[\frac{1}{(z-\omega)^2} - \frac{1}{\omega^2} \right], \tag{11.1}$$

其中 ω 取遍周期模中的所有非零元素, 而减去 $1/\omega^2$ 是为了保证收敛性. 这个函数称为 **Weierstrass $\mathscr{P}$ 函数**.

首先我们验证收敛性. 任给 $R > 0$, 除有限个例外, 周期模中的点满足 $|\omega| > 2R$. 当 $|z| \leqslant R$ 时,

$$\left| \frac{1}{(z-\omega)^2} - \frac{1}{\omega^2} \right| = \left| \frac{z(2\omega - z)}{\omega^2(z-\omega)^2} \right| \leqslant \frac{10|z|}{|\omega|^3}.$$

所以级数在任意紧集上一致收敛, 只要

$$\sum_{\omega \neq 0} \frac{1}{|\omega|^3} < \infty.$$

因为 ω_2/ω_1 不是实数, 存在常数 $k > 0$, 使得对所有的整数对 (n_1, n_2),

$$|n_1\omega_1 + n_2\omega_2| \geqslant k(|n_1| + |n_2|).$$

而只有 $4n$ 个整数对 (n_1, n_2) 满足 $|n_1| + |n_2| = n$. 因此

$$\sum_{\omega \neq 0} \frac{1}{|\omega|^3} \leqslant 4k^{-3} \sum_{n=1}^{\infty} \frac{1}{n^2} < \infty.$$

下面证明 $\mathscr{P}(z)$ 以 ω_1 与 ω_2 为周期. 逐项求导得到

$$\mathscr{P}'(z) = -2 \sum_{\omega} \frac{1}{(z-\omega)^3}, \tag{11.2}$$

因此 $\mathscr{P}'(z)$ 以 ω_1 与 ω_2 为周期. 所以 $\mathscr{P}(z+\omega_1) - \mathscr{P}(z)$ 与 $\mathscr{P}(z+\omega_2) - \mathscr{P}(z)$ 都是常数. 从定义中可以看出 $\mathscr{P}(z)$ 是偶函数, 取 $z = -\omega_1/2$ 及 $z = -\omega_2/2$ 就可得出这些常数都是零. 这样我们就证明了 $\mathscr{P}(z)$ 以 ω_1 与 ω_2 为周期.

11.5 函数 $\zeta(z)$ 与 $\sigma(z)$

由于 $\mathscr{P}(z)$ 在 P_a 内的留数之和为零, 所以它是一个亚纯函数的导数. 习惯上把 $\mathscr{P}(z)$ 的原函数记为 $-\zeta(z)$. 除相差一个常数外, 它可以表示为

$$\zeta(z) = \frac{1}{z} + \sum_{\omega \neq 0} \left(\frac{1}{z - \omega} + \frac{1}{\omega} - \frac{z}{\omega^2} \right). \tag{11.3}$$

收敛性是容易证明的. 显然它满足条件

$$\zeta(z + \omega_1) = \zeta(z) + \eta_1, \quad \zeta(z + \omega_2) = \zeta(z) + \eta_2,$$

其中 η_1 与 η_2 为常数. 由留数定理,

$$\frac{1}{2\pi i} \int_{\partial P_a} \zeta(z)\, \mathrm{d}z = 1.$$

将积分的对边相加就得到 **Legendre 关系**:

$$\eta_1 \omega_2 - \eta_2 \omega_1 = 2\pi i. \tag{11.4}$$

对 $\zeta(z)$ 求对数导数的原函数, 得到

$$\sigma(z) = z \prod_{\omega \neq 0} \left(1 - \frac{z}{\omega} \right) \mathrm{e}^{\frac{z}{\omega} + \frac{1}{2} \frac{z^2}{\omega^2}}. \tag{11.5}$$

这是整函数 $\sigma(z)$ 的典范乘积表示, 满足 $\sigma'(z)/\sigma(z) = \zeta(z)$. 由 (11.2) 得到

$$\frac{\sigma'(z + \omega_1)}{\sigma(z + \omega_1)} = \frac{\sigma'(z)}{\sigma(z)} + \eta_1.$$

积分得到

$$\sigma(z + \omega_1) = C_1 \sigma(z) \mathrm{e}^{\eta_1 z},$$

其中 C_1 为常数. 注意到 $\sigma(z)$ 是奇函数, 取 $z = -\omega_1/2$ 就可以确定 C_1 的值. 最后得到

$$\begin{aligned}
\sigma(z + \omega_1) &= -\sigma(z) \mathrm{e}^{\eta_1(z + \omega_1/2)}, \\
\sigma(z + \omega_2) &= -\sigma(z) \mathrm{e}^{\eta_2(z + \omega_2/2)}.
\end{aligned} \tag{11.6}$$

定理 11.6　任意具有周期 ω_1, ω_2 的椭圆函数都可以表示为

$$f(z) = C \prod_{k=1}^{n} \frac{\sigma(z - a_k)}{\sigma(z - b_k)},$$

其中 C 为常数.

证明 设椭圆函数 $f(z)$ 的零点和极点分别为由 $a_1, a_2, \cdots, a_n$ 及 $b_1, b_2, \cdots, b_n$ 所代表的同余类. 由定理 11.4,

$$(a_1 + a_2 + \cdots + a_n) - (b_1 + b_2 + \cdots + b_n) = \omega \in M.$$

用 $b_n + \omega$ 代替 b_n, 则上面公式中左边为零. 利用 (11.4) 直接可以验证

$$\prod_{k=1}^{n} \frac{\sigma(z - a_k)}{\sigma(z - b_k)}$$

以 ω_1, ω_2 为周期. 它与 $f(z)$ 有相同的极点和零点. 因此它们的商为常数. □

11.6 微分方程

我们利用 $\zeta(z)$ 在原点的 Laurent 展开式来导出 $\mathscr{P}(z)$ 的 Laurent 展开式. 首先有

$$\frac{1}{z - \omega} + \frac{1}{\omega} + \frac{z}{\omega^2} = -\frac{z^2}{\omega^3} - \frac{z^3}{\omega^4} - \cdots.$$

对所有周期求和. 注意到周期的奇次幂之和为零, 得到

$$\zeta(z) = \frac{1}{z} - \sum_{k=2}^{\infty} G_k z^{2k-1}, \quad \text{其中} G_k = \sum_{\omega \neq 0} \frac{1}{\omega^{2k}}.$$

由 $\mathscr{P}(z) = -\zeta'(z)$, 得到

$$\mathscr{P}(z) = \frac{1}{z^2} + \sum_{k=2}^{\infty} (2k-1) G_k z^{2k-2}.$$

在下面的计算中, 我们只写出有效的项, 省略的项都是高阶的:

$$\mathscr{P}(z) = \frac{1}{z^2} - 3G_2 z^2 + 5G_3 z^4 + \cdots,$$
$$\mathscr{P}'(z) = -\frac{2}{z^3} + 6G_2 z + 20G_3 z^3 + \cdots,$$
$$\mathscr{P}'(z)^2 = \frac{4}{z^6} + \frac{24G_2}{z^2} - 80G_3 + \cdots,$$
$$4\mathscr{P}(z)^3 = \frac{4}{z^6} + \frac{36G_2}{z^2} + 60G_3 + \cdots,$$
$$60G_2 \mathscr{P}(z) = \frac{60G_2}{z^2} + 0 + \cdots.$$

从最后三个公式得到

$$\mathscr{P}'(z)^2 - 4\mathscr{P}(z)^3 + 60G_2\mathscr{P}(z) = -140G_3 + \cdots.$$

上式中左边为双周期函数, 而右边没有极点, 于是得到

$$\mathscr{P}'(z)^2 = 4\mathscr{P}(z)^3 - 60G_2\mathscr{P}(z) - 140G_3.$$

习惯上记 $g_2 = 60G_2$, $g_3 = 140G_3$. 方程变为

$$\mathscr{P}'(z)^2 = 4\mathscr{P}(z)^3 - g_2\mathscr{P}(z) - g_3. \tag{11.7}$$

这是关于 $w = \mathscr{P}(z)$ 的一个一阶微分方程. 它可以由下面的公式解出:

$$z - z_0 = \int_{\mathscr{P}(z_0)}^{\mathscr{P}(z)} \frac{\mathrm{d}w}{\sqrt{4w^3 - g_2w - g_3}},$$

其中积分路径应该不通过 $\mathscr{P}'(z)$ 的零点和极点.

11.7   椭圆模函数

方程 (11.7) 也可以写成

$$\mathscr{P}'(z)^2 = 4(\mathscr{P}(z) - e_1)(\mathscr{P}(z) - e_2)(\mathscr{P}(z) - e_3), \tag{11.8}$$

其中 e_1, e_2, e_3 是多项式 $4w^3 - g_2w - g_3$ 的根. 为求出 e_k 的值, 我们可以考察 $\mathscr{P}'(z)$ 的零点. $\mathscr{P}(z)$ 的对称性和周期性蕴涵 $\mathscr{P}(\omega_1 - z) = \mathscr{P}(z)$, 因此 $\mathscr{P}'(\omega_1 - z) = -\mathscr{P}'(z)$. 由此得到 $\mathscr{P}'(\omega_1/2) = 0$. 由于 $\mathscr{P}(z)$ 是二阶椭圆函数, $\mathscr{P}(\omega_1/2)$ 的所有原像点都同余于 $\omega_1/2$. 类似地, $\mathscr{P}'(\omega_2/2) = 0$, $\mathscr{P}'((\omega_1 + \omega_2)/2) = 0$. 注意到 $\omega_1/2, \omega_2/2$ 与 $(\omega_1 + \omega_2)/2$ 互不同余, 它们在 $\mathscr{P}(z)$ 下的像也互不相同. 由于 $\mathscr{P}'(z)$ 是三阶椭圆函数, 它有三个零点. 与 (11.8) 比较, 可令

$$e_1 = \mathscr{P}(\omega_1/2), \quad e_2 = \mathscr{P}(\omega_2/2), \quad e_3 = \mathscr{P}((\omega_1 + \omega_2)/2).$$

特别地, 这些根都是不同的.

注意 e_j 是关于 ω_1, ω_2 的函数. 由 $\mathscr{P}$ 的定义可以看出, 对任意非零复数 t, $e_j(t\omega_1, t\omega_2) = t^{-2}e_j(\omega_1, \omega_2)$. 令

$$\lambda(\tau) = \frac{e_3 - e_2}{e_1 - e_2}, \quad \text{其中 } \tau = \omega_2/\omega_1. \tag{11.9}$$

则 $\lambda(\tau)$ 是关于 τ 的解析函数, 它在上半平面内解析.

下面我们考察函数 $\lambda(\tau)$ 对 τ 的依赖性. 考虑幺模变换

$$\begin{pmatrix} \omega_1' \\ \omega_2' \end{pmatrix} = \begin{pmatrix} a & b \\ c & d \end{pmatrix} \begin{pmatrix} \omega_1 \\ \omega_2 \end{pmatrix}.$$

函数 $\mathscr{P}$ 在该变换下不变, 而根 e_j 至多可以置换. 如果

$$a \equiv d \equiv 1 \pmod 2, \quad b \equiv c \equiv 0 \pmod 2,$$

则 $\omega_1'/2 = \omega_1/2, \omega_2'/2 = \omega_2/2$. 即在此条件下 e_j 并不改变. 这样我们证明了

$$\lambda\left(\frac{a\tau+b}{c\tau+d}\right) = \lambda(\tau), \quad \text{其中} \begin{pmatrix} a & b \\ c & d \end{pmatrix} \equiv \begin{pmatrix} 1 & 0 \\ 0 & 1 \end{pmatrix} \pmod 2. \tag{11.10}$$

满足上述同余关系的变换, 组成模群的一个子群, 称为模 2 **同余子群**. 函数 $\lambda(\tau)$ 在这一子群下不变. 一般而言, 一个亚纯函数如果在一个分式线性变换群的子群作用下保持不变, 它就称为一个 **自守函数**. 特别地, 在模群的一个子群作用下不变的自守函数称为 **模函数** 或者 **椭圆模函数**. 由于

$$\begin{pmatrix} 1 & 2 \\ 0 & 1 \end{pmatrix}$$

属于模 2 同余子群, 所以有

$$\lambda(\tau - 2) = \lambda(\tau). \tag{11.11}$$

要确定 $\lambda(\tau)$ 在不属于同余子群的幺模变换下的行为, 只需考虑模 2 同余于

$$\begin{pmatrix} 1 & 1 \\ 0 & 1 \end{pmatrix} \quad \text{或者} \quad \begin{pmatrix} 0 & 1 \\ 1 & 0 \end{pmatrix}$$

的矩阵就够了. 在第一种情形下 e_2 与 e_3 互换而 e_1 不动, 因此 λ 变为 $\lambda/(\lambda - 1)$. 在第二种情形下 e_1 与 e_2 互换而 e_3 不动, 因此 λ 变为 $1 - \lambda$. 这些关系也可以表示为

$$\lambda(\tau + 1) = \frac{\lambda(\tau)}{\lambda(\tau) - 1}, \quad \lambda(-1/\tau) = 1 - \lambda(\tau). \tag{11.12}$$

记 $\Omega = \{\tau \in \mathbb{H} : 0 < \operatorname{Re}\tau < 1, |\tau - 1/2| > 1/2\}$ (图 11.1).

定理 11.7　模函数 $\lambda(\tau)$ 是从区域 Ω 到上半平面的共形映射. 它可以连续延拓到边界, 将 $0, 1, \infty$ 分别映为 $1, \infty, 0$.

证明　可令 $\omega_1 = 1, \omega_2 = \tau$. 于是

$$e_3 - e_2 = \sum_{m,n=-\infty}^{\infty} \left\{ \frac{1}{[m - 1/2 + (n+1/2)\tau]^2} - \frac{1}{[m + (n - 1/2)\tau]^2} \right\},$$

$$e_1 - e_2 = \sum_{m,n=-\infty}^{\infty} \left\{ \frac{1}{(m-1/2+n\tau)^2} - \frac{1}{[m+(n-1/2)\tau]^2} \right\}.$$

当 τ 为纯虚数时, 对每个 e_j, 和式中每一项的复共轭也在和式中, 因此每个 e_j 都是实数. 先对 m 求和, 和式可用

$$\frac{\pi^2}{\sin^2(\pi z)} = \sum_{m=-\infty}^{\infty} \frac{1}{(z-m)^2}$$

求得. 这样就得到

$$\begin{aligned}
e_3 - e_2 &= \pi^2 \sum_{n=-\infty}^{\infty} \left\{ \frac{1}{\cos^2[\pi(n-1/2)\tau]} - \frac{1}{\sin^2[\pi(n-1/2)\tau]} \right\}, \\
e_1 - e_2 &= \pi^2 \sum_{n=-\infty}^{\infty} \left\{ \frac{1}{\cos^2(\pi n\tau)} - \frac{1}{\sin^2[\pi(n-1/2)\tau]} \right\}.
\end{aligned} \tag{11.13}$$

由于 $|\cos(n\pi\tau)|$ 及 $|\sin(n\pi\tau)|$ 与 $\mathrm{e}^{|n\pi\mathrm{Im}\,\tau|}$ 的比有界, 当 $\mathrm{Im}\,\tau \geqslant \delta > 0$ 时, 级数是一致收敛的. 因此可以逐项取极限. 这样我们得到当 $\mathrm{Im}\,\tau \to +\infty$ 时, $e_3-e_2 \to 0$, $e_1-e_2 \to \pi^2$. 因此 $\lambda(\tau) \to 0$. 结合 (11.12) 的第二个等式得到, 当 τ 沿着虚轴趋于零时, $\lambda(\tau) \to 1$.

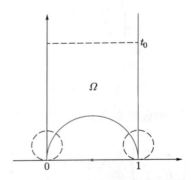

图 11.1 $\lambda(\tau)$ 定义的共形映射

我们还可以得到当 $\mathrm{Im}\,\tau \to +\infty$ 时 $\lambda(\tau)$ 趋于零的阶. 从 (11.13) 可知 $e_3 - e_2$ 的和式中对应于 $n = 0,1$ 的项的和为

$$2\pi^2 \left[\frac{4\mathrm{e}^{\pi\mathrm{i}\tau}}{(1+\mathrm{e}^{\pi\mathrm{i}\tau})^2} + \frac{4\mathrm{e}^{\pi\mathrm{i}\tau}}{(1-\mathrm{e}^{\pi\mathrm{i}\tau})^2} \right].$$

其他项乘 $\mathrm{e}^{\pi\mathrm{i}\tau}$ 趋于零. 由此得到

$$\lambda(\tau)\mathrm{e}^{\pi\mathrm{i}\tau} \to 16. \tag{11.14}$$

分式线性变换 $\tau \mapsto \tau+1$ 将虚轴映为 $\mathrm{Re}\,\tau = 1$, 而 $\tau \mapsto 1-1/\tau$ 将直线 $\mathrm{Re}\,\tau = 1$ 映为圆周 $|\tau - 1/2| = 1/2$. 由于 $\lambda(\tau)$ 在虚轴上取实值, 由公式 (11.12), 它在 Ω 的整个边界上取实值. 且在 Ω 内, 当 $\tau \to 0$ 时, $\lambda(\tau) \to 1$, 而当 $\tau \to 1$ 时, $\lambda(\tau) \to \infty$.

我们利用辐角原理来确定 $\lambda(\tau)$ 在 Ω 内取非实数值 w_0 的次数. 用水平线段 $\operatorname{Im}\tau = t_0 > 0$ 和它在变换 $-1/\tau$ 与 $1-1/\tau$ 之下的像 (与实轴相切的圆) 割去 Ω 的隅角. 当 t_0 充分大时, 被割去的部分没有 w_0 的原像, 靠近 $\tau = 1$ 的小圆周被 $\lambda(\tau)$ 映为一条曲线

$$\lambda = \lambda(1-1/\tau) = 1-\lambda(\tau), \quad \text{其中 } \tau = s + it_0, 0 \leqslant s \leqslant 1.$$

由 (11.14), 它近似于上半平面中的一个大的半圆周. 因此割去隅角的 Ω 的边界的像关于 w_0 的环绕数, 当 $\operatorname{Im} w_0 > 0$ 时为 1, 而当 $\operatorname{Im} w_0 < 0$ 时为 0. 结论表明 $\lambda(\tau)$ 把 Ω 共形映射为上半平面. □

习题十一

1. 证明任意具有周期 ω_1, ω_2 的偶椭圆函数可以表示为

$$C \prod_{k=1}^{n} \frac{\mathscr{P}(z) - \mathscr{P}(a_k)}{\mathscr{P}(z) - \mathscr{P}(b_k)} \quad (C \text{ 为常数}),$$

如果原点既不是零点, 也不是极点.

2. 试证

$$\mathscr{P}(z) - \mathscr{P}(u) = -\frac{\sigma(z-u)\sigma(z+u)}{\sigma(z)^2 \sigma(u)^2}.$$

(提示: 证明右端是 z 的周期函数, 比较 Laurent 展开式来确定乘法常数.)

3. 试证

$$\frac{\mathscr{P}'(z)}{\mathscr{P}(z) - \mathscr{P}(u)} = \zeta(z-u) + \zeta(z+u) - 2\zeta(z).$$

(提示: 利用上一题并求对数导数.)

4. 试证

$$\mathscr{P}(z+u) = -\mathscr{P}(z) - \mathscr{P}(u) + \frac{1}{4}\left[\frac{\mathscr{P}'(z) - \mathscr{P}'(u)}{\mathscr{P}(z) - \mathscr{P}(u)}\right]^2.$$

5. 试证

$$\mathscr{P}(2z) = \frac{1}{4}\left[\frac{\mathscr{P}''(z)}{\mathscr{P}'(z)}\right]^2 - 2\mathscr{P}(z).$$

6. 试证

$$\mathscr{P}'(z) = -\frac{\sigma(2z)}{\sigma(z)^4}.$$

7. 试证

$$\begin{vmatrix} \mathscr{P}(z) & \mathscr{P}'(z) & 1 \\ \mathscr{P}(u) & \mathscr{P}'(u) & 1 \\ \mathscr{P}(u+z) & -\mathscr{P}'(u+z) & 1 \end{vmatrix} = 0.$$

索引

郑重声明

高等教育出版社依法对本书享有专有出版权。任何未经许可的复制、销售行为均违反《中华人民共和国著作权法》，其行为人将承担相应的民事责任和行政责任；构成犯罪的，将被依法追究刑事责任。为了维护市场秩序，保护读者的合法权益，避免读者误用盗版书造成不良后果，我社将配合行政执法部门和司法机关对违法犯罪的单位和个人进行严厉打击。社会各界人士如发现上述侵权行为，希望及时举报，我社将奖励举报有功人员。

反盗版举报电话　　(010) 58581999　58582371

反盗版举报邮箱　　dd@hep.com.cn

　　通信地址　　北京市西城区德外大街4号
　　　　　　　　高等教育出版社知识产权与法律事务部

　　邮政编码　　100120

读者意见反馈

为收集对教材的意见建议，进一步完善教材编写并做好服务工作，读者可将对本教材的意见建议通过如下渠道反馈至我社。

　　咨询电话　　400-810-0598

　　反馈邮箱　　hepsc:@pub.hep.cn

　　通信地址　　北京市朝阳区惠新东街4号富盛大厦1座
　　　　　　　　高等教育出版社理科事业部

　　邮政编码　　100029

防伪查询说明

用户购书后刮开封底防伪涂层，使用手机微信等软件扫描二维码，会跳转至防伪查询网页，获得所购图书详细信息。

　　防伪客服电话　　(010) 58582300

图书在版编目（CIP）数据

基础复分析 / 崔贵珍，高延编著 . -- 北京：高等
教育出版社，2024. 8. -- ISBN 978-7-04-062731-2

Ⅰ. O174.5

中国国家版本馆 CIP 数据核字第 2024HZ6550 号

Jichu Fufenxi

策划编辑	李 蕊	出版发行	高等教育出版社
责任编辑	李 蕊	社　　址	北京市西城区德外大街4号
封面设计	王 洋	邮政编码	100120
版式设计	徐艳妮	购书热线	010-58581113
责任绘图	黄云燕	咨询电话	400-810-0598
责任校对	张 然	网　　址	http://www.hep.edu.cn
责任印制	赵义民		http://www.hep.com.cn
		网上订购	http://www.hepmall.com.cn
			http://www.hepmall.com
			http://www.hepmall.cn

印　　刷	北京盛通印刷股份有限公司
开　　本	787mm×1092mm　1/16
印　　张	13.5
字　　数	290 千字
版　　次	2024年8月第1版
印　　次	2024年8月第1次印刷
定　　价	35.80元

物 料 号　62731-00